环境保护与
污水处理技术及应用

王月琴　李鑫鑫　钟乃萌　主编

文化发展出版社
Cultural Development Press

图书在版编目（CIP）数据

环境保护与污水处理技术及应用 / 王月琴，李鑫鑫，钟乃萌主编 . —北京：文化发展出版社有限公司，2019.6

ISBN 978-7-5142-2603-4

Ⅰ . ①环… Ⅱ . ①王… ②李… ③钟… Ⅲ . ①环境保护②污水处理－研究 Ⅳ . ① X ② X703

中国版本图书馆 CIP 数据核字（2019）第 053512 号

环境保护与污水处理技术及应用

主　　编：王月琴　李鑫鑫　钟乃萌

责任编辑：张　琪　　　　　　　责任校对：岳智勇

责任印制：邓辉明　　　　　　　责任设计：侯　铮

出版发行：文化发展出版社有限公司（北京市翠微路 2 号　邮编：100036）

网　　址：www.wenhuafazhan.com　www.printhome.com　　www.keyin.cn

经　　销：各地新华书店

印　　刷：阳谷毕升印务有限公司

开　　本：787mm×1092mm　1/16

字　　数：329 千字

印　　张：17.625

印　　次：2019 年 9 月第 1 版　2021 年 2 月第 2 次印刷

定　　价：48.00 元

ＩＳＢＮ：978-7-5142-2603-4

◆ 如发现任何质量问题请与我社发行部联系。发行部电话：010-88275710

编委会

作　者	署名位置	工作单位
王月琴	第一主编	北京禹冰水利勘测规划设计有限公司
李鑫鑫	第二主编	临沂市环境保护科学研究所有限公司
钟乃萌	第三主编	北京禹冰水利勘测规划设计有限公司
王彦文	副主编	北京禹冰水利勘测规划设计有限公司
张　锁	副主编	上海市政工程设计研究总院（集团）有限公司天津分公司
余鹏钧	副主编	广东省建筑设计研究院
郭　瑛	副主编	海南省建设项目规划设计研究院
王火彬	编　委	融朗（江苏）环境安全技术服务有限公司
黄　金	编　委	深圳市源清环境技术服务有限公司
赵　阳	编　委	濮阳市市容环境卫生管理处

前　言

　　对于人类社会来说，自然环境是一个基本生存环境。然而人类活动和自然环境总是相互作用的。在人类生产力相对不发达的条件下，人们往往会考虑较多眼前的经济利益，对环境效益的考虑较少，在加快经济与社会发展，改善人生存条件的同时，不可避免地会发生环境污染与破坏。为了协调经济和环境之间的关系，维持社会经济的可持续发展，响应国家建设生态文明社会的号召，在进行经济建设之前应积极环境影响评估，避免环境污染灾害，或者将污染控制在最小范围内。

　　水环境是自然环境的主要内容。本书依据作者在多年来水环境教学以及科研方面的工作，吸取国内外一系列先进经验，系统介绍了环境保护以及水环境治理的基本理论以及方法。本书在内容上力求通俗易懂，简单实用，能够给读者以方法上的启示。本书同时还注意到了内容上的先进性。本书可以作为资源与环境相关专业的研究生教材使用，同时也可以作为这一方面的科研工程人员使用。

　　本书总体上内容可以划分为两个部分，一个部分是环境保护以及环境监测和评价，另一部分是污水治理工作。

　　本书编写过程中参考和引用了许多研究者的有关研究成果，在此表示感谢！

　　环境评价与污水处理是一个复杂而且多样的问题，加之作者水平有限，书中难免存在缺点和错误，敬请读者批评指正。

编者

2019 年 4 月

目　　录

第一章 环境保护与可持续发展

第一节 环境与环境问题

一、环境的概念

环境的概念极其广泛。几个简单的事物组合在一起就可以构成一个简单的环境。因此，环境并不是孤立存在的一个事物，而是一个系统。从环境科学的角度出发，环境的中心要素是人。也就是说，环境是因为人而存在的，没有人环境就没有意义。人们通常会关注海王星，但是不会仔细研究海王星的环境。即便是去研究，也会说海王星的环境不适合人生存。而人们现在研究环境，也是在探索当前的环境适不适合人。人们要改善环境，也是为了人，使得它能够更好地为人服务。因此，人是环境概念的第一要素。从人的角度出发，环境是指直接或者间接对人造成影响的各类食物，一方面包括自然界存在的各种食物，如阳光、空气、陆地、土壤、水体、森林和草原等。另一方面又包括经过人类社会改造的自然界，或者人类创造的事物，如城市、村落、水库、居室等。从人的生存角度看，环境既包括物质性要素，又包括物质性要素构成的复杂系统，还包括一些精神性要素。从当前我们的研究来看，我们定义的环境只是包括一些物质性要素及其构成的复杂系统。

世界各国的环境保护法规给环境下的定义通常是从某些方面工作需要的角度出发的。例如，我国的《环境保护法》就对环境做出了这样的定义，"本法所称的环境，是指影响人类生存和发展的各种天然的和经过人工改造的自然因素的总体，包括大气、水、海洋、土地、矿藏、森林、草原、野生动植物、自然遗迹、人文遗迹、自然保护区、风景名胜区、城市和乡村等"。从这个定义中可以看出，这里的环境定义非常广泛包括了自然环境与人工环境。这个定义是把环境视作一种应当保护的对象，目的是从实际工作的需要出发，对环境的法律适用做出明确规定，从而保证法律能够顺利执行下去，其他工作也能够准确实施。

二、环境的构成要素与属性

（一）环境的构成要素

从以上的论述中可以看出，环境是一个系统，由多个独立的要素通过复杂的相互联系而构成。这些要素通常称为环境要素，也成为环境基质。从环境科学的角度出发，这些要素主要包括水、空气、生物、土壤、岩石和阳光等。环境的要素是构成环境的结构单元，有包括环境整体和系统。例如，空气、水蒸气、土壤、生物构成了生物圈；河流、水蒸气、海洋以及其他各种形态的水组成了水圈。这些不同的圈层又构成了复杂的人类生存环境，也就是地球环境系统。

（二）环境的构成要素属性

环境的构成要素有非常重要的属性，这些不同的属性是人们认识环境的基本依据，也是人们展开接下来工作的基本依据。在这些不同的属性中，最重要的一些属性包括以下这些方面：

第一，环境的整体大于要素之和。环境不同要素是通过复杂的联系和作用构成的整体效应。纯净水和各种复杂的盐分构成了海水的系统，海水又和阳光空气构成了海洋生物生活的海水基本环境。纯净水之中不能生活任何生物，仅仅有阳光也能生活生物，仅仅有盐分也不可能有生物生活。因此，对于海水中的生物来说，水、阳光、空气、盐分等都是构成其生活环境所必需的部分，只有在这些不同要素的共同作用下，海洋生物才能生活。这些不同要素的整体作用大于部分之和。

第二，环境不同要素的相互依赖性。从本质上看，环境的不同要素是通过能量的传递相互作用的。能量是不同物质作用的基本因素。通过能量的耗散，不同的环境要素相互产生动力作用。这些动力作用将不同的物质融合在一起，并表现出物质循环这一表象。而从物质循环这个角度来看，能量的表现是多样化的。

第三，环境不同要素的能量限制规律。环境不同要素之间承受的能量是有限的。例如，水的比热容是$4.186J/(g\cdot℃)$。如果给水的热量足够多，水就会转变成为水蒸气。液态水就会减少，气态水就会增加。而对于海水来说，盐度就会增加，增加到一定程度，就会不适合生物生活。因此，对于海水环境来说，所能承受的能量是有限的。当然，对于海水来说，增加其他物质形态的能量，造成海水污染，那么对于海洋生物来说一样会带来严重的打击。

第四，环境要素的等值性。任何一个环境要素，从独立的形态来看，对于环境质量的影响，并没有区别。也就是说，在环境质量最差的状态中，各个环境要素并没有显著区别。

（三）人类生存环境的构成

人类的生存环境处于生物圈之中。总体上看，人类的生存环境主要包括大气圈、水圈、土壤—岩石圈、生物圈四大圈层。

1. 大气圈

大气圈也就是大气环境，主要是指受地球引力作用而围绕地球的大气层，构成了自然环境的组成要素，是一切生物生存的基础。大气圈的垂直变化通常可将大气划分为5层，如图1-1所示。

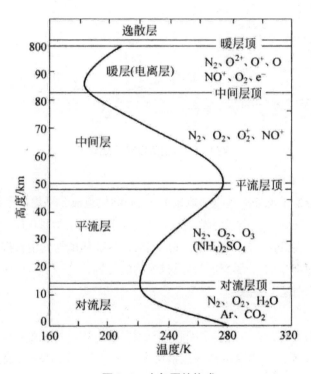

图1-1　大气圈的构成

人类主要生活在对流层之中。在对流层中，大气的构成成分包括多种气体、水气、液体颗粒和悬浮固体杂质。多种气体通常被人们称为干洁空气。干洁空气包括氮气、氧气和其他气体构成成分。水气因为不同地区而表现不同，干燥地区可低至0.02%，在湿润地区可高达6%。水气是影响一个地区气候的重要因素，可形成多种天气现象。大气颗粒物指那些悬浮在大气中的直径较小沉降速率很小的固体。

2. 水圈

水圈是指由海洋、江河、湖泊、沼泽、冰川等地表水、大气水和地下水等构成的天然水以及生活在其中的多样化生物的综合。水圈之中水的总量大约为 $1.4 \times 10^{18} m^3$，其中大约97%以上都是海洋水，其他则为由冰川、地下水、江河湖泊构成的淡水资源。淡水资源关系到人们的日常生产生活，也是人们常说的水资源。水圈的循环示意图如图1-2所示。

图1-2　水圈的循环示意图

3．土壤—岩石圈

地球的构造是由地壳、地幔和地核3个同心圈层组成，平均半径约6371km。地表以下几千米到70km的一层称为岩石圈。大陆地壳的表层为风化层，它是地表中多种硅酸盐矿与丰富的水、空气长期作用的结果，为陆地植物的生长提供了基础。风化层经过植物根部作用，动植物尸体及排泄物的分解，进一步风化形成了现在的土壤。土壤的统称则是土壤圈。

4．生物圈

生物圈是指生活在大气圈、水圈和岩石圈中的生物与其生存环境的总体。从生物的生活痕迹来看，生物圈的范围包括从海平面以下深约10km到地平面上约9km（陆地最高山峰珠穆朗玛峰）的地球表面和空间，通常只有在这一空间范围内才能有生命存在。在生物圈里，有阳光、空气、水、土壤、岩石和生物等各种基本的环境要素，为人类提供了赖以生存的基本条件。

三、环境的功能

对于人类生活来说，环境的功能是指环境中的各种要素及其构成形态对人们的生活与生产产生的作用。具体来说则是非常广泛。

第一，为人类生活提供基本要素。人类和其他生物都是地球演化到一定阶段的产物。生命活动的基本特征是生命体和外界环境的物质与能量交换。空气、水以及事物是人类获得物质与能量的来源。

第二，为人类提供从事生产的资源基础。环境是人类从事生产的资源基础。自然资源可以划分为可耗竭资源以及可再生资源两大类。可耗竭资源是指资源蕴藏量不再增加的资源，其持续开采过程就是资源耗竭过程。可再生资源就是能够通过自然能力保持持续增长的自然资源。许多可再生资源的可持续性是受人类利用方式的影响不断恢复以及更新的。如果不加以合理地利用，会导致再生受阻，蕴藏量不断减少，以至于枯竭。

第三，对于废物的消化以及同化能力。人类在进行物质生产以及消费的过程中，会产生一些废物排放到环境中。环境通过各种各样的物理、化学以及生物降解的途径消化。只要这些污染物在环境中的含量不超出环境的自净能力，环境质量就不会受到损害。环境自净能力与环境空间的大小、各环境要素的特性、污染物本身的物理和化学性质相关。

第四，为人类提供舒适的生活环境。对于人类而言，环境最为重要的功能就是满足人们对舒适生活的要求。清洁的空气与水不仅仅是生产的需要，更是人们健康生活的基本要求。优美的环境是宝贵的财富，让人们身心健康、精神奕奕，不断提高自己的生活水平。

四、环境问题

从人的角度出发，所谓环境问题，就是环境发生了改变，不再能够满足人们生产生活的需要，反倒是对人们的生产生活造成了一定的危害。从环境发生的量变和质变关系来看，这些环境问题可以划分为两类，一类是不合理利用自然资源，使得环境超出量变的范围，产生了质变；另一类是人口激增和城镇化导致的环境污染和破坏。总之环境问题可以归结为人类经济社会的发展与环境关系的不协调引起的问题。

（一）环境问题的发展历程

站在人的角度来看，从人类诞生，人们就存在着人与环境的对立统一关系。环境问题就产生了。从环境问题对人类生活的妨害程度来看，环境问题大致可以划分为4个阶段。

1. 环境问题的萌芽阶段

环境问题的萌芽阶段产生于工业革命以前的漫长阶段。这个阶段人们从采集野果、围捕动物发展成为逐渐利用环境从事简单生产活动。这个阶段的环境问题主要产生于人口的自然增长和盲目采捕。为了解除这种环境威胁，人类被迫学会了吃一切可以吃的东西，以扩大和丰富自己的食谱，或是被迫扩大自己的生活领域，学会适应在新的环境中生活的本领。在这个过程中，人们逐渐开始进行农业革命，满足自身快速繁殖的需要。但是这个阶段，就又产生了新的问题，如砍伐森林、破坏草原，引起的水土流失、水旱灾害频繁和沙漠化；又如兴修水利、不合理灌溉，引起的土壤盐渍化、沼泽化。但是这些问题都并不突出，对人类生活并没有产生大的妨碍。

2. 环境问题的发展恶化阶段

工业化产生了一些严重的环境问题。劳动生产效率的提高，增强了人类利用和改造环境的能力，大规模地改变了环境的组成和结构，从而也带来了更大范围的环境问题。工业企业，排出大量的废弃物污染了环境，使污染事件不断发生。如果说农业生产主要是生活资料的生产，它在生产和消费中所排放的"三废"是可以纳入物质的生物循环，而能迅速净化、重复利用的，那么工业生产除生产生活资料外，还大规模地进行生产资料的生产，把大量深埋在地下的矿物资源开采出来，加工利用投入环境之中，许多工业产品在生产和消费过程中排放的"三废"，都是生物和人类所不熟悉、难以降解、同化和忍受的。

3. 环境问题的第一次高潮

环境问题的第一次高潮出现在20世纪50—60年代。这个时期，人们对环境问题仍没有足够的认识，工业生产过程中并不认真考虑废物的排放，环境问题也就变得越来越突出，震惊世界的环境公害事件不断发生。例如，1952年12月的伦敦烟雾事件（由居民燃煤取暖排放的SO_2和烟尘遇逆温天气，造成5天内死亡人数达4000人的严重的大气污染事件），1953—1956年日本的水俣病事件（由水俣湾镇氮肥厂排出的含甲基汞的废水进入了水俣湾，人食用了含甲基汞污染的鱼、贝类，造成神经系统中毒，病人口齿不清、步态不稳、面部痴呆、耳聋眼瞎、全身麻木，最后神经失常，患者达180人，死亡达50多人）。这些震惊世界的公害事件，形成了第一次环境问题高潮。

当时，工业发达国家的环境污染已达到严重的程度，直接威胁到人们的生命和安全，成为重大的社会问题，激起广大人民的不满，也影响了经济的顺利发展。人们已经开始认识到环境问题的严重危害。1972年，在瑞典斯德哥尔摩召开了人类历史上最为重要的一次环境问题会议。工业发达国家把环境问题摆上了国家议事日程，包括制定法律、建立机构、加强管理、采用新技术。之后环境问题逐渐得到了改善。

4. 环境问题的第二次高潮

第二次环境问题高潮是伴随全球性环境污染和大范围生态破坏。这些环境问题主要是全球性的，如大气污染、臭氧层破坏、酸雨，以及一些严重的不可逆事件。这些全球性大范围的环境问题严重威胁着人类的生存和发展，不论是广大公众还是政府官员，不论是发达国家还是发展中国家，都普遍对此表示不安。

（二）当前世界面临的主要环境问题与危害

当前人类所面临的主要环境问题是人口、资源、生态破坏和环境污染问题。它们之间相互关联、相互影响，成为当今世界环境科学所关注的主要问题。

1. 人口问题

人口的急剧增加可以认为是当前环境的首要问题。百年来，世界人口的增长速度达到了人类历史以来的最高峰。人既是生产者又是消费者，这两者都要求人类必须有大量的资源来支持。随着人口的增加，人们在生产以及生活中会有越来越多的废物排出，直接对自身的环境产生威胁。

2. 资源问题

资源是当今人类发展面临的另外一个重要问题。自然资源是人类社会生存以及发展不可缺少的物质以及条件。随着人口的增长，人们对于资源的需求正在不断增加。人类越来越受到资源短缺造成的威胁。全球资源匮乏产生的环境危机越来越明显。例如，淡水资源短缺日益产生严重的不足。

3. 土地资源不断减少

世界范围内，人们可以利用的土地资源越来越少。到2050年，世界人口可能达到94亿。全世界人口迅猛增加，使土地的人口"负荷系数"（某国家或地区人口平均密度与世界人口平均密度之比）每年增加2%。这意味着人口的增长将给本来就十分紧张的土地资源，特别是耕地资源造成更大的压力。

4. 森林资源不断缩小

森林是人类最宝贵的资源之一，它不仅能为人类提供大量的林木资源，具有重要的经济价值，还具有气候调节、防风固沙、涵养水源、保持水土等重要的生态价值。由于人类对森林的生态学价值认识不足，受短期利益的驱动，对森林资源的利用过度，使森林资源锐减，造成了许多生态灾害。

5. 淡水资源出现严重不足

世界上约有占陆地面积60%的国家出现缺水，约有20亿人用水紧张，有10亿人用水受到直接威胁。严重的地表径流污染和地下水污染，更加剧了淡水资源的紧张程度。淡水资源的问题已经开始引起全世界的关注。

6. 生态破坏

全球性的生态破坏主要包括植被破坏、水土流失、土地沙漠化、生物物种消失等。这些生态破坏正在逐渐威胁到生态系统的稳定，从而也造成了人们生产与生活环境的危害。

除了上述提到的生态破坏问题，还有很多重要的环境污染问题，如土壤污染、海洋污染、大气污染等。这些问题都直接威胁到人们生产生活的健康。

第二节　世界环境保护的发展历程

从以上的论述可以看出，环境保护是一项范围广和综合性的工作，涉及自然科学和社会科学的许多领域。概括来看，环境保护就是利用现代环境保护科学的理论和方法，协调人类以及环境的关系，解决各种环境保护问题。

一、世界发达国家的环境保护发展历程

从环境问题爆发的一百多年来，世界范围内世界各个主要发达国家进行了大量的环境保护工作，大致经历了4个发展阶段。

（一）环境保护的限制阶段

在环境问题爆发的第一次高潮，各个国家采取了积极的措施。不过限于当时对于这些事件的认识，各个国家一般只是采取限制措施。

（二）"三废"治理阶段

20世纪50年代末60年代初，发达国家环境污染问题更加突出。人们已经开始认识到环境保护的重大污染问题。各个发达国家相继成立环境保护专门机构，但因当时的环境问题还只是被看作工业污染问题，所以环境保护工作主要就是治理污染源、减少排污量。因此，这个阶段的环境保护手段，主要是采用了一系列的法规和标准。在经济措施上，给工厂企业补助资金，帮助工厂企业建设净化设施。在这个阶段，经过大量投资，尽管环境污染有所控制，环境质量有所改善，但所采取的尾部治理措施，从根本上来说是被动的，因而收效并不显著。

（三）综合防治阶段

在瑞典斯德哥尔摩会议以后，人类已经开始认识到环境保护问题的综合性。人们已经认识到环境问题的复杂性，扩大了环境问题的范围。斯德哥尔摩会议上发表的宣言指出环境问题不仅仅是环境污染问题，还应该包括生态环境的破坏问题。对环境污染问题，也开始实行建设项目环境影响评价制度和污染物排放总量控制制度，从单项治理发展到综合防治。联合国大会决定成立联合国环境规划署，负责处理联

合国在环境方面的日常事务。

（四）规划管理阶段

20世纪80年代初，由于发达国家经济萧条和能源危机，各国已经认识到协调发展、就业和环境之间的关系，并寻求解决的方法以及途径。这个时期，许多国家在治理环境污染上都进行了大量投资。许多发达国家和发展中国家在环境治理上都投入了大量的资金，产生了一定的经济效益和社会效益以及环境效益。但是在微观上，尤其在某些污染工业和城市垃圾治理等方面，环境污染治理投资较高。

在里约热内卢的会议上，世界各国环境保护的目标是寻求环境和人类社会发展的协调方法，从而实现人类与环境的可持续发展。环境以及可持续发展已经成为当今世界环境保护工作的主题。

二、中国环境保护的发展历程

中国环境保护虽然起步较晚，但是成绩突出，具有自身的特色。从1973年瑞典斯德哥尔摩会议开始，中国环境保护经历了大致三个阶段。

（一）环保事业的起步（1973—1978年）

这个时期处于我国"文革"末期，环境污染和破坏达到了严重的程度。在环境污染和环境破坏迅速蔓延的时候，在1972年发生了几件较大的环境事件，如大连湾污染告急、北京鱼污染事件、松花江水系污染报警。中国在参加了瑞典斯德哥尔摩会议以后，中国的高层决策者开始认识到中国存在着严重的环境问题。在1973年，北京召开了第一次全国环境保护会议。这次会议上，中国已经开始认识到环境对于人们生活的重要意义，并且通过了一个里程碑式的全国性环境保护文件。这个保护文件对各类环境保护问题都产生了重要的影响。

（二）改革开放时期环保事业的发展（1979—1992年）

1978年12月18日，党的十一届三中全会的召开实现了全党工作重点的历史性转变，开创了改革开放和集中力量进行社会主义现代化建设的历史新时期，我国的环境保护事业也进入了一个改革创新的新时期。在这一年的最后一天，中共中央批准了国务院环境保护领导小组的《环境保护工作汇报要点》。这是第一次以党中央的名义对环境保护做出的指示，它引起了各级党组织的重视，推动了中国环保事业的发展。1983年12月31日至1984年1月7日，在北京召开了第二次全国环境保护会议。在这个会议上最为重要的贡献，就是确定了环境保护这一基本国策。在这个阶段，中国环境保护政策体系与法规体系已经形成，如图1-3所示。

在1989年4月，北京召开了第三次全国环境保护会议，这次会议提出要努力开拓有中国特色的环境保护道路。在环境保护工作实践中，我国也积累了比较丰富的经验。

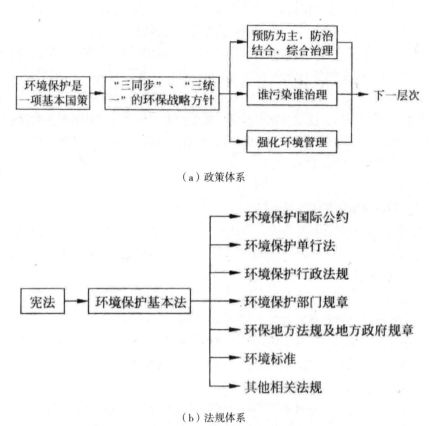

（a）政策体系

（b）法规体系

图1-3　环境保护的政策体系与法规体系

（三）可持续发展时代的中国环境保护（1992年以后）

1992年，在里约热内卢召开了联合国环境与发展大会，至此，实施可持续发展战略已成为全世界各国的共识，世界已进入了可持续发展的时代。可持续发展时代的重要特征是环境原则已成为经济活动中的重要原则。这一时期于1996年7月在北京又召开了第四次全国环境保护会议。这次会议对于部署落实跨世纪的环境保护目标和任务，实施可持续发展战略，具有十分重要的意义。会议指出：环境保护是关系我国长远发展和全局性的战略问题。在加快发展中绝不能以浪费资源和牺牲环境为代价。并强调要做好5个方面的工作：一是节约资源，二是控制人口，三是建立合理的消费结构，四是加强宣传教育，五是保护自然生态。

第四次全国环保会议后，国务院又发布了《国务院关于环境保护若干问题的决定》（以下简称《决定》），《决定》具有明显的特点。

第一，目标明确。《决定》规定：到2000年，全国所有工业污染源排放污染物要达到国家或地方规定的标准；各省、自治区、直辖市要使本辖区主要污染物排放总量控制在国家规定的排放总量指标内，环境污染和生态破坏的趋势得到基本控制；

直辖市及省会城市、经济特区城市、沿海开放城市和重点旅游城市的环境空气、地面水环境质量，按功能区分别达到国家规定的有关标准（概括为"一控双达标"）。

第二，重点突出。《决定》提出：污染防治的重点是控制工业污染；重点保护好饮用水源，水域污染防治的重点是三湖（太湖、巢湖、滇池）和三河（淮河、海河、辽河）；大气污染防治主要是燃煤产生的大气污染，重点控制二氧化硫和酸雨加重的趋势（依法尽快划定酸雨控制区和二氧化硫污染控制区）。

第三，要求高、可操作性强。《决定》中明确规定的目标、任务和措施共10条，要求很高，政策性很强。但这10条内容都是经过有关部门反复讨论、协调形成的统一意见，可操作性强。

这一时期，2002年6月我国颁布了《中华人民共和国清洁生产促进法》，2002年10月颁布了《中华人民共和国环境影响评价法》，2008年8月又颁布了《中华人民共和国循环经济促进法》，标志着我国国民经济战略性调整正在深化。可以说，中国环境保护的发展已从传统模式开始转向可持续发展的轨道，其核心体现在人们的文化价值观念和经济发展模式上。

2011年3月16日，第十一届全国人大第四次会议通过的《中华人民共和国国民经济和社会发展第十二个五年规划纲要》第6篇专篇为环境规划，其规划的指导思想是增强资源环境危机意识，树立绿色、低碳发展理念，以节能减排为重点，健全激励和约束机制，加快构建资源节约、环境友好的生产方式和消费模式，增强可持续发展能力，提高生态文明水平。

2012年11月，党的十八大从新的历史起点出发，做出了"大力推进生态文明建设"的战略决策。十八大报告强调："把生态文明建设放在突出地位，融入经济建设、政治建设、文化建设、社会建设各方面和全过程。"由此，生态文明建设不但要做好其本身的生态建设、环境保护、资源节约等，更重要的是要放在突出地位，融入经济建设、政治建设、文化建设、社会建设各方面和全过程。党的十八大使我国的环境保护工作又迈上了一个历史新时期，为新形势下开创我国环境保护工作的新局面指明了方向。

第三节　环境与我国的可持续发展战略

20世纪60年代至70年代，环境问题的严峻形势使人们对传统发展方式提出了全面的质疑和反思。20世纪80年代，世界环境与发展委员会正式提出可持续性发展的理念，这一理论和战略得到了世界各国的广泛认同，可持续性发展观正逐步取代传统发展观，使人类社会的发展范式出现重大变革。

一、可持续发展思想的由来

人类在经历了对自然顶礼膜拜、唯唯诺诺的漫长历史阶段之后，通过工业革命，铸就了驾驭和征服自然的现代科学技术之剑，从而一跃成为大自然的主宰。可就在人类为科学技术和经济发展的累累硕果沾沾自喜之时，却不知不觉地步入了自己挖掘的陷阱。种种始料不及的环境问题击破了单纯追求经济增长的美好神话，固有的思想观念和思维方式受到了强大的冲击，传统的发展模式面临着严峻的挑战。历史把人类推到了必须从工业文明走向现代新文明的发展阶段。可持续发展思想在环境与发展理念的不断更新中逐步形成。

（一）古代朴素的可持续性思想

可持续性（sustainability）的概念来源已久。早在公元前3世纪，杰出的先秦思想家荀况在《王制》中说："草木荣华滋硕之时，则斧斤不入山林，不夭其生，不绝其长也；鼋鼍、鱼鳖、鳅鳝孕别之时，罔罟毒药不入泽，不夭其生，不绝其长也。春耕、夏耘、秋收、冬藏，四者不失时，故五谷不绝，而百姓有余食也。污池、渊沼、川泽，谨其时禁，故鱼鳖尤多，而百姓有余用也。"这是自然资源永续利用思想的反映，春秋时在齐国为相的管仲，从发展经济、富国强兵的目标出发，十分注意保护山林川泽及其生物资源，反对过度采伐。他说："为人君而不能谨守其山林菹泽草莱，不可以立为天下王。"1975年在湖北云梦睡虎地11号秦墓中发掘出上千支竹简，其中的《田律》清晰地体现了可持续性发展的思想。因此，"与天地相参"可以说是中国古代生态意识的目标和思想，也是可持续性的反映。

西方一些经济学家如马尔萨斯、李嘉图和穆勒等的著作中也比较早认识到人类消费的物质限制，即人类的经济活动范围存在的生态边界。

（二）现代可持续发展思想的产生和发展

现代可持续发展思想的提出源于人们对环境问题的逐步认识和热切关注。其产生背景是人类赖以生存和发展的环境和资源遭到越来越严重的破坏，人类已不同程度地尝到了环境破坏的苦果，因此，在探索环境与发展的过程中逐渐形成了可持续发展思想。在这一过程中以下几件事的发生具有历史意义。

1.《寂静的春天》——对传统行为和观念的早期反思

20世纪中叶，随着环境污染的日趋加重，特别是西方国家公害事件的不断发生，环境问题频频困扰着人类。美国海洋生物学家蕾切尔·卡逊（Rechel Carson）在潜心研究美国使用杀虫剂所产生的种种危害之后，于1962年出版了环境保护科普著作《寂静的春天》。作者通过对污染物DDT等的富集、迁移、转化的描写，阐明了人类同大气、海洋、河流、土壤、动植物之间的密切关系，初步揭示了污染对生态系统的影响。

2.《增长的极限》——引起世界反响的"严肃忧虑"

1968年，来自世界各国的几十位科学家、教育家和经济学家等学者聚会罗马，成立了一个非正式的国际协会——罗马俱乐部。受罗马俱乐部的委托，以麻省理工学院梅多斯（D.Meadows）为首的研究小组，针对长期流行于西方的高增长理论进行了深刻的反思，并于1972年提交了俱乐部成立后的第一份研究报告——《增长的极限》。报告深刻阐明了环境的重要性以及资源与人口之间的基本联系。报告认为：由于世界人口增长、粮食生产、工业发展、资源消耗和环境污染这五项基本因素的运行方式是指数增长而非线性增长，全球的增长将会因为粮食短缺和环境破坏于21世纪某个阶段内达到极限。也就是说，地球的支撑力将会达到极限，经济增长将发生不可控制的衰退。因此，要避免因超越地球资源极限而导致世界崩溃的最好方法是限制增长，即"零增长"。

3.《我们共同的未来》——环境与发展思想的重要飞跃

20世纪80年代伊始，联合国本着必须研究自然的、社会的、生态的、经济的以及利用自然资源过程中的基本关系，确保全球发展的宗旨，于1983年3月成立了以挪威首相布伦特兰夫人任主席的世界环境与发展委员会（WCED）。联合国要求其负责制定长期的环境对策，研究能使国际社会更有效地解决环境问题的途径和方法。经过3年多的深入研究和充分论证，该委员会于1987年向联合国大会提交了研究报告《我们共同的未来》。

《我们共同的未来》分为"共同的问题"、"共同的挑战"、"共同的努力"三大部分。报告将注意力集中于人口、粮食、物种和遗传资源、能源、工业和人类居住等方面。在系统探讨了人类面临的一系列重大的经济、社会和环境问题之后，提出了"可持续发展"的概念。报告深刻指出，在过去，我们关心的是经济发展对生态环境带来的影响，而现在，我们正迫切地感到生态的压力对经济发展所带来的重大影响。因此，我们需要有一条新的发展道路，这条道路不是一条仅能在若干年内、在若干地方支持人类进步的道路，而是一直到遥远的未来都能支持全球人类进步的道路。

二、可持续发展的内涵和指标体系

（一）可持续发展的定义

要精确地给可持续发展下定义是比较困难的，不同的机构和专家对可持续发展的定义角度虽有所不同，但基本方向一致。世界环境与发展委员会（WCED）经过长期的研究，在1987年4月发表的《我们共同的未来》中将可持续发展定义为："可持续发展是既满足当代人的需要，又不对后代人满足其需要的能力构成危害的发展。"

1991年，世界自然保护同盟、联合国环境规划署和世界野生生物基金会在《保护地球可持续生存战略》一书中提出这样的定义："在生存不超出维持生态系统承载能力的情况下，改善人类的生活质量。"

1992年，联合国环境与发展大会（UNCED）的《里约宣言》中对可持续发展进一步阐述为"人类应享有以与自然和谐的方式过健康而富有生产成果的生活的权利，并公平地满足今世后代在发展和环境方面的需要，求取发展的权利必须实现"。

另有许多学者也纷纷提出了可持续发展的定义，如英国经济学家皮尔斯和沃福德在1993年所著的《世界无末日》一书中提出了以经济学语言表达的可持续发展定义："当发展能够保证当代人的福利增加时，也不应使后代人的福利减少。"

（二）可持续发展的内涵

在人类可持续发展的系统中，经济可持续性是基础，环境可持续性是条件，社会可持续性才是目的。人类共同追求的应当是以人的发展为中心的经济—环境—社会复合生态系统持续、稳定、健康的发展。所以，可持续发展需要从经济、环境和社会三个角度加以解释才能完整表述其内涵。

可持续发展应当包括"经济的可持续性"。具体而言，是指要求经济体能够连续地提供产品和劳务，使内债和外债控制在可以管理的范围以内，并且要避免对工业和农业生产带来不利的极端的结构性失衡。

可持续发展应当包含"环境的可持续性"。这意味着要求保持稳定的资源基础，避免过度地对资源系统加以利用，维护环境的净化功能和健康的生态系统，并且使不可再生资源的开发程度控制在使投资能产生足够的替代作用的范围之内。

可持续发展还应当包含"社会的可持续性"。这是指通过分配和机遇的平等、建立医疗和教育保障体系、实现性别的平等、推进政治上的公开性和公众参与性这类机制来保证"社会的可持续发展"。

更根本地，可持续发展要求平衡人与自然和人与人两大关系。人与自然必须是平衡的、协调的。恩格斯指出："我们不要过分陶醉于我们人类对自然界的胜利，对于每一次这样的胜利，自然界都对我们进行报复。"他告诫我们要遵循自然规律，否则就会受到自然规律的惩罚，并且提醒"我们每走一步都要记住：我们统治自然界，绝不像征服者统治异族人那样，绝不像站在自然界之外的人似的——相反地，我们连同我们的肉、血和头脑都是属于自然界和存在于自然界之中的；我们对自然界的全部统治力量，就在于我们比其他一切生物强，能够认识和正确运用自然规律"。

可持续发展还强调协调人与人之间的关系。马克思、恩格斯指出：劳动使人们以一定的方式结成一定的社会关系，社会是人与自然关系的中介，把人与人、人与自然联系起来。社会的发展水平和社会制度直接影响人与自然的关系。只有协调好人与人之间的关系，才能从根本上解决人与自然的矛盾，实现自然、社会和人的和谐发展。由此可见，可持续发展的内容可以归结为三条：人类对自然的索取，必须与人类向自然的回馈相平衡；当代人的发展，不能以牺牲后代人的发展机会为代价；本区域的发展，不能以牺牲其他区域或全球的发展为代价。

总之，可以认为可持续发展是一种新的发展思想和战略，目标是保证社会具有长期的持续性发展的能力，确保环境、生态的安全和稳定的资源基础，避免社会经济大起大落的波动。可持续发展涉及人类社会的各个方面，要求社会进行全方位的变革。

三、我国的可持续发展的战略措施

中国的社会经济正在蓬勃发展，充满生机与活力，但同时也面临着沉重的人口、资源与环境压力，隐藏着严重的危机，发展与环境的矛盾日益尖锐。表1-1列出的中华人民共和国成立60年来的环境态势可以说明这一点。

表1-1　中国各时期的环境态势

项目	1949年以前的背景情况	60年来的发展历程	当前存在的主要问题	目前仍沿用的决策偏好
人口	数量极大，素质低	人口数量增长快，人口素质提高滞后	人口数量压力，低素质困扰，老龄化压力，教育落后	重人口数量控制，轻人口素质提高，未及时重视老龄化隐患

续表

项目	1949年以前的背景情况	60年来的发展历程	当前存在的主要问题	目前仍沿用的决策偏好
资源	人均资源较缺乏	资源开发强度大，综合利用率低	土地后备资源不足，水资源危机加剧，森林资源短缺，多种矿产资源告急	对各种资源管理，重消耗，轻管理；重材料开发，轻综合管理
能源	能源总储量大，但人均储量少，煤炭质量差	一次能源开发强度大，二次能源所占比例小	一次能源以煤为主，二次能源开发不足，煤炭大多不经洗选，能源利用率低，生物质能过度消耗	重总量增长，轻能源利用率的提高；重火电厂的建设，轻清洁能源的开发利用；重工业和城镇能源的开发，轻农村能源问题的解决
社会经济发展	社会、经济严重落后	经济总体增长率高，波动大，经济技术水平低，效益低	以高资源消耗和高污染为代价换取经济的高速增长，单位产值能耗、物耗高；产业效益低，亏损严重，财政赤字大	增长期望值极高，重速度，轻效益；重外延扩展，轻内涵；重本位利益，轻全局利益；重长官意志，轻科学决策
自然资源	自然环境相对脆弱	生态环境总体恶化，环境污染日益突出，生态治理和污染治理严重滞后	自然生态破坏严重，生态赤字加剧；污染累计量递增，污染范围扩大，污染程度加剧	环境意识逐渐增强，环境法规逐渐健全，但执法不力，决策被动，治理投资空位，环境监督虚位

上述态势的发展，特别是自然生态环境的恶化，已成为社会、经济发展的重大障碍，也使经济领域的隐忧不断加剧，几十年来发展的传统模式已不能适应中国的社会、经济发展，迫切需要新的发展战略，走可持续发展之路就成为中国未来发展的唯一选择，唯此才能摆脱人口、环境、贫困等多重压力，提高发展水平，开拓更为美好的未来。

联合国环境与发展大会之后，中国政府重视自己承担的国际义务，积极参与全球可持续发展理论的建立和健全工作。中国制定的第一份环境与发展方面的纲领性文件是1992年8月党中央国务院批准转发的《环境与发展十大对策》。1994年3月，《中国21世纪议程》公布，这是全球第一部国家级的《21世纪议程》，把可持续发展原则贯穿到各个方案领域。《中国21世纪议程》阐明了中国可持续发展的战略和对策，它已成为我国制定国民经济和社会发展计划的一个指导性文件。

中国可持续发展战略的总体目标是：用50年的时间，全面达到世界中等发达国家的可持续发展水平，进入世界总体可持续发展能力前20名的国家行列；在整个国民经济中科技进步的贡献率达到70%以上；单位能量消耗和资源消耗所创造的价值在2000年基础上提高10～12倍；人均预期寿命达到85岁；人文发展指数进入世界前50名；全国平均受教育年限在12年以上；能有效地克服人口、粮食、能源、资源、生态环境等制约可持续发展的"瓶颈"；确保中国的食物安全、经济安全、健康安全、环境安全和社会安全；2030年实现人口数量的"零增长"；2040年实现能源资源消耗的"零增长"；2050年实现生态环境退化的"零增长"，全面实现进入可持续发展的良性循环。

（一）我国的可持续发展战略类型

（1）人口战略。中国要严格控制人口数量，加强人力资源开发、提高人口素质，充分发挥人们的积极性和创造性，合理地利用自然资源，减轻人口对资源与环境的压力，为可持续发展创造一个宽松的环境。

（2）资源战略。实行保护、合理开发利用、增值并重的政策，依靠科技进步挖掘资源潜力，动用市场机制和经济手段促进资源的合理配制，建立资源节约型的国民经济体制。

（3）环境战略。中国要实现社会主义现代化，就必须把国民经济的发展放在第一位，各项工作都要以经济建设为中心来进行。但是，生态环境恶化已经严重地影响着中国经济和社会的持续发展。因此，防治环境污染和公害，保障公众身体健康，促进经济社会发展，建立与发展阶段相适应的环保体制是实现可持续发展的基本政策之一。

（4）稳定战略。要提高社会生产力，增强综合国力和不断提高人民生活水平，就必须毫不动摇地把发展国民经济放在第一位，各项工作都要紧紧围绕经济建设这个中心来开展。为此，必须从国家整体的角度上来协调和组织各部门、各地方、各社会阶层和全体人民的行动，才能保证在经济稳定增长的同时，保护自然资源和改善生态环境，实现国家长期、稳定发展。

从总体上说，我国可持续发展战略重在发展这一主题，否定了我国传统的人口放任、资源浪费、环境污染、效益低下、分配不公、教育滞后、闭关锁国和管理落后的发展模式，强调了合理利用自然资源、维护生态平衡以及人口、环境与经济的持续、协调、稳定发展的观念和作用。

（二）可持续发展的重点战略任务

（1）采取有效措施，防治工业污染。坚持"预防为主，防治结合，综合治理"

等指导原则，严格控制新污染，积极治理老污染，推行清洁生产。

（2）预防为主，防治结合。严格按照法律规定，对初建、扩建、改建的工业项目要先评价、后建设，严格执行"三同时"制度，技术起点要高。对现有工业结合产业和产品结构调整，加强技术改进，提高资源利用率，最大限度地实现"三废"资源化。积极引导和依法管理，防治乡镇企业污染，严禁对资源滥挖乱采。

（3）集中控制和综合治理。这是提高污染防治的规模效益的必由之路。综合治理要做到合理利用环境自净能力与人为措施相结合；生态工程与环境工程相结合；集中控制与分散治理相结合；技术措施与管理措施相结合。

（4）转变经济增长方式，推行清洁生产。走资源节约型、科技先导型、质量效益型道路，防治工业污染。大力推行清洁生产，全过程控制工业污染。

（5）加强城市环境综合整治，认真治理城市"四害"。城市环境综合整治包括加强城市基础设施建设，合理开发利用城市的水资源、土地资源及生活资源，防治工业污染、生活污染和交通污染，建立城市绿化系统，改善城市生态结构和功能，促进经济与环境协调发展，全面改善城市环境质量。当前主要任务是通过工程设施和管理措施，有重点地减轻和逐步消除废气、废水、废渣和噪声城市"四害"的污染。

（6）提高能源利用率，改善能源结构。通过电厂节煤，严格控制热效率低、浪费能源的小工业锅炉的发展，推广民用型煤，发展城市煤气化和集中供热方式，逐步改变能源价格体系等措施，提高能源利用率，大力节约能源。调整能源结构，增加清洁能源比重，降低煤炭在中国能源结构中的比重。尽快发展水电、核电，因地制宜地开发和推广太阳能等清洁能源。

（7）推广生态农业，坚持植树造林，加强生物多样性保护。推广生态农业，提高粮食产量，改善生态环境。植树造林，确保森林资源的稳定增长。通过扩大自然保护区面积，有计划地建设野生珍稀物种及优良家禽、家畜、作物和药物良种的保护及繁育中心，加强对生物多样性的保护。

（三）可持续发展的战略措施

大力推进科技进步，加强环境科学研究，积极发展环保产业。解决环境与发展问题的根本出路在于依靠科技进步。加强可持续发展的理论和方法的研究、总量控制及过程控制理论和方法的研究、生态设计和生态建设的研究、开发和推广清洁生产技术的研究，提高环境保护技术水平。正确引导和大力扶持环保产业的发展，尽快把科技成果转化成防治污染的能力，提高环保产品质量。

运用经济手段保护环境。应用经济手段保护环境，做到排污收费、资源有偿使用、资源核算和资源计价、环境成本核算。

　　加强环境教育，提高全民环境意识。特别是提高决策层的环保意识和环境开发综合决策能力，是实施可持续发展的重要战略措施。

　　健全环保法制，强化环境管理。中国的实践表明，在经济发展水平较低、环境保护投入有限的情况下，健全管理机构、依法强化管理是控制环境污染和生态破坏的有效手段。建立健全是经济、社会与环境协调发展的法规政策体系，是强化环境管理，实现可持续发展战略的基础。

　　实施循环经济。发展知识经济和循环经济，是21世纪国际社会的两大趋势。知识经济就是在经济运行过程中智力资源对物质资源的替代，实现经济活动的知识化转向。自从20世纪90年代确立可持续发展战略以来，发达国家正在把发展循环经济、建立循环型社会看作实施可持续发展战略的重要途径和实现方式。

第二章　环境保护的生态学理论基础

第一节　生态系统与生态平衡

一、生态系统的基本概念

（一）生态系统的基本概念

1. 种群

在一定空间和时间内的同种生物个体的总和，叫作种群。

2. 群落

生活在一定的自然区域内，相互之间具有直接或间接关系的各种生物种群的总和，叫作生物群落，简称群落。

（二）生态系统的组成

生态系统指由生物群落与无机环境构成的统一整体。生态系统的范围可大可小，相互交错，最大的生态系统是生物圈，最为复杂的生态系统是热带雨林生态系统。生态系统是开放系统。

生态系统是生态学研究的中心。自然生态系统是自然生态学研究的中心，自然生态系统包括了自然界的各个方面，如森林生态系统、草原生态系统、农田生态系统、荒漠生态系统、河流和湖泊生态系统，以及海洋生态系统等。

生态系统的组成可分为两大类：一类是非生物成分；另一类是生物成分，生物成分可分为生产者、消费者和分解者。

1. 生产者

生产者在生物学分类上主要是各种绿色植物，也包括化能合成细菌与光合细菌。植物与光合细菌利用太阳能进行光合作用把 CO_2、H_2O 和无机盐类合成有机物，把太阳能以化学能的形式储存在有机物中，这些有机物是生态系统其他生物维持生命活动的食物来源。

生产者在生物群落中起基础性作用，它们将无机环境中的能量同化，同化能量就是输入生态系统的总能量，维系着整个生态系统的稳定，其中，各种绿色植物还能为各种生物提供栖息、繁殖的场所。

2. 消费者

消费者指依靠摄取其他生物为生的异养生物，消费者的范围非常广，包括了几乎所有动物和部分微生物（主要有真菌），它们通过捕食和寄生关系在生态系统中传递能量。其中，以生产者为食的消费者被称为初级消费者，以初级消费者为食的被称为次级消费者，其后还有三级消费者与四级消费者。

3. 分解者

分解者又称"还原者"，它们是一类异养生物，以各种细菌和真菌为主，也包含屎壳郎、蚯蚓等腐生动物。分解者可以将生态系统中的各种无生命的复杂有机质（尸体、粪便等）分解成水、二氧化碳、铵盐等可以被生产者重新利用的物质，完成物质的循环。

一个生态系统只需生产者和分解者就可以维持运作，数量众多的消费者在生态系统中起加快能量流动和物质循环的作用，可以看成一种催化剂。

二、生态系统中的物质循环

在生态系统的各个组成部分之间，不断进行着物质循环。碳、氮、氢、氧、磷、硫是构成生命有机体的主要物质，也是自然界的主要元素，因此这些物质的循环是生态系统基本的物质循环。

库是指某一物质在生物或非生物环境暂时滞留（被固定后贮存）的数量，包括贮库和交换库两种类型。各种元素在环境中都存在一个或多个C库。元素在贮库中的数量大大超过结合于生物体中的数量，从贮库向外释放的速度往往很慢。

物质在库与库之间的转移，就是物质流动，这种物质流动构成的循环，称为物质循环。参与生命活动的各种元素的循环，可在3个水平上进行：第一级水平是在个体水平上进行的，即生物个体通过新陈代谢，与环境不断进行物质交换；第二级水平是在生态系统中进行的，即在生产者、消费者、分解者及环境之间进行的物质循环；第三级水平是在生物圈中进行的，即在生物圈范围内的各个圈层中进行的物质循环，这种循环又称为生物地球循环。

三、生态平衡

如果某生态系统各组成成分在较长时间内保持相对协调，物质和能量的输入、输出接近相等，结构与功能长期处于稳定状态，在外来干扰下，能通过自我调节恢复到最初的稳定状态，则这种状态可称为生态平衡。生态平衡是相对的平衡。任何生态系统都不是孤立的，都会与外界发生直接的联系，会经常受到外界的冲击。生态系统的某一个部分或某一个环节，经常在允许限度内有一定的变化，只是由于生物对环境的适应性，以及整个系统的自我调节机制，才使系统保持相对稳定状态。生态系统是动态的平衡，不是静态的平衡。生态系统的各组成成分会不断地按照一定的规律运动或变化，能量会不断地流动，物质会不断地循环，整个系统都处于动态之中。

（一）保持生态平衡的因素

生态系统之所以能保持相对的平衡状态，是因为生态系统本身具有自动调节的能力。如在森林生态系统中，若由于某种原因导致森林害虫大规模发生，在一般情况下不会使森林生态系统遭到毁灭性的破坏，因为当害虫大规模发生时，以这种害虫为食的鸟类获得了更多的食物，这就促进了该食虫鸟的大量繁殖并捕食大量害虫，从而抑制了虫害的大规模发生。但是任何一个生态系统的调节能力都是有限的，外部冲击和内部变化超过了这个限度，生态系统就可能遭到破坏，这个限度称为生态阈值。掌握整个生态系统的生态阈值，才能更充分、更合理地利用自然和自然资源。

生态系统的自动调节能力，与下列因素有关。

1. 结构的多样性

生态系统的结构越复杂，自动调节能力越强；结构越简单，自动调节能力越弱。生态系统自动调节能力的大小与其结构的复杂程度有着密切的联系。

2. 功能的完整性

功能的完整性是指生态系统的能量流动和物质循环在生物生理机能的控制下能得到合理的运转。运转得越合理，自动调节的能力就越强。

（二）破坏生态平衡的因素

破坏生态平衡的因素有自然因素和人为因素。

1. 自然因素

自然因素是指自然界发生的异常变化，如水灾、旱灾、地震、台风、山崩、海啸等，都可能破坏一个地区的生态平衡。由这类原因引起生态平衡的破坏，称为第一环境问题。

2. 人为因素

人为因素是引起生态平衡失调的主要原因，严重的可导致生态危机。生态危机指的是人类盲目活动导致局部地区甚至整个生态圈结构和功能的失调，从而威胁到人类的生存。由人为因素引起的生态破坏，又称第二环境问题。

（三）生态平衡失调的标志

掌握生态平衡失调的标志，对于生态系统的恢复、再建和防止生态平衡的严重失调都是至关重要的。生态平衡失调的主要标志有以下两点。

1. 结构上的标志

生态平衡失调首先表现在结构上，包括一级结构缺损和二级结构变化。生态系统的一级结构是指生态系统的各组成成分，即生产者、消费者、分解者和非生物成分组成的生态系统的结构。当组成一级结构的某一种或几种成分缺失时，即表现生态平衡失调。

生态系统的二级结构是指生产者、消费者、分解者和非生物成分各自的组成结构，如各种植物种类组成生产者的结构，各种动物种类组成消费者的结构等。

2. 功能上的标志

生态平衡失调其次表现在功能上，包括能量流动受阻和物质循环中断。能量流动受阻是指能量流动在某一营养级上受到阻碍。物质循环中断是指物质循环在某一环节上中断。在草原生态系统中，枯枝落叶和牲畜粪便被微生物等分解者分解后，把营养物质重新归还给土壤，供生产者利用，是保持草原生态系统物质循环的重要环节。

第二节　生态学理论在环境保护中的应用

一、生态系统的自净作用

当污染物进入生态系统后，对系统的平衡产生了冲击。为避免由此而造成的生态平衡的破坏，系统内部具有一定的消除污染危害的能力，以维持相对平衡。这就是生态系统的自净作用。

（一）绿色植物对大气污染的净化作用

绿色植物对有害气体的吸收作用。绿色植物是通过叶面实现对有害气体的吸收的，如 $1m^2$ 柳树和松树每年可吸收 $0.07kgSO_2$，$1kg$ 椰子壳吸收 $0.3g$ 氟，$1m^2$ 洋槐吸收 $2g$ 氯。但大气中有害气体超过植物承受能力时，植物本身就会受害。所以，那些对有害气体抗性强、吸收量大的植物将会发挥很重要的作用。

绿色植物的减尘作用。绿色植物对降尘和飘尘有滞留和过滤作用，滞尘量的大小与树种、林带、草皮面积、种植情况以及气象条件等都有关系。树木滞尘的方式有停着、附着和黏着3种。绿色树木减尘效果十分明显，绿化树木地带比非绿化带飘尘量低得多。据报道，北京地区测定绿化树木地带对飘尘减尘率为21%～39%，南京测得结果为37%～60%。因此，森林可谓天然吸尘器。绿地也能起到一定的减尘作用。绿草根茎与土壤表层紧密结合，形成堤坡，有风时也不易出现二次扬尘，对减尘有特殊的功效。

绿色植物的除菌和杀菌作用。大气中散布着各种细菌，通常尘粒上附着着不少细菌，通过绿色植物的减尘作用，可以减少大气中的细菌。此外，绿色植物本身还具有一定的杀菌作用。据报道，在绿化地带和公园中，空气中细菌量一般为1000～5000个/m³，但在公共场所或热闹街道，空气中细菌量高达20000～50000个/m³；基本没有绿化的闹市区比枝叶茂密的闹市区空气中的细菌增加0.8倍左右。

绿色植物减弱噪声、吸滞放射性物质的作用。有关试验说明，40m宽的林带可以降低噪声10～15dB；城市公园中成片森林带可把噪声减少到26～43dB，接近对人无害的程度。林带应靠近声源，一般林带边沿地区距离声源在6～15m之间效果更好。绿色植物还可吸滞放射性物质。据有关试验，在辐射性污染严重的厂矿周围，设置一定结构的绿化林带，可明显防止或减少放射性物质的危害。

（二）水体对污染物的净化作用

进入河流、湖泊、水库、海洋等水体的污染物，由于物理、化学、生物等方面的作用，使污染物含量逐渐降低，经过一段时间后恢复到受污染前的状态。水体自净作用包括沉淀、稀释、混合等物理过程，氧化还原、分解化合、吸附凝聚等化学和物理化学过程，以及生物化学过程，各个过程相互影响、交织进行。此外，自净能力是有限的，当污染物含量过高，超过生物生存阈值时，整个生态系统功能就会受到冲击，水体的生物自净作用往往也会遭到破坏。

许多水生植物也能吸收水中有害物质。例如，100g鲜芦苇在24h内能将8mg酚代谢为CO_2，凤眼莲（水葫芦）、绿萍、菱角等能吸收水中的汞、镉等重金属。另外，利用水生生物吸收、利用氮、磷元素进行代谢活动，可去除水中的营养物质。许多国家采用大型水生植物处理富营养化水体，包括凤眼莲、芦苇、香蒲等许多种类。基于水生植物的作用，人工湿地污水处理技术得到了很好的发展。植物与根区微生物共生，协同净化污水。经过植物吸收、微生物转化、物理吸附和沉降作用去除氮磷和悬浮颗粒，同时对重金属也有一定的去除效果。可根据污水性质和不同气候条件选择适宜植物。水生植物一般生长较快，收割后经处理可作为燃料、饲料，或经发酵产生沼气。

（三）土壤对污染物的净化作用

首先，控制和消除外部污染源。污染物可通过大气、水、固体废物和农业4种途径进入土壤。因此，应通过以上4个方面限制污染物进入土壤。此外，应研制和采用低毒、高效、低残留农药，倡导生物农药的开发与应用。要大力发展生物防治技术，利用天敌防治害虫，即以虫治虫、以菌治虫。促进生物转化与降解作用，通过微生物的酶促反应和共代谢等作用，实现对有毒有机污染物的分解与转化。

其次，发展土壤—植物系统的生物净化作用。可通过以下几个方面来实现：

（1）植物根系的吸收、转化、降解和合成。土壤中细菌、真菌和放线菌等微生物系统对污染物的降解转化和生物固定作用。据报道，科学家用实验的方法成功地从土壤中分离出具有能高效分解某些污染物的微生物。如美国从土壤中分离出反硝化小球菌，能降解30%～40%的多氯联苯，人们称这类微生物为超级细菌。

（2）土壤中动物区系对含有氮磷钾的有机物质的作用，如蚯蚓对有毒有害有机污染物的吞食和消化分解作用。

二、污染的生态监测与评价

生态监测就是利用生态系统的各层次对自然或人为因素引起环境变化的反应来判定环境质量，是研究生命系统和环境系统相互关系的科学技术之一。

生物监测是利用生物对环境中的污染物质的反应，也就是生物在污染环境中所发生的信息来判断环境污染状况的一种手段。生物监测属于生态监测的个体层次。

生物评价是指用生物学方法按一定标准对一定范围内的环境质量进行评价和预测。

与化学监测和仪器检测相比，生态监测和生物评价不仅可以反映环境和物质的综合影响，而且还能反映出环境污染的历史状况。

（一）指示生物法

指示生物法是利用指示生物来监测环境状况的一种方法。所谓指示生物，就是对环境中某些物质，包括污染物的作用或环境条件的改变能较敏感或快速地产生明显反应的生物，通过其所做出的反应可了解环境的现状和变化。生物对环境变化的监测指标包括生物的形态、行为、生理、遗传和生态等几个方面。

（二）群落和生态系统层次的生态监测

群落和生态系统层次的生态监测是指人为干扰或污染对群落和生态系统压迫导致的结构—功能变化的检测。监测指标包括生物多样性指数、营养指数等以表征生命成分结构信息为基础的生态指数。

（三）生物测试

生物测试是利用生物受到污染物毒害作用后产生的生理机能等微观水平的变化来测试污染状况的方法。通过现代生物学实验手段，考察化学品或环境中的化学残留物对生物的生殖、呼吸、代谢、免疫等生理指标和细胞微观结构、酶活性、染色体、基因等细胞和分子指标的影响，从而评价这些化学品的环境污染状况。这种方法一方面，由于其具备高度的敏感性，可在进入环境中化学品未扰乱生态系统平衡前对这些化学品的毒性影响进行预警；另一方面，它能够直接、精确地透视污染暴露引起的生物效应，特别是能特异性地检测到环境中的致癌、致畸和致突变化合物的生物利用性。

第三节　生态保护及其修复与重建

生态系统是人类生存和发展的基础，人类活动及自然灾害等引起的生态破坏已经对人类的生存和发展构成了严重威胁。生态破坏是指自然和人为因素对生态系统结构和功能的破坏，导致生态系统结构变异、功能退化、环境质量下降等。生态破坏涉及植被、土壤、水体等生态环境要素，其表现形式纷繁复杂。造成生态系统破坏的主要原因包括自然因素和人为因素。其中，人为因素起主导作用，它不但诱发了大量的环境问题，也对自然因素引起的生态破坏起到推波助澜的作用。所以，研究生态破坏的原因，规范人类活动方式，加强生态管理，显得尤为重要。

一、生态破坏的原因和类型

（一）生态破坏的原因

1. 自然因素

对生态系统产生破坏作用的自然因素包括地震、火山爆发、泥石流、海啸、台风、洪水、火灾和虫灾等突发性灾害，这些灾害可在短时间内对生态系统造成毁灭性的破坏，导致生态系统演替阶段发生根本的逆转且较难预防。

（1）地震。地震是地球内部介质局部发生急剧的破裂，产生地震波，从而在一定范围内引起地面震动的现象。地震不仅会导致建筑物的破坏，而且能引起地面开裂、山体滑坡、河流改道或堵塞等，进而对地表植被及其生态系统造成毁灭性破坏。

（2）火山爆发。火山岩浆所到之处，生物很难生存。火山爆发时喷出的大量火山灰和二氧化碳、二氧化硫、硫化氢等气体，不仅会造成空气质量大幅度下降，造成酸雨损害植物和建筑物，同时火山物质会遮住阳光，导致气温下降。火山灰和暴雨结合形成泥石流，破坏山体植被。火山爆发过后，生态系统破坏严重，区域内出现原生演替。

（3）泥石流。泥石流具有冲刷、冲毁和淤埋等作用，改变山区流域生态环境。高山区泥石流沟口一般位于森林植被覆盖区，大规模的泥石流活动毁坏沿途森林植被，造成水土涵养力降低，加速水土流失、环境恶化，部分地段形成荒漠化。同时泥石流活动还会改变局部地貌形态。

（4）海啸。海啸是由海底地震、火山爆发或海底塌陷、滑坡以及小行星溅落、海底核爆炸等产生的具有超大波长和周期的大洋行波。当其接近岸边浅水区时，波速变小，波幅陡涨，有时可达20～30m，骤然形成"水墙"，对沿岸的建筑、人畜生命和生态环境造成毁灭性的破坏。2004年12月26日，印度尼西亚近海发生里氏9.0级强烈地震，引发了印度洋少见的大海啸，造成大量人员死亡，同时还有很多海洋动物死亡。

（5）台风。台风是发生在热带海洋上的强大涡旋，它带来的暴雨、大风和暴潮及其引发的次生灾害（洪水、滑坡等）会对环境造成巨大的破坏，特别是风暴潮对沿海地区危害最大。1970年11月袭击孟加拉国的热带风暴，登陆时值天文高潮时期，因而出现数十米高的巨浪袭击沿海地区，导致30万人死亡。

（6）洪灾。洪灾是我国经济损失最重的自然灾害，暴雨和洪水还常常引发山崩、滑坡和泥石流等地质灾害。1950年以来，全国年平均受灾面积667万hm^2，人们生命财产遭受巨大损失，并且造成严重的生态破坏，改变了大量动植物的生境。

（7）火灾。主要是森林火灾，突发性强、危害极大，不仅直接危害林业发展，也是破坏生态环境最严重的灾害。森林火灾烧毁大面积的林木和大量的林副产品，破坏森林结构。森林火灾后，如果不能及时地人工种草植树，往往会引起水土流失、土壤贫瘠、地下水位下降和水源枯竭等一系列次生自然灾害。同时森林火灾使大量的动植物丧生灭绝，甚至使一些珍稀的动植物物种绝迹，使整个生态系统中各种生物种群之间赖以维系的食物链、食物网遭到破坏，需经过多年的恢复和调整，正常的食物链才能重新建立起来。据统计，我国森林火灾平均每年发生1.43万次，受害森林面积82.2万hm^2。

（8）虫灾。草原、农业、林业均受到虫灾威胁。我国主要的森林虫害5020种，病害2918种，鼠类160余种，每年致灾面积在700万hm^2以上。虫灾主要有森林虫灾（包括结构单一的经济林虫灾）和农作物虫灾两种。由于虫灾都是大面积爆发，同时害虫种类也在日益增多，所以目前在对虫灾的控制治理方面仍存在不少难题，在我国，一些常灾性害虫如马尾松毛虫、天牛等每隔数年就大规模爆发一次，危害性极大。

2. 人为因素

生态破坏除自然因素的驱动外，人为活动往往起着主导的诱发作用。人类活动的强烈干扰往往会加速生态退化进程，将潜在的生态退化转化为生态破坏。人为活动可能会从生物个体、种群、群落到生态系统等不同层面上，直接和间接地破坏生态系统。中国科学院对沙漠化过程的成因类型的调查结果表明，在我国北方地区现代荒漠化土地中，94.5%为人为因素所致。荒漠化的主要原因是人口的激增及对自然资源利用不当所致。生态破坏的人为因素主要有环境污染、乱砍滥伐、过度放牧、围湖围海、疏干沼泽、物种入侵和全球变化等。

（1）环境污染。环境污染主要包括大气污染、水污染和土壤污染等。大气污染如酸雨、温室效应和臭氧空洞扩大等，不仅对人类健康造成严重危害，而且对植被、生态系统也会产生破坏，可导致森林植物被毁、造成植被退化；可使农作物减产，甚至颗粒无收；可使海洋生物大量死亡，甚至造成某些生物绝迹。大量污水排入河流、湖泊及海洋，可导致水体富营养化、水华和赤潮爆发频繁，水生生态系统退化。土壤污染可导致土壤功能退化，农产品产量和质量严重下降。环境污染造成的生态破坏已经严重威胁到人类生存质量和可持续发展。

（2）乱砍滥伐。人类对木材、薪柴的需求和耕地及居住地等的需求不断增加，导致对森林的乱砍滥伐。乱砍滥伐一方面可引起森林面积迅速减少、生物多样化丧失，另一方面可造成水土流失、生态服务功能下降乃至地区及全球气候变化等环境问题。

（3）过度放牧。过度放牧不仅会直接引起草原植被退化、生物多样性下降，而且可引发土壤侵蚀、干旱、沙化、鼠害和虫害等。近30年来，由于严重过度放牧，我国的许多地区，特别是西部地区的草地已经严重退化，沙漠化和盐碱化趋势加剧。过度放牧造成的生态破坏经常是难以逆转的，例如，草场的荒漠化是我国沙尘暴产生的关键因素之一，不仅严重影响退化牧区的可持续发展，同时也导致临近区域的环境质量下降。

（4）围湖围海。基于生产生活用地的需要，人类通过各种工程措施，围填河湖海洋，直接改变了河湖海洋水域生态系统的基本特征。围湖造田不仅加快湖泊沼泽化的进程，使湖泊面积不断缩小，还侵占河道，降低了河湖调蓄能力和行洪能力，导致旱涝灾害频繁发生，水生动植物资源衰退，湖区生态环境劣变，生态功能丧失。

（5）疏干沼泽。湿地被称为地球之肾，在涵养水源、调节水文、调节气候、防止土壤侵蚀和降解环境污染等方面起着极其重要的作用。排水疏干沼泽湿地，可导致沼泽旱化，沼泽土壤泥炭化、潜育化过程减弱或终止，土壤全氮及有机质大幅度下降；可导致沼泽植被退化、重要水禽种群数量减少或种群消失，最终导致湿地生态系统结构退化、功能丧失。

（6）物种入侵。物种入侵是指某种生物从外地自然传入或经人为引种后成为野生状态，并对本地生态系统造成一定危害的现象。外来物种成功入侵后，侵占生态位，挤压和排斥土著生物，降低物种多样性，破坏景观的自然性和完整性。目前我国外来入侵物种已达200多种，已造成巨大的经济损失。例如，豚草、水葫芦、海菜花、松树线虫和飞机草等在我国均属于入侵种。土著生态系统退化也为外来物种入侵创造了条件，如撂荒地、污染水域和新开垦地等都是外来物种易入侵的地方。

（7）全球变化。全球变化是指由于自然或人为因素而造成的全球性环境变化，主要包括气候变化、大气组成（如二氧化碳浓度及其他温室气体的变化），以及由于人口、经济、技术和社会的压力而引起的土地利用的变化。全球变化可使全球生态系统受到影响，使极端灾害事件频繁发生，从而导致大范围的生态破坏，如全球气候变化，可导致植被带分布出现位移、病虫害散布等。

（二）生态破坏的类型

根据生态系统中主要生态因子遭受破坏的状况，可以将生态破坏划分为植被破坏、土壤退化和水域退化等。

1. 植被破坏

按照生态系统类型，植被破坏可分为森林植被破坏、草地退化和水生植被破坏。

（1）森林植被破坏。森林是地球表层最重要的生态系统，每年生产的有机物质约占陆地有机物质生产总量的56.8%。森林植被不仅为人类提供丰富的林产品和生产资料，与人类的生活及经济建设密切相关，而且还具有涵养水源、保持水土、防风固沙、保护农田、调节气候、净化污染等重要的生态功能。

（2）森林面积减少。2000—2005年，全球有57个国家的森林面积在增加，但仍有83个国家的森林面积在继续减少。全球森林每年净减少面积仍高达730万hm^2，平均每天有2万hm^2森林消失，1990—2005年，世界森林面积减少了3%。联合国粮食及农业组织的资料显示，全球森林面积的减少主要发生在20世纪50年代以后，其中1980—1990年，全球平均每年损失森林995万hm^2。

（3）森林植被组成变化。我国暖温带落叶阔叶林带原始植被几乎破坏殆尽，目前多为天然次生植被和栽培植被所占据，20世纪70年代以来，我国在北方种植大量杨树，南方则以松、杉、竹为主，品种单一，抗病抗虫性差，经常出现大规模的病虫害事件。

（4）森林植被景观破碎化。景观破碎化可引起斑块数目、形状和内部生境等多方面的变化，它不仅会给外来种的入侵提供机会，而且会改变生态系统结构、影响物质循环、降低生物多样性，还会降低景观的稳定性以及生态系统的抗干扰能力与恢复能力。

（5）森林植被功能丧失。森林植被生产力降低，生物多样性减少，调节气候、涵养水分、保育土壤、营养元素能力等生态功能明显降低。对世界各地44个模拟植物物种灭绝实验的结果表明，物种单调的生态系统与生物多样性丰富的自然生态系统相比，植物生物量的生产水平下降50%以上。

（6）森林植被利用价值下降、森林植被破坏后往往导致一些速生种和机会种占据优势地位，木材品质下降。我国暖温带一些材质优良的落叶阔叶树种，已经被一些速生树种取代。例如，北方常见的白杨、泡桐。南方的常绿阔叶林也被一些速生的针叶林取代。例如，马尾松、水杉等。传统的名贵木材已经很难见到自然林，现在我国的名贵家具用材主要靠进口，这也会对出产国造成植被破坏。

（7）草地退化。草地退化是指草原生态系统在不合理人为因素干扰下进行逆向演替，植物生产力下降、质量降级和土壤退化，动物产品质量和产量下降等现象。

（8）草地面积减少。由于过度放牧、人类活动等对草地侵占，全世界草原有半数已经退化或正在退化，中国草地面积逐年缩小，退化程度不断加剧。

（9）草地植被组成变化。退化草原植物主要由耐牧、抗性强、有毒的草种构成。过度放牧以及缺乏必要的管理，导致优质牧草数量减少，杂类草和毒草增加，草丛变矮、稀疏，产草量下降。青海湖南部草场严重退化，狼毒和黄花棘豆等毒草和不可食杂类草的产草量占草地总产量的比例多数在20%以上，高者达27% ～ 28%。

（10）草地植被景观破碎化。草地植被破碎化、斑块化，最终导致草场沙漠化、荒漠化。1980年我国若尔盖县草原沙化面积仅 0.49 万 hm^2，1995年达到 2.56 万 hm^2，2001年发展到 4.67 万 hm^2，尚有潜在沙化面积 6 万多公顷，目前沙化面积正在以每年 11.8% 的速度激增。

（11）草地土壤退化。草地植被与草地土壤是草地生态系统的两个相互依存的重要成分，草地植被退化不仅导致草地土壤有机质含量和含氮量下降，而且也引起土壤动物、微生物组成的巨大变化，土壤生物多样性下降。同时，草地表层土壤质地变粗，通气性变弱，持水量下降。

（12）草地植被利用价值下降。过度放牧导致优质的、适口性好的牧草被高强度利用，优质牧草的再生产和恢复能力下降，最终导致优质牧草退化、低适口性的牧草成为优势，草地利用价值下降，畜产品的数量和质量下降。

（13）水生植被破坏。水生植被是水域生态系统的重要初级生产者和水环境质量调节器，分布于江河湖库以及近海海域水体中，由挺水植物、漂浮植物、浮叶植物以及沉水植物等水生湿生植物组成。

（14）水生植物面积减少。水体污染、过度养殖以及水面围垦等，导致水生植被分布面积缩小。例如，滇池的水生植被面积由20世纪60年代的90%下降到80年代末的12.6%。

（15）植被组成变化。污染及水环境质量下降导致一些不耐污种类逐渐消失并灭绝，耐污种类滋生。例如，由于水体富营养化、透明化下降等原因，清水型水生植物如海菜花、轮藻在滇池等湖泊已经消失；20世纪50年代，滇池水生植物多达28科44种，而到80年代只剩12科15种。

（16）植被景观破碎化。由于人类干扰，如围垦造田、水产养殖和修路筑坝等，水陆交错带绵延成带的湿地植被景观出现严重的破碎化，无论是沿海的红树林、碱蓬等盐沼植被，还是江河两岸的芦苇等湿地植被，多数已是溃不成片。

（17）植被功能丧失。水生植被可吸收分解水中的污染物、控制藻类生长、为水生动物提供生境等。由于污染等原因，水生植物退化甚至消失，水体"荒漠化"，水体自净能力下降。水陆交错带的湿生植被具有拦截泥沙、吸收分解污染物等功能，同时还能够为动物提供食物来源和栖息环境，随着湿生植被的退化甚至消失，其环境生态功能也随着丧失。

（18）植被利用价值下降。不少水生植物是重要的食物资源和工业原料，如一些水生蔬菜和海洋大型藻类，水生植被破坏不仅直接导致植物性水产品的种类、产量下降，而且还导致以水生植物为食的其他水生动物产量和品质的下降。

2.　土壤退化

土壤退化（soil degradation）即土壤衰退，又称土壤贫瘠化，是指土壤肥力衰退导致生产力下降的过程，也是土壤环境和土壤理化性状恶化的综合表征。土壤退化包括土壤有机质含量下降、营养元素减少，土壤结构遭到破坏，土壤侵蚀、土层变浅、土体板结，土壤盐化、酸化、沙化等。其中，有机质下降，是土壤退化的主要标志。在干旱、半干旱地区，原来稀疏的植被受到破坏，致使土壤沙化。

（1）土壤退化类型

中国科学院南京土壤研究所借鉴了国外的分类，结合我国的实际，对我国土壤退化类型进行了二级分类，如表2-1所示。一级类型包括土壤侵蚀、土壤沙化、土壤盐化、土壤污染、土壤性质恶化和耕地的非农业占用六大类，在这六大类基础上划分了19个二级类型。

表2-1 中国土壤（地）退化二级分类体系

一级		二级	
A	土壤侵蚀	A_1	水蚀
		A_2	冻融侵蚀
		A_3	重力侵蚀
B	土壤沙化	B_1	悬移风蚀
		B_2	推移风蚀
C	土壤盐化	C_1	盐渍化和次生盐渍化
		C_2	碱化
D	土壤污染	D_1	无机物（包括重金属和盐碱类）污染
		D_2	农药污染
		D_3	有机废物（工业及生物废弃物中生物易降解有机毒物）污染
		D_4	化学肥料污染
		D_5	污泥、矿渣和粉煤灰污染
		D_6	放射性物质污染
E	土壤性质恶化	E_1	寄生虫、病原菌和病毒污染
		E_2	土壤板结
		E_3	土壤潜育化和次生潜育化
		E_4	土壤酸化
		E_5	土壤养分亏缺
F	耕地的非农业占用		

（2）土壤退化的特征

①土壤物理特性退化。土壤物理特性包括土体构型、有效土层厚度、有机质层厚度、质地、容量、孔隙度、田间持水量和储水库容等。退化土壤土层浅薄，土体构型劣化，导致土壤水、肥、气、热条件的恶化，有效土层明显减少。储水库容下降，抗旱能力下降。

②土壤化学特性退化。土壤化学特性是指土壤中化学元素的含量及其形态分布，主要有pH、有机质、全氮、全磷、全钾、速效磷、速效钾、阳离子交换量、交换性

盐基、化学组成和交换性铝等指标。土壤退化导致土壤肥力状况和土壤质量普遍下降，有机质贫乏，粘粒流失，阳离子交换量下降，供应营养元素的缓冲能力下降。

③土壤生物学特性退化。土壤生物学特性包括土壤酶活性、土壤动物群落组成和土壤微生物群落组成等。退化土壤中，与土壤肥力相关的酶活性下降、土壤动物群落和土壤微生物群落多样性下降，生物量下降。

3. 水域退化

水域退化包括由人为及自然因素造成的河流生态退化、湖泊水库富营养化、海洋生态退化和湿地生态退化等。水域生态退化表现在水域生态系统结构退化、功能下降、水体环境质量下降，严重制约水域功能的实现。

（1）水质恶化。水质恶化是指水体环境质量下降，水生生态系统结构和功能退化，不能满足水体的正常功能，水生态平衡被破坏等现象。例如，富营养化引起的赤潮、水华等。湖泊水华频发，不仅影响到湖泊水环境质量，而且影响水体生态安全；海洋赤潮爆发不仅对海洋生态系统产生威胁，而且对近海海域经济发展和生态安全构成较大的制约影响。

（2）水文条件异常。水文条件是水域生态系统的关键控制因子，水文条件异常将导致水域生态系统的演替趋势偏离。各种人为因素和自然因素均影响水域的水文条件，并对水域生态系统产生重大影响。例如，过水性湖泊洪泽湖、洞庭湖等，由于水文条件变化，在水位较高的年份（尤其是春季水位较高的年份），湖泊水深加大，透光层变浅，水底的植物难以萌发生长而退化。

（3）水域生态系统结构破坏。水域生态系统结构的破坏包括生物多样性下降、物种爆发和物种灭绝等。湖泊水域萎缩，可使水生生物量及其种类构成发生变化。水域萎缩会直接危及鱼类的栖息、产卵和索饵的空间，使得鱼类种群数量减少，种类组成趋向简单。同时，水域破坏也导致大量物种灭绝。我国各大水域破坏严重，大量水生动物物种濒临灭绝或已经灭绝。

（4）水生生态功能退化。水生生态系统结构退化进一步引发了生态功能的退化，表现为生产力下降、水产品质量下降和景观功能下降等。例如，发生富营养化的水体水质恶化、水质腥臭、鱼类及其他生物大量死亡。某些藻类能够分泌、释放有毒性的物质对其他物种产生毒害，不仅直接影响湖泊供水水质、水体景观，而且会影响水域其他经济活动。在污染的水体中，一些耐污的生物数量会猛增，而一些非耐污的优质鱼类等经济水产种类会大量减少甚至消失，使得水产养殖的经济效益大幅度下降。

二、植被破坏的生态修复与重建

植被恢复（vegetation restoration）是指通过人工引种或生境保护措施，逐步恢复和重建天然或人工植被，包括植被的组成、群落的结构及功能修复与重建。

（一）受损森林生态系统的修复

一般来讲，受损森林生态系统的修复应根据受损程度及所处地区的地质、地形、土壤特性、降水等气候特点确定修复的优先性与重点。例如，在热带和亚热带降雨量较大的地区，森林严重受损后，裸露地面的土壤极易迅速被侵蚀，在坡度较大的地区还会因为泥石流及塌方等原因，破坏植被生存的基本环境条件。因此，对这类受损生态系统进行修复时，应优先考虑对土壤等自然条件的保护，可采取一些工程措施及生态工程技术，如在易发生泥石流的地区进行工程防护，对坡地设置缓冲带或栽种快速生长的适宜草类、小灌木等以保持水土。在此前提下再考虑对生物群落的整体修复方案。干扰程度较轻且自然条件能够保持较稳定的受损生态系统，则重点要考虑生物群落的整体修复。对受损森林生态系统生物群落的修复，要遵循生态系统的演替规律，加大人工辅助措施，促进群落的正向演替。

1. 物种框架法

物种框架法就是建立一个或一群物种，作为恢复生态系统的基本框架。这些物种通常是植物群落演替阶段早期（或称先锋）的物种或演替中期阶段的物种。这个方法的优点是，只涉及一个（或少数几个）物种的种植，生态系统的演替或维持依赖于当地的种源（或称"基因池"）来增加物种，并实现生物的多样性。因此，这种方法最好是在距离现存天然生态系统不远的地方采用，如保护区的局部退化地区的恢复，或在天然斑块之间建立联系和通道时采用。

物种框架法的关键是演替初期物种的选择。其条件不仅是抗逆性和再生能力强的种类，并具有吸引野生动物或为其提供稳定食物的植物。

应用物种框架法的物种选择标准如下。

（1）抗逆性强：这些物种能够适应退化环境的恶劣条件。

（2）能够吸引野生动物：这些植物的叶、花或种子要能吸引多种无脊椎动物（传粉者、分解者）或脊椎动物（消费者、传播者）。

（3）再生能力强：具有强大的繁殖力，能够通过传播使其扩展到更大区域。

（4）能够提供快速和稳定的野生动物食物：这些物种能够在生长早期为野生动物提供花或果实作为食物，这种食物资源常常是比较稳定的。

2. 最大多样性法

最大多样性法就是尽可能地按照生态系统受损前的物种组成及多样性水平种植

物种，需要种植大量演替成熟阶段的物种而不必考虑先锋物种（图2-1）。这种方法要求高强度的人工管理和维护，因为很多演替成熟阶段的物种生长慢且需要经常补植大量植物。因此，这种方法适用于距人们居住比较近的地段。

图2-1　最大多样性法修复受损森林生态系统

采用最大多样性法，一般生长快的物种会形成树冠层，生长慢的耐阴物种则会等待树冠层出现缺口，有大量光线透射时，才迅速生长达到树冠层。因此，可以搭配10%的先锋树种，这些树种会很快生长，为怕光的物种遮挡过强的阳光。等成熟阶段的物种开始生长，需要强光条件时，可以有选择地伐掉一些先锋树木。留出来的空间，下层的树木会很快补充上，过大的空地还可以补种容易成熟的物种。

3. 其他常用的修复方法

受损森林生态系统其他常用的修复方法主要有以下几方面。

（1）封山育林。封山育林是最简便易行、经济有效的方法，因为封山可达到最大限度地减少人为干扰，消除胁迫压力，为原生植物群落的恢复提供适宜的生态条件，使生物群落由逆向演替向正向演替发展。

（2）透光抚育或遮光抚育。在南亚热带（如广东），森林的演替需经历针叶林、针阔叶混交林和阔叶林阶段；在针叶林或其他先锋群落中，对已生长的先锋针叶树或阔叶树进行择伐，改善林下层的光照环境，可促进林下其他阔叶树的生长，使其尽快演替到顶级群落。在东北，由于红松纯林不易成活，而纯的阔叶树（如水曲柳等）也不易长期存活，采取"栽针保阔"的人工修复途径，实现了当地森林的快速修复，这种方法主要是通过改善林地环境条件来促进群落正向演替而实现。

（3）林业生态工程技术。林业生态工程是根据生态学、林学及生态控制论原理，设计、建造与调控以木本植物为主的人工复合生态系统的工程技术，其目的在于保护、改善与持续利用自然资源与环境。

具体内容包括四个方面：①构筑以森林为主体的或森林参与的区域复合生态系统的框架。②进行时空结构设计。在空间上进行物种配置，构建乔灌草结合、农林牧结合的群落结构；时间上利用生态系统内物种生长发育的时间差别，调整物种的组成结构，实现对资源的充分利用。③进行食物链设计，使森林生态系统的产品得到循环利用。④针对特殊环境条件进行特殊生态工程的设计，如工矿区林业生态工程，严重退化的盐渍地、裸岩和裸土地等生态恢复工程。

（二）受损草地生态系统的修复

草地生态系统是地球上最重要的陆地生态系统之一，草地破坏的生态修复一直是生态学家关注的焦点。草地的生态修复应遵循以下原则：①关键因子原则，确定草地植被破坏关键因子；②节水原则，恢复进程要求最少或不灌溉，尽可能截留雨水；③本地种原则，尽量使用乡土种，配置多样性；④环境无害原则，不用化肥和杀虫剂。

（1）改进现存草地，实施围栏养护或轮牧。对受损严重的草地实行"围栏养护"是一种有效的修复措施。这一方法的实质，是消除或减轻外来干扰，让草地生态系统休养生息，依靠生态系统具有的自我恢复能力，适当辅之以人工措施来加快恢复。对于那些受损严重的草地生态系统，自然恢复比较困难时，可因地制宜地通过松土、浅耕翻或适时火烧等措施改善土壤结构，播种群落优势牧草草种，采取人工增施肥料和合理放牧等修复措施来促进恢复。

（2）重建人工草地。这是减缓天然草地的压力，改进畜牧业生产方式而采用的修复方法，常用于已完全荒废的退化草地。它是受损生态系统重建的典型模式，它不需要过多地考虑原有生物群落的结构，而且多是由经过选择的优良牧草为优势种的单一物种所构成的群落。其最明显的特点是，既能使荒废的草地很快产出大量牧草，获得经济效益；同时又能使生态和环境得到改善。例如，青海省果洛藏族自治州草原站，在达日县旦塘区对40多公顷严重退化的草地进行翻耕，播种披碱草后，鲜草产量高达21000kg/hm^2，极大地提高了畜牧生产力，同时植被覆盖率的提高还起到了防止水土流失的作用。实施这种重建措施，涉及区域性产业结构的调整，以及种植业与养殖业的关系。因此，其关键是要有统筹安排，尤其是要疏通好市场销售环节，实现牧草产品的正常销售，以确保牧民种植的积极性。

（3）实施合理的畜牧育肥生产方式。这种修复方法实行的是季节畜牧业，它是合理利用多年生草地（人工或自然草地）每年中的不同生长期，进行幼畜放牧育肥的方式，即在青草期利用牧草，加快幼畜的生长，而在冬季来临前便将家畜出售。这种生产模式避免了在草地牧草幼苗生长初期比较脆弱时的牧食破坏，既可改变以精料为主的高成本育肥方式，又可解决长期困扰的草地畜牧畜群结构不易调整的问题。采用这种技术的关键是畜牧品种问题，要充分利用现代生物技术，培育适合现代畜牧业这种生产模式的新品种。

（三）水生植被破坏的生态修复

水生植被修复的实践主要是湖泊河流的生态修复。水生植被由生长在湖泊河流浅水区及滩地上的沉水植物群落、浮叶植物群落、漂浮植物群落、挺水植物群落及湿地植物群落共同组成，这几类群落均由大型水生植物组成，俗称水草。一般而言，水体生态系统中水草茂盛则水质清澈、水产丰富、生态稳定，而水草缺乏则水质浑浊、水产贫乏、生态脆弱。

水生植被修复包括自然修复与人工重建水生植被两条途径。前者是指通过消除水生植物的胁迫压力促进水生植被的自然恢复；后者则是对已经丧失了自动恢复水生植被能力的水体，通过生态工程途径重建水生植被。重建水生植被并非简单地"栽种水草"，也并非要恢复受破坏前的原始水生植被，而是在已经改变了的水体环境条件基础上，根据水体生态功能的现实需要，按照系统生态学和群落生态学理论，重新设计和建设全新的能够稳定生存的水生植被。一般来说，水生植被修复技术主要包括以下几方面。

1. 挺水植物的恢复

挺水植物是水陆交错带重要的生物群落，对于净化陆源污染、截留泥沙等有十分重要的作用。水位波动、岸坡改造及水工建筑等使得挺水植被退化甚至消失，因此，在进行挺水植物恢复时，首先应了解胁迫因子状况，并对基质（如河流湖泊的石砌护岸）、水位波动等进行适当改造和调节，为挺水植物生长繁殖奠定基础。多数挺水植物可以直接引种栽培，芦苇、茭草和香蒲等挺水植物种类大多为宿根性多年生，能通过地下根状茎进行繁殖。这些植物在早春季节发芽，发芽之后进行带根移栽成活率最高。

2. 浮叶植物的恢复

浮叶植物对水环境有比较强的适应能力，它们的繁殖器官如种子（菱角、芡实）、营养繁殖体（荇菜）、根状茎（莼菜）或块根（睡莲）通常比较粗壮，储蓄了充足的营养物质，在春季萌发时能够供给幼苗生长直至到达水面。它们的叶片大多数漂浮于水面，直接从空气中接受阳光照射，因而对水质和透明度要求不严，可以直接进行目标种的种植或栽植。但是，浮叶植物的恢复应注意其蔓延和无序扩张。

种植浮叶植物可以采取营养体移栽、撒播种子或繁殖芽和扦插根状茎等多种形式。例如，菱和芡，以撒播种子最为快捷，且种子比较容易收集；初夏季节移栽幼苗效果也比较好，只是育苗时要控制好水深，移栽时苗的高度一定要大于水深。

3. 沉水植物的恢复

沉水植物与挺水和浮叶植物不同，它生长期的大部分时间都浸没于水下，因而对水深和水下光照条件的要求比较高。沉水植物的恢复是水生植被恢复的重点和难点。沉水植物恢复时，应根据水体沉水植被分布现状、底质、水质现状等要素，选择不同生物学、生态学特性的先锋种进行种植。在沉水植被几乎绝迹、光照条件差的次生底质上，应选择光补偿点低、耐污的种类建立先锋群落。

（四）采矿废弃地植被破坏的生态恢复

采矿废弃地是指为采矿活动所破坏而无法使用的土地。根据形成原因可分为三大类型：一是剥离表土开采废土废石及低品位矿石堆积形成的废土废石堆废弃地；二是随矿物开采形成的大量采空区域及塌陷区，即开采坑废弃地；三是利用各种分选方法分选出精矿后的剩余物排放形成的尾矿废弃地。采矿废弃地植被恢复技术有以下几种。

1. 植被的自然恢复

废弃地植被的自然恢复是很缓慢的，但在不能及时进行人工建植植被的采矿废弃地上，植被自然恢复仍有其现实意义。采矿废弃地在停止人类活动和干扰后，只要基质和水分等条件适宜，可以逐步出现一些植物，并开始裸地植被演替过程。调查表明，在人为废弃地上植被自然恢复过程长达10～20年，条件差的地区20～30年也难以恢复。为了促进废弃地植被的自然恢复，改良废弃地土壤基质成分，改善水分特征，适当播撒草、树种子，可以促进植被的自然恢复。

2. 基质改良

基质是制约采矿废弃地植被恢复的一个极为重要的因子。一般采矿废弃地的基质比较差，有机质含量低，矿化度低，保水、含水能力差，植物难以生根，难以获得有效养分和水分。因此，必须对基质进行改良。

（1）利用化学肥料改良基质：采矿废弃地一般矿化度低，肥力差，人工添加肥料一般能取得快速而显著的效果，但由于废弃地的基质结构被破坏，速效化学肥料极易淋溶，在施用速效肥料时应采用少量多施的办法，或选用长效肥料效果更好。

（2）利用有机改良物改良基质：利用有机改良物改良废弃地有很好的经济效益，改良效果好。污水污泥、生活垃圾、泥炭及动物粪便都被广泛地用于采矿废弃地植被重建时的基质改良。另外，作物秸秆也被用作废弃地的覆盖物，可以改善地表温度，维持湿度，有利于种子的萌发及幼苗生长。秸秆还田还能改善基质的物理结构，增加基质养分，促进养分转化。

（3）利用表土转换改良基质：表土转换是在动工之前，先把表层土壤剥离保存，以便工程结束后再把它放回原处，这样土壤基本保持原样，土壤的营养条件及种子库基本保证了原有植物种类迅速定居建植，无须更多的投入。表土转换工程关键在于表土的剥离、保存和工程后的表土复原。另外，也可从别处取来表土，覆盖遭到破坏的区域。这种方法在较小的工程中广泛使用，但由于代价昂贵，获得适宜的土壤较为困难，难以在大型工程中推广。

（4）利用淋溶改良基质：对含酸、碱、盐分及金属含量过高的废弃地进行灌溉，在一定程度上可以缓解废弃地的酸碱性、盐度和金属的毒性。Cresswell指出，南非金矿的尾矿沙堆在种植植物前，采用人工喷水淋溶酸性物质，最终获得了成功的植物建植。一般经过淋溶，当废弃地的毒害作用被解除后，应施用全价的化学肥料或有机肥料来增加土壤肥力，以使植物定居建植。

3. 生物改良

生物改良是基质改良措施的继续深入，以实现采矿废弃地的植被恢复与重建。生物改良主要是利用对极端生境条件具特异抗逆性的植物、金属富集植物、绿肥植物和固氮植物等来改善废弃地的理化性质，通过先锋植物的引种，不断积累有机质，改良土壤，为植物群落的演替创造条件。

（五）土壤退化的生态修复与重建

1. 沙漠化土壤的生态修复与重建

治理沙害的关键是控制沙质地表面被风蚀的过程和削弱风沙流动的强度，固定沙丘。一般采用植物治沙、工程防治、化学固沙细菌和藻类等孢子植物固沙等措施。

（1）植物治沙

植物治沙具有经济效益好、持久稳定、改良土壤、改善生态环境等优点，并可为家畜提供饲草，应用最普遍，是世界各国治沙所采用的最主要措施。

①封沙育草：封沙育草就是在植被遭到破坏的沙地上，建立防护措施，严禁人畜破坏，为天然植物提供休养生息、滋生繁衍的条件，使植被逐渐恢复。封沙育草应选择适宜的地形地貌，在平坦开阔或缓坡起伏的草地和比较低矮的半流动半固定

沙质草地围封，注意围栏最好沿丘间低地拉线。

②封沙造林：沙漠化草地自然条件差，因此封沙造林一般是先在立地条件较好的丘间低地造林，把沙丘分割包围起来，经过一定时间后，风将沙丘逐渐削平，同时在块状林的影响下，沙区的小气候得到了改善，可以在沙丘上直播或栽植固沙植物，这种方法俗称为"先湾后丘"或者"两步走"。

营造防沙林带：防沙林带按营造的目的可分为沙漠边缘防沙林带和绿洲内部护田林网。沙漠边缘防沙林带：在沙漠边缘营造防沙林带的目的是防止流沙侵入绿洲内部，保护农田和居民点免受沙害。在流沙边缘以营造紧密林带为宜，在靠近流沙的一侧最好进行乔灌混交。绿洲内部护田林网：主要目的是降低风速，以防止耕作土壤受风蚀和沙埋的危害。一般护田林网按通风结构设置，采用窄林带、小林网、高大乔木为主要树种的配置方式。

建立农林草复合经营模式。在沙丘建立乔、灌、草结合的人工林生态模式，如在兴安盟、吉林白城，可建立樟子松—小青杨紫穗槐、胡枝子—沙打旺植被。可先在流动沙丘上播种沙打旺作先锋作物，待沙丘半固定后再种紫穗槐，以及小青杨、樟子松等乔灌木。

沙平地建立林草田复合生态系统，沙平地尚有稀疏的林木、草地，应以林带为框带，林带和农田之间设 10 ~ 15m 宽的草带，以宽林带（10 ~ 15 行树）、小网眼（5 ~ 10hm² 为一林草田生态系统）防风固沙效果较好。

已受沙化影响区应推行方田林网化和草粮轮作。

（2）工程防治

工程防治就是利用柴、草以及其他材料，在流沙上设置沙障和覆盖沙面，以达到防风固沙的目的。

①覆盖沙面。覆盖沙面的材料有沙砾石、熟性土等，也可用柴草、枝条等。将其覆盖在沙面上，隔绝风与松散沙面的作用，使沙粒不被侵蚀。但它不能阻挡外来的流沙。

②草方格沙障。草方格沙障是将麦秸、稻草、芦苇等材料，直接插入沙层内，直立于沙丘上，在流动沙丘上扎设成方格状的半隐蔽式沙障。流动沙丘上设置草方格沙障后，增加了地表的粗糙度，增加了对风的阻力。在风向比较单一的地区，可将方格沙障改成与主风向垂直的带状沙障，行距视沙丘坡度与风力大小而定，一般为 1 ~ 2m。据观测，其防护效能几乎与格状沙障相同，但是能够大大地节省材料和劳力。

③高立式沙障。高立式沙障主要用于阻挡前移的流沙，使之停积在其附近，达

到切断沙源、抑制沙丘前移和防止沙埋危害的目的。该种沙障一般用于沙源丰富地区草方格沙障带的外缘。高立式沙障采用高秆植物，如芦苇、灌木枝条、玉米秆、高粱秆等直接栽植在沙丘上，埋入沙层深度为30～50cm，外露1m以上。将这些材料编成篱笆，制成防沙栅栏，钉于木框之上，制成沙障。沙障的设置方向应与主风向垂直，配置形式可用"一"字形、"品"字形、行列式等。

（3）化学固沙

化学固沙是在流动的沙地上喷洒化学胶结物质，使沙地表面形成一层有一定强度的防护壳，隔开气流对沙层的直接作用，达到固定流沙的目的。目前，国外用作固沙的胶结材料主要是石油化学工业的副产品。常用的有沥青乳液、高树脂石油、橡胶乳液等。

（4）细菌和藻类等孢子植物固沙

研究发现，细菌、藻类、地衣、苔藓等孢子植物在固沙方面作用巨大。中国科学院新疆生态与地理研究所对古尔班通古特沙漠奇特的微观世界进行探索，在1000～2000倍的电子显微镜下，看到了"生物结皮"的真实结构，细小的沙粒并不是以单独的颗粒的形式存在，而是被微生物形成的粘液粘连，或者被藻类、地衣和苔藓的假根捆绑起来。荒漠藻类作为先锋拓殖生物不仅能在严重干旱缺水、营养贫瘠、生境条件恶劣的环境中生长、繁殖，并且通过其生活代谢方式影响并改变环境，特别是在荒漠表面形成的藻类结皮，在防风固沙、防止土壤侵蚀、改变水分分布状况等方面更是扮演着重要角色。生物结皮的生长替代过程在实验室得到模拟，微生物、藻类、地衣和苔藓分别形成了完整的结皮，固定了容易流失的飞沙，同时还证明了其降低沙粒粒径、固氮肥壤的作用。

2. 土壤水土流失的生态修复与重建

土壤水土流失的生态修复与重建必须是建立在预防的基础之上的。

树立保护土壤、保护生态环境的全民意识。土壤流失问题是关系到区域乃至全国农业及国民经济持续发展的问题。要在处理人口与土壤资源、当前发展与持续发展、土壤生态环境治理和保护上下功夫。要制定相应的地方性、全国性荒地开垦，农、林地利用监督性法规，制定土壤流失量控制指标。要像防治污染一样处理好土壤流失。

无明显流失区在利用中应加强保护。这主要是在森林、草地植被完好的地区，采育结合、牧养结合、制止乱砍滥伐，控制采伐规模和密度，控制草地载畜量。

轻度和中度流失区在保护中利用。在坡耕地地区，实施土壤保持耕作法。例如，丘陵坡地梯田化，横坡耕作，带状种植；实行带状、块状和穴状间隔造林，并辅以鱼鳞坑、高埂等田间工程，以促进林木生长，恢复土壤肥力。

在土壤流失严重地区应先保护后利用。土壤流失是不可逆过程，在土壤流失严重地区要将保护放在首位。在封山育林难以奏效的地区，首先必须搞工程建设，如高标准梯田化以拦沙蓄水，增厚土层，千方百计培育森林植被；在江南丘陵、长江流域可种植经济效益较高的乔、灌、草本作物，以植物代工程，并以保护促利用。这些地区宜在工程实施后全面封山、恢复后视情况再开山。

第三章　环境监测与评价技术应用

第一节　概述

一、环境监测概述

（一）环境监测的基本概念

环境监测是环境科学的一个重要分支学科。环境监测就是一门研究、测定环境质量的学科，是为了特定的目的，利用物理的、化学的和生物的方法，通过对影响环境质量因素的代表值的测定、监视和监控，确定环境质量（或者污染程度）及其变化趋势。

但是判断环境质量，仅对某一污染物进行某一地点、某一时刻的分析测定是不够的，必须对各种有关污染因素、环境因素在一定空间、时间内进行测定，分析综合测定数据，才能对环境质量做出确切的评价。而随着环境科学的发展以及新问题的不断出现，环境监测的含义也在不断扩展。一方面，监测对象由污染源扩展到整个生态系统；另一方面，随着监测技术和监测方法的更新，环境监测也向微观和宏观两个方向发展。

环境监测的过程一般为：确定目的→现场调查并收集所需资料→制订监测方案→优化布点→样品收集→运送保护→分析测试→数据处理→综合评价等。

（二）环境监测的目的和分类

1. 环境监测的目的

环境监测的目的是准确、及时、全面反映环境质量现状及其发展趋势，为污染控制、环境评价、环境规划、环境管理等提供科学依据。具体归纳如下：

（1）检验和判断环境质量是否合乎国家规定的环境质量标准，并预测环境质量变化趋势。

（2）根据污染特点、分布情况和环境条件，追踪污染源，研究和提供污染变化趋势，为实现监督管理、控制污染提供依据。

（3）收集环境本底数据，积累长期监测资料，为保护人类健康和合理使用自然资源，以及准确掌握环境容量、实施总量控制、目标管理提供数据。

（4）研究环境污染因子扩散模式，为新污染源的评价和环境预报提供依据。

（5）为制定环境法规、标准、环境评价、环境规划、环境污染综合防治对策提供依据。

2. 环境监测的分类

环境监测可按照其监测目的或者监测介质对象进行分类，也可按照专业部门或者监测区域进行分类。

（1）按监测目的分类

①监视性监测（或例行监测、常规监测）。监视性监测是对制定的有关项目进行定期的、长时间的监测，以确定环境质量及污染源状况，评价控制措施的效果，衡量环境标准实施情况和环境保护工作的进展。这也是环境监测工作中量最大、面最广的工作。

监视性监测包括对污染源的监督监测和环境质量监测。对污染源的监督监测主要是针对主要污染物进行定时、定点的监测，从而反映污染源污染负荷变化的某些特征量，并可粗略地估计污染源排放污染物的负荷，如污染物浓度、排放总量、污染趋势等。环境质量监测是通过建立各种监视网站，不间断地收集资料，用以评价环境污染的现状、污染变化趋势，以及环境改善所取得的进展等，从而确定一个区域、一个国家的污染状况，如所在地区的空气、水体、噪声、固体废物等监督监测。

②特定目的的监测（或特例监测）。根据特定目的，环境监测又可以分为污染事故监测、纠纷仲裁监测、考核验证监测、咨询服务监测。

污染事故监测：指在发生污染事故特别是突发性环境污染事故时进行的应急监测，往往需要在最短的时间内确定污染物的种类，对环境和人类的危害，污染因子扩散方向、速度和危害范围，查找污染发生的原因，为控制污染事故提供科学依据。这类监测常采用流动监测（车、船等）、简易监测、低空监测、遥感等手段。

纠纷仲裁监测：指主要针对污染事故纠纷、环境执法过程中所产生的矛盾进行的监测，为执法部门、司法部门仲裁提供公证数据。纠纷仲裁检测应由国家指定的权威部门进行。

考核验证监测：包括人员考核、方法验证、新建项目的环境考核评价、排污许可证制度考核监测，"三同时"项目验收监测，污染治理项目竣工时的验收监测。

咨询服务监测：指为政府部门、科研机构、生产单位提供的服务性监测。如建设新企业应进行环境影响评价，需要按照评价要求进行监测。

③研究性监测（或科研检测）。研究性监测指针对特定目的的科学研究而进行的监测。通过监测了解污染机理，弄清污染物的迁移转化规律，研究环境受到污染的程度。因研究性监测涉及的学科较多，遇到的问题较为复杂，所以需要较高科学技术知识和周密的计划，一般需多学科相互协作方能完成。

（2）按监测介质对象分类

按监测介质对象，环境监测可以分为水质监测、空气监测、土壤监测、固体废物监测、生物监测、噪声和振动监测、电磁辐射监测、放射性监测、热监测、光监测、卫生（病原体、病毒、寄生虫等）监测等。

（3）按专业部门分类

按专业部门，环境监测可以分为气象监测、卫生监测、资源监测等。

（4）按监测区域分类

按监测区域，环境监测可以分为厂区监测和区域监测。

（三）环境监测的特点及质量保证

1. 环境监测的特点

环境监测就其对象、手段、时间和空间的多样性、污染组分的复杂性等，可以归纳为3个特点。

（1）环境监测的综合性

环境监测的综合性表现在：监测手段包括化学、物理、生物、物化及生物物理等一切可以表征环境质量的方法；监测对象包括空气、水体、土壤、固体废物、生物等；对监测数据进行统计处理、综合分析时，为阐明数据内涵，必须涉及该地区的自然和社会各个方面情况。

（2）环境监测的连续性

因为环境污染具有时间性和空间性，所以，只有坚持长期测定，才能从大量的数据中揭示其变化规律，预测其变化趋势，数据越多，预测的准确度越高。而且，监测网络和监测点位的选择一定要科学、有代表性，而且必须长期坚持监测。

（3）环境监测的追溯性

环境监测是一个复杂而又有联系的系统，每一个环节进行的好坏都会直接影响最终的监测数据的质量。所以，为使监测结果具有一定的准确度，并使数据具有可比性、代表性和完整性，需要有一个量值追溯体系予以监督，即建立环境监测的质量保证体系。

2. 环境监测的质量保证

环境监测的质量保证是指为保证监测数据的准确性、精密性、代表性、完整性以及可比性而采取的措施。其内容包括制订监测计划，确定监测指标和数据质量要求，规定相应的监测系统，进行合格监测实验室及相关人员的技术培训，编写有关文件、指南、手册等。

环境监测质量控制是环境监测质量保证的一部分，包括实验室内部质量控制和外部质量控制两个方面。

实验室内部质量控制是指实验室自我控制质量的常规程序，它能反映分析质量稳定性情况，以便及时发现分析中的异常，随时采取相应的校正措施。

外部质量控制由常规监测以外的中心监测站或其他有经验的人员来执行，以便对数据质量进行独立评价，各实验室可以从中发现所存在的系统误差等问题，以便及时校正、提高监测质量。

一个实验室或一个国家是否开展质量保证活动，是表征该实验室或国家环境监测水平的重要标志。

二、环境影响评价概述

环境影响评价是在全球范围内较普及的成熟的环境保护制度。环境影响评价是一种预测型的环境质量评价，是对一个建设项目区域开发利用及国家政策实施后，可能对环境带来的影响所做的预测性研究。环境影响评价一般分为对自然环境的影响和对社会环境的影响两个方面。

（一）环境影响评价基础

1. 基本概念

环境影响是指人类活动对环境的作用和导致的环境变化以及由此引起的对人类社会和经济的效应。环境影响包括人类活动对环境的作用和环境对人类社会的反作用，这两方面的作用有可能是有益的，也可能是有害的。

根据《中华人民共和国环境影响评价法》规定，"环境影响评价是指对规划和建设项目实施后可能造成的环境影响进行分析、预测和评估，提出预防或者减轻不良环境影响的对策和措施，进行跟踪监测的方法与制度"。

环境影响评价制度是国家通过立法确立的调整和规范环境评价活动的一种法律制度。这种制度具有强制执行力，任何组织、机构、团体和个人都不得违反，否则就要承担相应的法律责任。

2. 我国环境影响评价制度特点

随着我国环境影响评价研究的不断深入，同时借鉴外国的经验，并结合我国的实际情况，逐渐形成了具有我国特色的环境影响评价制度。其特点主要表现在以下几方面。

（1）具有法律强制性

我国环境影响评价制度是《中华人民共和国环境保护法》和《中华人民共和国环境影响评价法》明令规定的一项法律制度，以法律形式约束人们必须遵照执行，具有不可违抗的强制性。

《中华人民共和国环境影响评价法》第四章明确了环境影响评价制度中各涉及单位的法律责任，包括规划编制机关、规划审批机关、建设单位、建设项目审批部门、环境影响评价机构、环境保护行政主管部门及其他相关部门等单位应承担的法律责任。

（2）纳入基本建设程序

我国建设项目环境影响评价工作开展的时间较长，建设项目环境管理程序通过法律规定纳入基本建设程序，对项目实行统一管理，这是我国独有的管理模式。

早在1986年发布的《建设项目环境保护管理办法》和1990年发布的《建设项目环境保护管理程序》，以及1998年11月国务院第10次常务会通过并公布的《建设项目环境保护管理条例》都明确规定了对未经环境保护主管部门批准环境影响报告书的建设项目，计划部门不办理设计任务书的审批手续，土地管理部门不办理征地手续，银行不予贷款。这样就更加具体地把环境影响评价制度结合到基本建设的程序中去，使其成为建设程序中不可缺少的环节。因此，环境影响评价制度在项目前期工作中有较大的约束力。

（3）实行分类管理与分级审批

为了适应我国的具体国情和体制，提高环境影响评价管理审批效率，我国实行环境影响评价的分类管理和分级审批。

①分类管理。国家根据建设项目对环境的影响程度，对建设项目的环境影响评价实行分类管理。建设单位应当根据分类管理要求，分别组织编制环境影响报告书、环境影响报告表或者填报环境影响登记表。

我国从1998年开始对建设项目环境影响评价实行分类管理。《建设项目环境保护管理条例》第七条规定，国家根据建设项目对环境的影响程度，对建设项目的环境保护实行分类管理：建设项目对环境可能造成重大影响的，应当编制环境影响报告书，对建设项目产生的污染和对环境的影响进行全面、详细的评价；建设项目对环境可能造成轻度影响的，应当编制环境影响报告表，对建设项目产生的污染和对环境的影响进行分析或者专项评价；建设项目对环境影响很小，不需要进行环境影响评价的，应当填报环境影响登记表。

2008年国家环境保护部颁布的《建设项目环境影响评价分类管理名录》中将建设项目分成具体以下大类，包括水利、农、林、牧、渔、地质勘察、煤炭、电力、石油、天然气、黑色金属、有色金属、金属制品、非金属矿采选及制品制造、机械、电子、石化、化工、医药、轻工、纺织化纤、公路、铁路、民航机场、水运、城市交通设施、城市基础设施及房地产、社会事业与服务业、核与辐射。不仅考虑建设项目对环境的影响大小，而且按建设项目所处环境的敏感性质和敏感程度，确定建设项目环境影响评价的类别，并对其实行分类管理。

②分级审批。为进一步加强和规范建设项目环境影响评价文件审批，提高审批效率，明确审批权责，根据《中华人民共和国环境影响评价法》等有关规定，国家环境保护部于2008年12月颁布了《建设项目环境影响评价文件分级审批规定》，要求建设对环境有影响的项目，不论投资主体、资金来源、项目性质和投资规模，其环境影响评价文件均应确定分级审批权限。

3. 实行环境影响评价机构资质管理

为加强建设项目环境影响评价管理，提高环境影响评价工作质量，维护环境影响评价行业秩序，根据《中华人民共和国环境影响评价法》和《中华人民共和国行政许可法》的有关规定，国家环境保护总局于2005年7月发布了《建设项目环境影响评价资质管理办法》。

凡接受委托为建设项目环境影响评价提供技术服务的机构，应当按照《建设项目环境影响评价资质管理办法》的规定申请建设项目环境影响评价资质，经国家环境保护总局审查合格，取得"建设项目环境影响评价资质证书"后，方可在资质证书规定的资质等级和评价范围内从事环境影响评价技术服务。

（二）我国环境影响评价的原则

《中华人民共和国环境影响评价法》第四条规定了环境影响评价的基本原则："环境影响评价必须客观、公开、公正，综合考虑规划或者建设项目实施后对各种环境因素及其所构成的生态系统可能造成的影响，为决策提供科学依据。"

环境影响评价作为我国一项重要的环境管理制度，在其组织实施中必须坚持可持续发展战略和循环经济的理念，严格遵守环境影响评价的基本原则。除此之外，环境影响评价还应该遵循相应的技术原则：

①符合国家的产业政策、环保政策和法规。

②符合流域、区域功能区划、生态保护规划和城市发展总体规划，布局合理。

③符合清洁生产的原则。

④符合国家有关生物化学、生物多样性等生态保护的法规和政策。

⑤符合国家资源综合利用的政策。

⑥符合国家土地利用的政策。

⑦符合国家和地方规定的总量控制要求。

⑧符合污染物达标排放和区域环境质量要求。

（三）环境影响评价的重要性

1. 保证建设项目选址和布局的合理性

合理的经济布局是保证环境与经济持续发展的前提条件，而不合理的布局则是造成环境污染的重要原因。环境影响评价是从所在地区的整体出发，考察建设项目的不同选址和布局对区域整体的不同影响，并进行比较和取舍，选择最有利的方案，保证建设项目选址和布局的合理性。

2. 指导环境保护措施的设计

一般建设项目的开发建设活动和生产活动都要消耗一定的资源，给环境带来一定的污染与破坏，因此，必须采取相应的环境保护措施。环境影响评价是针对具体的开发建设活动或生产活动，综合考虑活动特点和环境特征，通过对污染治理措施的技术、经济和环境认证，可以得到相对合理的环境保护对策和措施，指导环境保护措施的设计，强化环境管理，使因人类活动而产生的环境污染或生态破坏程度最小。

3. 为区域社会经济发展提供导向

环境影响评价可以通过对区域的自然条件、资源条件、社会条件和经济发展状况等进行综合分析，掌握该地区的资源、环境和社会承载能力等状况，从而对该地区发展方向、发展规模、产业结构和布局等做出科学的决策和规划，以指导区域活动，实现可持续发展。

4. 推进科学决策与民主决策进程

环境影响评价是从决策的源头考虑环境的影响，并要求开展公众参与，充分征求公众的意见，其本质是在决策过程中加强科学认证，强调公开、公正，对我国决策民主化、科学化具有重要的推进作用。

5. 促进相关环境科学技术的发展

环境影响评价涉及自然科学和社会科学的众多领域，包括基础理论研究和应用技术开发。环境影响评价工作中遇到的问题，必然是对相关环境科学技术的挑战，进而推动相关环境科学技术的发展。

三、环境质量评价概述

环境质量是环境科学的一个非常重要的基本概念，环境质量评价是环境科学的一个主要学科分支。人类几千年的文明历史已经大大地影响了地球的自然生态系统，随着文明、技术的发展，人们越来越重视因为环境质量所带来的生存问题。在人类社会持续发展的需要下，人们开始关注人类社会影响下的环境质量问题，以及如何评价环境质量变化的问题。

（一）基本概念

环境质量指在一个具体环境中，环境的总和或环境的某些要素对人类的生存繁衍及社会经济发展的适宜程度。环境质量是环境系统客观存在的一种本质属性，并能用定性和定量的方法加以描述的环境系统所处的状态。

环境质量评价可以说是评价环境质量的价值，是对环境优劣所进行的一种定量描述，即按照一定的评价标准和评价方法对一定区域范围内的环境质量进行说明、评定和预测。因此，要确定某地的环境质量必须进行环境质量评价。

当前，我国环境质量评价往往以国家规定的环境标准或污染物的环境本底值为依据。但随着社会的进步、技术经济的发展，环境质量评价不仅仅研究污染物对环境质量的影响，而且会考虑到环境舒适度的问题。

（二）环境质量评价的类型

根据国内外对环境质量的研究，可以按照时间、环境要素、空间等不同方法对环境质量评价进行分类，见表3-1。

表3-1　环境质量评价分类类型

划分依据	评价类型
时间	环境质量回顾评价、环境质量现状评价、环境质量预测（影响）评价
环境要素	大气环境质量评价、水体环境质量评价、土壤环境质量评价、生物环境质量评价、环境噪声评价、多要素的环境质量综合评价
空间	城市环境质量评价、流域（区域）环境质量评价、海域环境质量评价、风景旅游区环境质量评价、单项工程环境质量评价

环境质量评价的分类，可以指导在实际工作中不同类型评价的评价重点和评价方法，对环境质量评价的评价精度、评价时效均有实际意义。

从时间角度上看，环境质量评价可以分为环境质量回顾评价、环境质量现状评价、环境质量预测评价。

1. 环境质量回顾评价

环境质量回顾评价是对区域内过去一定历史时期的环境质量，根据历史资料进行回顾性的评价。通过对环境背景的社会特征、自然特征以及污染源的调查，来分析了解环境质量的演变过程，弄清引起环境问题的各种原因和形成机理。

2. 环境质量现状评价

环境质量现状评价一般是根据近3~5年的环境监测资料进行的用以阐明环境污染现状的评价。环境质量现状评价的结论能成为区域环境污染综合防治的科学依据。

3. 环境质量预测评价（又称环境质量影响评价）

环境质量预测评价是对新的开发活动给环境质量带来的影响进行的评价。我国环保法规规定，新建、改建、扩建的大中型项目在开工建设之前必须进行环境影响评价，并按照要求编制相应的环境影响评价报告书。

第二节 环境监测与环境评价的技术和程序

一、环境监测的技术

环境监测技术是在现代分析化学测试技术和手段的基础上发展起来的，用于研究环境污染物的性质、来源、含量、分布状态和环境背景值，有灵敏、准确、精密、选择性好、操作简便和连续自动的特点。环境监测技术多种多样。从监测过程看，环境监测技术包括采样技术、样品预处理技术、测试技术和数据处理技术。从技术角度看，环境监测技术又可以分为微观和宏观两个方面。本节主要以污染物的测试技术为主进行概述。

（一）化学分析法

化学分析法是以特定的化学反应为基础测定待测物质含量的方法，包括质量分析法和容量分析法。其主要特点是准确度高，相对误差一般小于0.2%；仪器设备简单，价格便宜，灵敏度低。化学分析法常用于对环境样品中污染物的成分分析及其状态与结构的分析，适用于常量组分测定，不适用于微量组分测定。

1. 质量分析法

质量分析法是用准确称量的方法来确定试样中待测组分含量的分析方法。通常先用适当的方法使待测组分从试样中分离出来，然后通过准确的称量，由称得的质量确定试样中待测组分的含量。

质量分析法主要适用于大气中总悬浮颗粒、降尘量、烟尘、生产性粉尘，以及废水中悬浮固体、残渣、油类、硫酸盐、二氧化硅等的测定。随着称量工具的改进，质量分析法得到一定的发展，如近几年用微量测重法测定大气中飘尘等。

2. 容量分析法

容量分析法又称滴定分析法，有酸碱滴定、氧化还原滴定、沉淀滴定、络合滴定等。选择合适的指示剂，可以减小滴定误差，也是滴定分析中的关键问题。

容量分析法具有操作方便、快速、准确度高、应用范围广、费用低等特点，但是灵敏度较低，所以不能测定浓度太低的污染物。

（二）仪器分析法

仪器分析法是根据污染物的物理和物理化学性质进行分析的方法，可分为光学分析法、电化学分析法、色谱分析法等。仪器分析法的特点是：灵敏度高，适用于微量、痕量甚至是超微量的组分的测定；选择性强；响应速度快，容易实现连续自动测定；可以和有些仪器联用。但缺点是仪器的价格比较高，设备比较复杂。

1. 光学分析法

①分光光度法。分光光度法又称吸收光谱法，是测定通过特定波长的光的物质的吸收度，以此对物质进行定性和定量的分析。其基本原理符合朗伯–比尔定律。该方法的优点在于仪器简单，操作容易，灵敏度高，测定成分广等，可以用于测定金属、非金属、无机化合物和有机化合物。

②原子吸收分光光度法。原子吸收分光光度法又称原子吸收光谱法，是在待测元素的特征波长下，通过测量样品中待测元素基态原子对特征谱线的吸收程度，以确定其含量的一种方法。该方法的优点在于灵敏度高，选择性好，抗干扰能力强，操作简单、快速，结果准确，测定范围广，仪器简单，适合测定环境中痕量金属污染物。

③发射光谱分析法。发射光谱分析法又称为原子发射光谱法，是在高压火花或电弧激发下，使原子发射特征光谱，根据各元素特征谱线可以作定性分析，而谱线强度则可以作定量测定。该方法的优点在于样品用量少，选择性好，不需要化学分离便可以同时测定多种元素；缺点在于不宜分析个别试样，并且设备复杂，定量条件要求高。

④荧光分析法。当某些物质受到紫外光照射时，可以发射各种颜色和强度的可见光，而停止照射时，上述可见光也随之消失，这种光线称为荧光。用于荧光分析法的仪器是荧光分光光度计。根据发出荧光物质不同，荧光分析可以分为分子荧光

分析和原子荧光分析。分子荧光分析是根据分子荧光强度与待测物质浓度成正比关系，对待测物质进行定量分析。原子荧光分析是根据待测元素的原子蒸气在辐射能激发下所产生的荧光发射强度与基态原子数目成正比关系，对待测元素进行定量、定性分析。荧光分析法的优点在于设备简单，灵敏度高，光谱干扰少，工作曲线线性范围宽，可同时测定多种元素。

2. 电化学分析法

电化学分析法是建立在物质在溶液中的电化学性质基础上的一类仪器分析方法，根据被测物质溶液的各种电化学性质来确定其组成及含量。电化学分析法的优点在于灵敏度高，准确度高，测量范围宽，设备简单，价格低廉，容易实现自动化和连续分析。但是电化学分析法选择性较差。根据测量的电学量的不同，电化学分析法可分为电位分析法、电导分析法、库仑分析法、阳极溶出分析法和极谱分析法。

3. 色谱分析法

色谱分析法又称色谱法、层析法，它是利用物质的吸附能力、溶解度、亲和力、阻滞作用等物理性质的不同，对混合物中各组分进行分离、分析。色谱分离有流动相和固定相，根据流动相的不同，色谱分析法可以分为气相色谱分析法和液相色谱分析法，液相色谱分析法又可以分为高效液相色谱分析法、离子色谱分析法、纸层析法、薄层层析法。其中最常用的就是气相色谱分析法和高效液相色谱分析法两种方法。

气相色谱分析法指利用气化后的被测物质在气相流动相里分配系数的差异，被测物质在固定相和流动相间进行反复多次分配，各组分依次离开色谱柱，利用产生的信号分析和测定各组分。气相色谱分析法具有灵敏度高，分离效能高，快速，应用广，样品用量少，能与多种仪器联用的优点，已广泛应用于环境监测。

高效液相色谱分析法又称高压液相色谱分析法、高速液相色谱分析法等，是一种以液体为流动相，采用高压输液系统，同样利用待分离物质在流动相中存留时间的差异，经过多次分配，各组分依次流出色谱柱，进入检测器进行检测分析。高效液相色谱分析法具有分析速度快、分离效率高、操作自动化等优点，并且待分离物质不需要气化，大大扩展了其应用范围，但仪器价格较贵。

4. 生物监测方法

生物监测法又称生态监测法，是利用动植物在污染环境中所产生的各种反应信息来判断环境质量的方法，是一种最直接也是反映环境综合质量的方法。

生物监测主要通过生物对环境的反应来显示污染对生物的影响，从而直观地掌握环境污染物是否有害于环境。生物监测技术多种多样，主要有指示生物法、现场盆栽定点监测法、群落和生态系统监测法等，其中群落和生态系统监测法又包括污水生物系统法、微型生物群落法、生物指数法等。

（三）环境监测技术的发展动向

当前的环境监测技术在朝着标准化、痕量化、自动化、便携化、数据处理计算机化方向发展，许多新技术的应用已经大大地提高了环境监测的分析能力。比如，电感耦合等离子体原子发射光谱法用于对无机污染物的20多种元素的分析；在有机污染物的分析方面，气相色谱—质谱联用技术用于对挥发性有机化合物和半挥发性有机化合物及氯酚类、有机氯农药、有机磷农药、多环芳烃、二噁英类、多氯联苯和持久性有机污染物的分析。"3S"技术的发展与应用也可以从宏观方面对一个地区的污染分布情况进行监测。这其中遥感是监测全球环境变化的最重要的技术手段。在获取空间数据方面，可以充分利用北京、广州和乌鲁木齐3个气象卫星地面站接收的气象卫星（NOAA、我国风云一号Fy–1等）数据。

"3S"技术是指遥感技术、地理信息系统和全球定位系统的统称，是空间技术、传感器技术、卫星定位与导航技术和计算机技术、通信技术相结合，多学科高度集成的对空间信息进行采集、处理、管理、分析、表达、传播和应用的现代信息技术。前两个"S"通过遥感接收、传送；后一个"S"对地面的计算机图像图形和属性数据的处理。整体"3S"系统要经过地面和卫星遥感通信联成计算机网络。卫星遥感技术可应用于空气污染扩散规律研究、水体污染监测、海洋污染监测、城市环境生态与污染监测、环境灾害监测，还可提供沙漠化进程、土地盐渍化和水土流失的情况、生态环境恶化状况，以及工业废水和生活污水对水体的污染、石油对海洋的污染等基本状况和发展程度的数据和资料，还可获取生态环境变化的基本数据和图像资料。

二、环境影响评价程序

环境影响评价程序是指按一定的顺序或步骤指导完成环境影响评价工作的过程。其实质是由一系列程序和方法组合而成的，它是一项法律制度，并不等同于环境影响评价文件。

环境影响评价程序一般分两种：环境影响评价管理程序和环境影响评价工作程序。环境影响评价管理程序主要用于指导环境影响评价工作的监督与管理，环境影响评价工作程序主要用于指导环境影响评价工作的具体实施。

（一）环境影响评价管理程序

我国执行的环境影响评价管理程序是管理部门监督环境影响评价工作的重要方

法，其流程图如图3-1所示，其具体的内容如下：

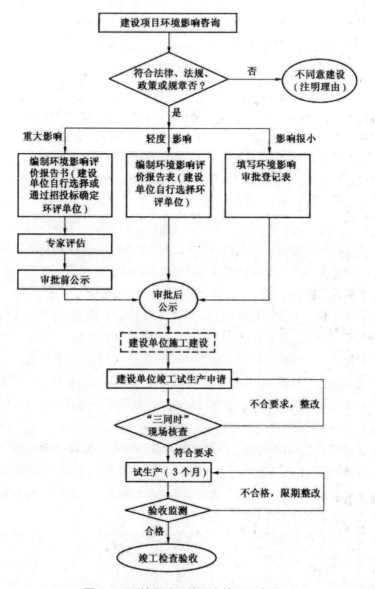

图3-1　环境影响评价程序管理示意图

（1）项目建议书批准后，建设单位应根据《建设项目环境影响分类管理名录》，确定建设项目环境影响评价类别，以委托或招标方式确定单位，开展环境影响评价工作。对《建设项目环境影响分类管理名录》中没有列出的建设项目类型，建设单位应向有审批权的环境保护行政主管部门申报，由环境保护行政主管部门根据分类管理原则确定该建设项目的评价类型并书面通知建设单位，建设单位按上述要求开展环评工作。

（2）应编制环境影响报告书的项目需要编写环境影响评价大纲，应编制环境影响报告表的项目不编写评价大纲。环境影响评价大纲由建设单位上报有审批权的环境保护行政主管部门，同时抄报有关部门。有审批权的环境保护行政主管部门负责组织对评价大纲的审查，审查批准后的评价大纲作为环境影响评价的工作和收费依据。

（3）建设单位根据环境保护行政主管部门对评价大纲的意见和要求，与评价单位签订合同开展工作。

（4）环境影响报告书、报告表编制完成后，由建设单位报有审批权的环境保护行政主管部门审批，同时抄报有关部门。建设项目有行业主管部门的，由行业主管部门组织环境影响报告书、报告表的预审，有审批权的环境保护行政主管部门参加预审；建设项目无行业主管部门的，其环境影响报告书、报告表由有审批权的环境保护行政主管部门组织审批。

（5）有水土保持方案的建设项目，其水土保持方案必须纳入环境影响报告书。水行政主管部门应在报告书预审时完成对水土保持方案的审查。

（6）海洋工程、海岸工程的环境影响报告书，海洋行政主管部门应会同负责预审的行业主管部门，在预审时完成涉及海洋环境影响部分的审核，并签署意见；建设项目无行业主管部门的，审核工作可在有审批权的环境保护行政主管部门审查环境影响报告书时，同时完成。

（7）建设项目的环境影响报告书、报告表必须由持有国家环境保护部颁发的"环境影响评价资格证书"单位编写。对填写环境影响登记表的单位无资格要求。评价单位"环境影响评价资格证书"规定工作范围内有水土保持的，可编制水土保持方案，不另设水土保持的环境影响评价资格证书。

（8）经审查通过的建设项目，环境保护行政主管部门做出予以批准的决定，并书面通知建设单位。对不符合条件的建设项目，环境保护行政主管部门做出不予批准的决定，书面通知建设单位，并说明理由。环境保护行政主管部门在收到环境影响报告书60日内、收到环境影响报告表30日内、环境影响登记表15日内做出审批决定并书面通知。

2. 环境影响评价工作程序

环境影响评价工作程序依据2009年颁布的《环境影响评价技术导则总纲》执

行。一般分为3个阶段：第一阶段为准备阶段，第二阶段为工作阶段，第三阶段为编制环境影响评价文件阶段。环境影响评价工作程序流程图如图3-2所示。

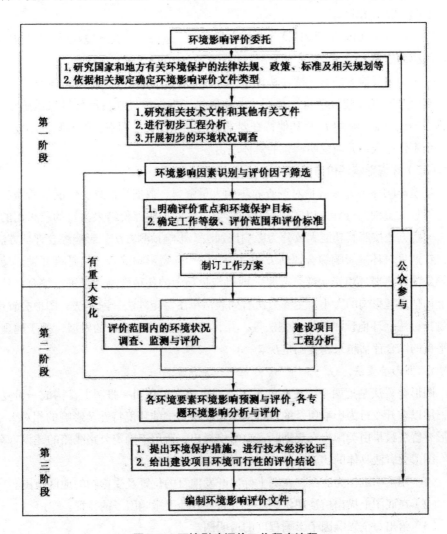

图3-2　环境影响评价工作程序流程

3. 环境影响评价工作等级划分

评价工作等级是对环境影响评价工作深度的划分。建设项目各环境要素专项评价原则上应划分工作等级，一般可划分为3级：一级评价对环境影响进行全面、详细、深入评价，二级评价对环境影响进行较为详细、深入评价，三级评价可只进行环境影响分析。

评价工作等级划分的依据如下：

（1）建设项目特点（包括工程性质、规模、能源与资源的使用、主要污染物种类、源强、排放方式等）。

（2）项目所在地的环境特征（包括自然环境、生态和社会环境状况、环境功能、环境敏感程度等）。

（3）国家或地方的有关法律法规（包括环境质量标准、污染物排放标准等）。

对于某一具体建设项目，其评价工作等级可根据建设项目所处区域敏感程度、工程污染或生态影响特征及其他特殊要求等情况进行适当调整，但调整的幅度不超过一个工作等级，并应说明调整的具体理由。

（二）环境影响评价方法

环境影响评价方法就是对调查收集的大量资料、数据、信息、情况等所做的研究、管理、鉴别的过程，以实现量化或形象直观的描述评价结果为目的所采用的方法。这些方法按照其功能大致分为影响识别法、影响预测方法、影响综合评估方法。

在这里对环境影响综合评估方法进行介绍。环境影响综合评估是将开发活动可能导致的各主要环境影响综合起来，即对定量预测的各种影响因子进行综合，从总体上评估环境影响的大小，主要方法有列表清单法、矩阵法、网络法、图形叠置法、质量指标法、环境预测模拟模型法等。并且随着地理信息系统的发展，基于地理信息平台的综合评估越来越受到重视。

1. 图形叠置法

图形叠置法是把两个或更多的环境特征重叠表示在同一张图上，构成一份复合图，用以在开发行为影响所及的范围内，指明被影响的环境特性及影响的相对大小。图形叠置法最早由美国生态规划师麦克哈格提出，适用于确定公路线路的建设方案。

图形叠置法具体的实施步骤为：

（1）用透明纸作为底图，在图上标出开发项目的位置及受影响的地区范围。

（2）在底图上描出植被现状、动物分布或其他受影响因子的特征。

（3）给出每个影响因子影响程度的透明图。

（4）将影响因子图和底图重叠，用不同色彩和色度表示不同的影响和影响程度。

该方法直观性强、易于理解，适用于空间特征明显的开发活动。手工叠图有可能会因为评价因子过多，使得颜色过于杂乱，不易识别，而图形叠置法正好可以克服手工叠图的缺点。

2. 矩阵法

矩阵法是把开发行为和受影响的环境特征或条件组成一个矩阵，在开发行为和环境影响之间建立起直接因果关系，说明哪些行为影响到哪些环境特征，并指出影响的大小。矩阵法可以分为关联矩阵法和迭代矩阵法两大类。

关联矩阵法做法是：①横轴列出开发行为；②纵轴列出受影响的环境要素；③列出每一种开发行为对每一个环境要素影响的等级及权重；④统计出开发行为对环境要素的总影响。

迭代矩阵法做法是：①列出所有的开发行为和受影响的环境因素；②将两份清单合成一个关联矩阵；③给定每一个影响的权重值；④进行迭代。

3. 地理信息系统的应用

地理信息系统是以地理空间数据库为基础，对空间相关数据进行采集、存储、管理、描述、检索、分析、模拟、显示和应用的计算机系统。因其强大的数据分析能力，地理信息系统越来越多地被应用于环境影响评价、选址及环境影响预测模型当中。

（三）环境影响评价文件的编制

根据建设项目环境影响评价分类管理的要求，建设项目环境影响评价文件分为环境影响报告书、环境影响评价报告表和环境影响登记表。

1. 环境影响报告书的编制

环境影响报告书编制原则是全面、客观、公正地反映环境影响评价的全部工作；文字简洁、准确，图表要清晰，论点明确。环境影响报告书编写的时候必须符合以下编制要求：环境影响报告书的编排结构符合《建设项目环境保护管理条例》，内容全面，重点突出，实用性强；基础数据可靠；预测模式及参数选择合理；结论观点明确，客观可信；语句通顺，条理清晰，文字简练；附带评价资格证书，署名及盖章。

建设项目的类型不同，对环境的影响差别很大，环境影响报告书的编制内容也就不相同，但是基本格式、内容相差不大。根据《中华人民共和国环境影响评价法》第十七条的规定，建设项目编制环境影响报告书的典型编排格式如下：

（1）总则：包括项目由来，编制依据，评价因子与评价标准，评价范围及环境保护目标，相关规划及环境功能区划，评价工作等级和评价重点，资料引用。

（2）建设项目概况：包括建设规模、生产工艺简介、原料、燃料及用水量、污染物的排放量清单、建设项目采取的环保措施、工程影响环境因素分析。

（3）工程分析：包括工程概况、工艺流程及产污环节分析、污染物分析、清洁生产水平分析、环保措施方案分析、总图布置方案分析。

（4）环境现状调查与评价：包括自然环境调查、社会环境调查、评价区大气环境质量现状调查、地面水环境质量现状调查、地下水质现状调查、土壤及农作物现状调查、环境噪声现状调查、评价区内人体健康及地方病调查、其他社会经济活动污染、破坏环境现状调查、建设项目污染源评估、评价区内污染源调查与评价。

（5）环境影响预测与评价：包括大气环境影响预测与评价，水环境影响预测与评价，噪声环境影响预测与评价，土壤及农作物环境影响分析，对人群健康影响分析，振动及电磁环境影响分析，对周围地区的地质、水文、气象可能产生的影响。

（6）环境风险评价：包括风险识别、评价等级及范围、风险类型、事故概率分析、事故发生对环境的影响、环境风险防范措施、应急预案等。

（7）环境保护措施及其经济、技术论证：包括"三废"及噪声治理措施分析、环保投资估算等。

（8）污染物排放总量控制：包括总量控制因子、总量控制建议等。

（9）环境影响经济损益分析：包括环境保护费用、环境保护效益、环境影响经济损益分析等。

（10）环境管理与环境监测：包括环境管理、环境监测计划等。

（11）方案比选：包括产业政策符合性分析、规划符合性分析、总平面布置合理性分析、环境容量分析、环境风险分析等。

（12）清洁生产分析和循环经济：包括本项目清洁生产分析、清洁生产措施等。

（13）公众意见调查：包括征求公众意见的范围、次数、组织形式、反对意见处理情况的说明等。

（14）环境影响评价结论：包括建设项目内容、规划符合性分析、环境现状、清洁生产、拟建工程污染物产生及治理情况、环境影响预测与评价、环境风险评价、建设项目的环境可行性、总结论等。

（15）附录和附件：主要有建设项目建议书及其批复、附图等。

2. 环境影响评价报告表

环境影响评价报告表要求附环境影响评价资质证书及评价人员情况。环境影响评价报告表的填写内容包括建设项目基本情况，建设项目所在地自然环境和社会环境简况，环境质量状况，评价适用标准，建设项目工程分析，项目主要污染物产生及预计排放情况，环境影响分析，建设项目拟采取的防治措施及预期治理效果，结论与建议。

3. 环境影响登记表

建设项目环境影响登记表一式四份，登记内容包括项目基本情况，项目内容及规模，原辅材料及主要设施规格、数量，水及能源消耗量，废水排水量、排放去向及受纳水体，周围环境简况，与项目相关的污染源情况，拟采取的防治污染措施，当地环境部门审查意见。

三、环境质量现状评价

近几十年的全球环境质量的不断恶化，环境质量的日趋严重，引起各国对环境问题的高度重视，同时也极大地促进了环境科学相关学科的发展。环境质量现状评价对评价区域以及周围地区的污染物及相关资料，进行现场考察、污染物监测和污染源调查，阐明环境现状，并得出拟建项目的环境质量本底值，为开展环境质量影响评价提供资料。

（一）环境质量现状评价的程序

环境质量现状评价的工作内容很多，具体内容取决于评价项目的评价目的、要求及评价要素。但总体上来说，环境质量现状评价的程序如下：

（1）确定评价对象、评价区域范围，以确定评价目的，并根据评价目的确定评价精度。

（2）进行环境背景调查、污染源调查、环境污染现状监测，这是掌握环境基本特征的素材，要求准确并具有代表性。

（3）根据调查资料和监测数据进行统计分析和整理，选定评价参数和评价标准。

（4）建立符合地区环境特征的计算模式并进行评价。

（5）做出评价结论并提出综合防治环境污染的建议。

环境质量现状评价的工作等级一般分为3个等级，其中一级评价最详细，二级次之，三级最略。在进行评价之前，就要根据评价目的等要求判断评价的工作等级，再进行环境质量评价工作。

（二）环境质量现状评价的内容

环境质量现状评价的内容包括：环境背景调查与评价、污染源调查与评价、环境污染现状的调查与评价。

（1）环境背景调查与评价。环境背景调查与评价的内容可分为自然环境特征和社会环境特征两个方面。

自然环境特征的内容包括：区域的地理位置、地形、地貌，气象和气候（风向、风速、大气稳定度等），水文（河流水位、流速、流量、降水、地下水类型、海水运动状态等），土壤（类型、剖面类型等），生物（陆地和水生生物种类、形态特征、生态习性及其分布等）。

社会环境特征的内容包括区域内城镇和村落的分布和功能分区、人口密度、经济结构、资源、能源和城乡发展规划等，可以通过收集有关资料进行统计分析，必要时进行实地观测。

环境背景调查与评价就是要弄清这些要素的环境背景值（本底值）及其变化和相关性，并对其与环境质量的关系作出判断。

（2）污染源调查与评价。污染源调查与评价就是通过调查、监测和分析研究，确定调查范围内污染源的类型及其污染物，找出污染物的自然扩散和人工排放的方式、途径、特点和规律等，并按其对环境的影响程度，筛选出主要污染源和污染物。

污染源调查的内容应根据调查目的和具体调查对象来确定。如工业污染源调查的内容一般包括企业环境状况、企业基本情况、污染物排放和治理、污染危害及生产发展情况等，生活污染源调查的内容包括城市居民人口、燃料、用水、排水和垃圾处置等。其中污染源调查中最主要的是各种污染物排放量的调查，其方法有物料平衡法、现场实测法和排污系数（经验估算）法。污染源调查所取得的数据都是以污染物排放浓度或排放量的形式给出的。为了比较各污染源对环境影响的大小，以确定主要污染源和主要污染物，需对调查数据进行"标化"处理，并对污染源进行评价。污染源评价方法很多，主要的评价方法有等标污染负荷法、排污系数法和等标排放量法。

其中等标污染负荷法应用较多。根据等标污染负荷法，首先求出 i 污染物（i=1，2……n）的等标污染负荷，即

$$P_i = G_i / S_i$$

式中　G_i ——某种污染物的年排放量，t/a；

　　　S_i ——某种污染物的评价标准，对水为 mg/L，对气体为 mg/m³。

求出污染源（j=1，2……m）的等标污染负荷 P_j 和评价区的总等标污染负荷然后求出某污染物和某污染源的等标污染负荷百分比（分担率），即

$$K_i = P_i / P \times 100\%$$

$$K_j = P_j / P \times 100\%$$

再按大小依次排列，从而确定出主要污染物和主要污染源。

（3）环境污染现状的调查与评价。通过布点采样和资料收集获得环境质量信息，并根据这些信息对环境质量做出定性和定量结论，进而确定环境的污染程度。

1. 环境质量现状评价的方法

环境质量现状评价的方法是在环境污染调查和监测的基础上，选定评价因子，建立评价指标体系及其计算模型，划分环境质量评价的等级，并绘制环境质量评价

的工作程序图。

常用的环境质量现状评价的方法有：环境污染评价方法，包括单因子评价指数法和综合指数法；生态学评价方法，包括植物群落评价法、动物群落评价法、水生生物评价法；景观评价方法，包括调查分析法、民意测验法和认知评判法。

环境质量现状评价中最常用的是单因子评价指数法和综合指数法。

单因子评价指数是反映单一污染物对环境产生等效的影响的程度或对环境质量的影响程度，以污染物排放实测浓度与该污染物的环境标准的比值来表示：

$$I_i = C_i / C_{s,i}$$

式中　I_i——i污染物的污染指数；

　　　C_i——i污染物的实测浓度，mg/L；

　　　$C_{s,i}$——i污染物的评价标准，mg/L。

单因子评价指数只能代表单个环境因子的环境质量，不能反映环境要素以及环境综合质量的全貌，但其单因子评价法是其他环境质量指数方法的基础。

综合指数表示多项污染物对环境产生的综合影响程度，以单因子评价指数为基础，通过多种数学关系（如求算数平均值、求加权的权重值等）综合求得，用以评价单要素环境的环境质量。

求得环境质量指数后，要根据指数值的大小确定环境质量优劣的等级，即环境质量分级。环境质量分级的基本依据是对环境质量的危害程度。一般将环境质量划分为清洁、轻污染、中度污染、重污染、极重污染5个等级。评价标准应以环境质量标准为依据，并符合当地环境保护部门对该区域的环境控制目标的要求。

第四章　水环境监测与评价技术

第一节　水环境监测设置

一、水质监测站网的设置

水质监测站网是在一定地区，按一定原则，用适当数量的水质测站构成的水质资料收集系统。根据需要与可能，以最小的代价，最高的效益，使站网具有最佳的整体功能，是水质站网规划与建设的目的。

目前，我国地表水的监测主要由水利和环保部门承担。

水质监测站进行采样和现场测定工程，是提供水质监测资料的基本单位。根据建站的目的以及所要完成的任务，水质监测站又可分为如下几类：

（1）基本站。通过长期的监测掌握水系水质动态，收集和积累水质的基本资料。

（2）辅助站。配合基本站进一步掌握水系水质状况。

二、水质监测断面（点）的设置

（一）监测断面布设原则

在布设监测断面前，应查清河段内生产和生活取水口位置及取水量、工作废水和生活污水排放口位置、污染物排放种类和数量、河段内支流汇入和水工建筑物（坝、堰、闸等）情况。从掌握水环境质量状况的实际需要出发，根据污染物时空分布变化规律，选择优化方案，力求以最少的断面、垂线和测点，取得代表性好的样品，能比较真实地反映水体水质的基本情况。为此，应考虑以下几个方面：

（1）选择监测断面位置时，应避开死水区，尽量选择顺直河段、河床稳定、水流平缓、无急流险滩的地方。

（2）应考虑河道及水流特性、排污口位置、排污量和污水稀释扩散情况。

（3）采样断面力求与水文测流断面一致，以便利用水文参数，实现水质与水量的结合。

（4）采样断面一经确定，应设置固定的标志，若无天然标志，则应设立石柱、石桩等，人工标记、标志设置后不得随意变动，以保证不同时期水质分析资料的可比性和完整性。

（二）监测断面及采样点的布设

1. 河段监测断面的布设

流经城市和工业区的一般河段应设置以下三种类型的监测断面。

（1）对照断面。在河流进入城市或工业区以前的地方，避开工业废水、生活污水流入或回流处，设置对照断面，一个河段只设一个对照断面。

（2）控制断面。一个河段上控制断面的数目应根据城市的工业布局和排污口分布情况而定。一般设在主要排污口下游500～1000m处及较大支流汇入口下游处。

（3）削减断面。削减断面是指废水、污水汇入河流，流经一定距离与河水充分混合后，水中污染物的浓度因河水的稀释作用和河流本身的自净作用而逐渐降低，其左、中、右三点浓度差异较小的断面。一般认为，应设在城市或工业区最后一个排污口下游1500m远的河段。

2. 湖泊、水库监测断面的布设

湖泊、水库监测断面的布设应按不同部位的水域，如进水区、出水区、深水区、浅水区、湖心区等，同时结合水文特性及水体功能（如饮用水取水区、娱乐区、鱼类产卵区）要求等情况确定。通常，进出湖（库）口及河流入汇处必须设置控制断面。若有污水排入，则应在排污口下设置1～2个监测断面进行控制。湖泊、水库中心一般受外来污染影响最小，可作为湖泊、水库水质背景值参考，也是水质控制重要采样点之一。若湖泊、水库无明显功能分区，可按辐射法或网格法均匀设置。

河流、湖泊、水库各采样垂线的采样点设置应根据水深、污染情况及监测要求而定。在一般情况下，采样垂线和采样点层次可按表4-1及表4-2确定。

表4-1 河流监测垂线布设

水面宽（m）	一般情况	有岸边污染带	说明
<100	一条（中泓）	三条（增加岸边两条）	若仅一边有污染带，则只增设一条垂线
100～1000	三条（左、中、右），左、右两条设在水流明显处	三条（左、右两条应设在污染带中部）	若水质良好，且横向浓度一致，可只设一条中泓线

水面宽（m）	一般情况	有岸边污染带	说明
＞1000	三条（左、中、右），左、右两条设在水流明显处	五条（增加岸边两条，设在污染带中部）	河口处应酌情增设

表4-2　采样点层次

水深（m）	采样层次	说明
＜5	上层	指水面下0.5m处；当水深不足0.5m时，在水深1/2处采样
5～15	上、下层	下层指（湖、库）底以上0.5m处
＞15	上、中、下三层	中层指1/2水深处

三、监测项目及监测频率的设置

（一）水质监测项目的设置

监测项目包括水文和水质两大类。前者主要是水文测量，包括断面形状实测及流速、流量、水位、流向、水温等内容，并记录天气情况。水文测量一般应与水质监测同步进行，水文测量的断面也应与水质监测断面吻合。但断面数量可视具体情况适当减少，以基本能反映河流的水量平衡为原则，具体技术要求应遵循水文测量技术规范。在已经设置水文站的地方，则可应用水文站的连续测量资料。

水质监测项目的选择以能反映水质基本特征和污染特点为原则。一般的必测项目有pH、总硬度、悬浮物含量、电导率、溶解氧、生化耗氧量、三氮（氨氮、亚硝酸盐氮、硝酸盐氮）、挥发酚、氰分物、汞、铬、铅、镉、砷、细菌总数及大肠肝菌等。各地还应根据当地水污染的实际情况，增选其他测定项目。

（二）水质监测的频率

目前，一般都是按照当地枯、丰、平三个水期进行监测，每期内监测两次。对水文情况复杂、水质变化大的地区，可根据人力、物力以及水污染的实际情况等，适当提高监测频率。有些地区已在主要断面位置设置水质自动连续监测装置，这对于及时掌握水环境质量变化和水环境管理工作将提供很多方便。

第二节　水环境质量评价的方法

一、水环境质量评价指数法

水环境质量包括水质、底质质量和水的生物学质量。此处通过分别叙述水质、底质质量及水的生物学质量评价的指数方法来介绍水环境质量指数的计算方法。

（一）水质评价方法

水质评价指数法的出发点是根据水质组分浓度相对于其环境质量标准的大小来判断水的质量状况。

1.算术均值法

计算水质指数的公式为：

$$P_1 = \frac{1}{n}\sum_{i=1}^{n}\frac{C_i}{S_i}$$

式中，P_1——水质指数；

C_i——第 i 种污染物的实测浓度；

S_i——第 i 种污染物的环境评价标准；

n——参加评价的污染物的个数。

实际水域水质评价中，通常包括多个水质评价因子，如 pH、电导率、悬浮物、COD、BOD、DO、酚、氰化物、砷、六价铬、铅、汞等。按 P_1 值的大小，根据水体及其所在区域自然地理和社会经济特征可划分出当地地面水环境质量分级标准（不同水域可能有不同的分级标准）。表4-3为图们江水系水环境质量分级实例。

表4-3　地面水环境质置分级标准

P_1	级别	分别依据
<0.2	清洁	多数项目未检出，个别检出也在标准内
0.2～0.4	尚清洁	检出值均在标准内，个别接近标准
0.4～0.7	轻污染	个别项目检出值超过标准
0.7～1.0	中污染	有两项检出值超过标准
1.0～2.0	重污染	相当一部分检出值超过标准
>2.0	严重污染	相当一部分检出值超过标准数倍或几十倍

2. 加权平均法

加权平均法考虑水体中各种污染物的污染贡献大小（权重），计算公式如下：

$$P_2 = \sum_{i=1}^{n}\omega_i I_i$$

式中，P_2——水质指数；

I_i ——第 i 种污染物的分指数，$I_i = C_i / S_i$，其中 C_i 为第 i 种污染物的实测浓度，S_i 为第 i 种污染物的环境评价标准；

ω_i ——第 i 种污染物的权重值，$\omega_i = I_i / \sum\limits_{i=1}^{n} I_i$；

n——污染物的种类数。

1997 年在南京城区环境质量综合评价研究中，曾用这种方法对水环境质量进行评价。评价中选用酚、氰、铬、砷和汞作为评价因子，并按九值的大小划分出水质分级标准见表 4–4。

表 4–4　按 P_2 值的水质分级标准

P_2	级别	分级依据
＜0.2	清洁	多数项目未检出，个别检出也在标准内
0.2 ~ 0.4	尚清洁	检出值均在标准内，个别接近标准
0.4 ~ 0.7	轻污染	有一项目检出值超过标准
0.7 ~ 1.0	中污染	有一两项检出值超过标准
1.0 ~ 2.0	重污染	全部或相当部分检出值超过标准
＞2.0	严重污染	相当部分项目检出值超过标准 1 到数倍

3. 几何平均法

几何平均法是用所有参加评价污染物的污染分指数的平均值与所有参加评价污染物的污染分指数中的最大值相乘开方求水质指数，用以评估水质状况。其计算公式如下：

$$P_3 = \sqrt{\max\left(\frac{C_i}{S_i}\right) \frac{1}{n} \sum_{i=1}^{n} \frac{C_i}{S_i}}$$

式中　C_i ——第 i 种污染物的实测浓度；

S_i ——第 i 种污染物的环境评价标准；

n——参加评价的污染物的种类数。

按照 P_3 值的大小，对水质分级标准划分见表 4–5（不同的水域容许作适当调整）。

表 4–5　按 P_3 值的水质分级标准

P_3	＜0.2	0.2 ~ 0.7	0.7 ~ 1.0	1 ~ 3	3 ~ 5	＞5
级别	清洁	尚清洁	轻污染	中污染	重污染	严重污染

几何平均法不但考虑了各种污染物的共同作用，同时还重点突出了污染物中最大污染贡献的污染物的影响。

（二）底质质量评价方法

底质质量评价是水环境质量评价中的一个重要内容。它的评价方法大致与水质评价方法相同，可以用指数法或其他方法进行。但在计算底质的污染物分指数时，由于缺乏底质质量的评价标准，因此，通常是在进行评价区土壤中有害物质自然含量调查的基础上，计算底质污染物的分指数。其计算公式如下：

$$I_i = \frac{C_i}{L_i}$$

式中　I_i——底质中第i种污染物的分指数；

　　　C_i——底质中第i种污染物的实测值；

　　　L_i——评价区土壤中第i种污染物的自然含量上限，L_i值可以采用在未受或少受污染的地区各采样点各有害物质自然含量的平均值加两倍标准离差进行计算。在求出底质污染物分指数后，可以用计算水质指数的方法进行底质质量指数的综合。并根据底质质量指数进行底质分级，见表4-6（不同的水域底质可能有不同的质量分级标准）。

表4-6　底质质量分级

底质质量指数	分级
< 1.0	清洁
1.0 ~ 2.0	轻污染
> 2.0	污染

（三）水的生物学质量评价方法

水的生物学质量评价也是水环境质量评价的一个重要组成部分。它是从生物学角度来研究受污染水体，包括河流、湖泊、水库和海域中的生物的结构和功能，以及发生和演变规律，以便了解污染水环境中生物之间、生物与污染环境之间的相互关系。换句话说，水的生物学质量评价是从生物学角度了解水体受污染的程度与水生生物遭受危害的状况，为水体污染控制提供科学依据。

1. 污水生物体系法

污水生物体系亦称为Kolkwitz和Marsson体系。污水生物体系法是水的生物学质量评价的一种方法，是根据水体受污染后形成的特有生物群落来进行水污染生物学评价。污水生物体系法是以指示生物为基础，根据被有机物污染的河流，由于自净过程而导致自上游往下游形成一系列的连续带，在每一带中都有自己的物理、化学和生物学特征，出现不同的生物种类，从而提出了污水生物体系。这样可用此方法来判断河流被有机物污染的程度。

2. 生物指数法

根据生物种类的敏感性或种类组成情况来评价环境质量的指数称为生物指数。如贝克于1955年提出的Beck指数。这项指数是根据生物对有机物的耐性，把从采样点采到的底栖大型无脊椎动物分成两大类，I类是对有机物污染缺乏耐性的种类，II类是对有机物污染有中等程度耐性的种类，利用它们来评价水体污染。贝克生物指数计算公式为：

$$BI = 2n_I + n_{II}$$

式中，BI ——生物指数；

n_I —— I类动物种类数目；

n_{II} —— II类动物种类数目。

3. 群落多样性指数

根据生物群落的种类和个体数量来评价环境质量的指数称为群落多样性指数。群落多样性指数的计算公式很多，而目前使用较多的是Shinnon-Weaver多样性指数。其计算公式如下：

$$\bar{d} = -\sum_{i=1}^{s}(n_i/N)\ln(n_i/N), \qquad i=1，2\cdots\cdots n-1，n$$

式中 n_i ——单位面积上第i种的个体数；

N——单位面积上各类生物的总个体数；

S——生物种类数。

根据群落多样性指数进行生物分级见表3－13。

表4-7　按 $\bar{d}$ 值进行水质的生物分级

d	<1	1~3	>3
污染分级	重污染	中污染	寡污染

4. 海域的生物学评价方法

海域生物的质量指数是根据生物体内残毒量来计算生物的污染指数，这种方法在国内应用较多。海域生物的质量指数计算公式如下：

$$Q_生 = \frac{1}{K} \sum_{i=1}^{K} \omega_i A_i$$

式中　$Q_生$ ——海域生物的质量指数；

　　　A_i ——某测点生物体内第i种污染物的污染指数；

　　　ω_i ——第i种污染物的权重（一级污染权重值取0.7，二级污染权重值取0.3）；

　　　K ——污染物种类数。

根据$Q_生$值对生物的分级标准划分见表4-8。

表4-8　按值进行生物的分级标准

污染分级	鱼类的质量指数	蚧类的质量指数
微污染	< 1	< 1
轻污染	1 ~ 3	1 ~ 2.5
中污染	3 ~ 5	2.5 ~ 4
重污染	5 ~ 6.8	4 ~ 5
严重污染	> 6.8	> 5

二、水环境质量评价的灰色系统分析方法

灰色系统是指信息不完全的系统。灰色系统理论是我国学者邓聚龙教授提出的。目前，该理论已成功地应用于工程控制、经济管理、未来学研究、社会系统、农业及水利系统、生态系统等广泛领域。近年来，灰色系统理论在环境科学中的应用也越来越受到重视，并取得了很多研究成果。

就水环境质量评价问题而言，灰色系统理论可看作水质监测样本值与不同水质标准接近度的某种距离分析和聚类判别。在区域水质评价中，显然存在一定的不清晰概念（如污染程度的轻重）和信息不完全（如实测污染物浓度分布资料不全）等问题，这些正是灰色系统理论要研究的课题。本节着重探讨和介绍灰色系统理论的水环境质量评价方法。

（一）水环境质量评价的灰色关联分析方法

不失一般性，设某水域有m个有待分级评价的断面，每个断面又有n项被评价的单项水质指标，他们可以排列为一个样本矩阵，记为$X_{m \times n}$：

$$X_{m \times n} = \begin{pmatrix} X_{11} & X_{12} & \cdots\cdots & X_{1n} \\ X_{21} & X_{22} & \cdots\cdots & X_{2n} \\ \vdots & \vdots & \ddots & \vdots \\ X_{m1} & X_{m2} & \cdots\cdots & X_{mn} \end{pmatrix}$$

根据各个断面的实测水质指标，可以确定评价水体污染程度的分级（即分类）数，记为P。按现行国家地面水环境质量标准GB3838—88，可以确定对应的P水质标准浓度矩阵 $S_{P \times n}$ ，即

$$S_{P \times n} = \begin{pmatrix} S_{11} & S_{12} & \cdots\cdots & S_{1n} \\ S_{21} & S_{22} & \cdots\cdots & S_{2n} \\ \vdots & \vdots & \ddots & \vdots \\ S_{P1} & S_{P2} & \cdots\cdots & S_{Pn} \end{pmatrix}$$

这里各断面水质评价的任务是通过它的n个因子与水质标准的距离分析，最终说明它隶属于 $S_{P \times n}$ 矩阵中的哪一级水。全水域的水质评价则需要通过综合各断面水质因子后，采用同样的距离评判分析，说明整个水体的水质现状。

很显然，水质标准级数的划分是相对的，存在一定的模糊概念。对同一断面的n项水质指标，完全存在其中某一群指标属Pi级水，而另外某群指标属P2级水的情况。怎样从监测数据中提炼出大多数接近的那类水质级别信息呢？从某种意义上讲，就需要进行监测序列和水质标准各级数序列间的关联性分析或隶属关系的分析，其中关联性最密切的序列就是所要评价的级别，这就是环境质量评价中关联分析的原理。

1. 灰序列间关联分析的概念

所谓灰序列间关联分析实质为灰色系统中多个序列（离散数列）之间接近度的序化分析，这种接近度称为数列间的关联度。

灰序列间关联分析的思想是，根据离散数列之间几何相似程度来判断关联性大小，并进行排序。如图4-1所示，设曲线1为母序列，亦称参考序列；曲线2和3为子序列，亦称比较序列。从直观上看，曲线1和曲线2之间的相似程度大于曲线1和曲线3之间的相似程度，因此认为曲线1和曲线2关联度大，而曲线1和曲线3关联度就小。在数学理论上，它反映了离散数列空间的接近度，所以是一种几何分析法。

如何确定多个子序列 X_i 相对参考序列（母序列 X_0 ）的关联度呢？基于灰色系统理论，需要构造满足关联空间四公理（规范性、偶对称性、整体性和接近性）的关联离散函数 $\zeta_{ji}(k)$ ，如邓聚龙提出的一种框架为：

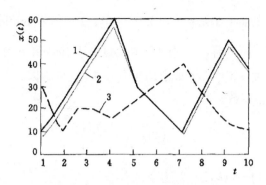

图4-1　灰序列间关联性示意

$$\zeta_{j0}(k) = \frac{\Delta_{\min} + \rho\Delta_{\max}}{\Delta_{j0}(k) + \rho\Delta_{\max}}$$

式中，$\Delta_{j0}(k)$ 子序列 $\{X_j(k)\}$ 相对母序列 X_0 的点的接近度，如取绝对差有：

$$\Delta_{j0}(k) = \{X_j(k) - X_0(k)\} \qquad j = 1, 2 \cdots\cdots m; k = 1, 2 \cdots\cdots n。$$

$$\Delta_{\max} = \max_j \cdot_k \{\Delta_{j0}(k)\}, \quad \Delta_{\min} = \min_j {}_k \{\Delta_{j0}(k)\}$$

式中，$\Delta_{\max}$ 和 $\Delta_{\min}$ 是最小和最大的极差；

ρ 是分辨系数，$\rho \in [0, 1]$，无验前信息多取0.5。

显然，ζ_{j0} 描述了多个序列间相对第k点的"距离"。它的面积测度即为第j个子序列 X_j 相对参考序列 X_0 的关联度 r_{j0}。$\{r_{j0}\}$ 全体便构成关联度序列关系，从中可确定关联性最大、隶属程度最高的某个序列。

2. 断面水质评价的关联分析方法

对各个断面水质评价而论，各个水质指标的量级可能不完全相同，如重金属汞和溶解氧等。另外，指标间的单位也不尽一样，如细菌数（个/L）和BOD（mg/L）等。因此，有必要在关联分析之前，将两个矩阵的元素归一化。归一化有两个目的：一是将元素化为无量纲；二是使元素值转变为 [0，1] 内的数。为了达到此目的，我们不妨做个规定：1级水水质标准在 $S_{P\times n}$ 中的对应元素为1，P级水质标准在 $S_{P\times n}$ 中的对应元素为0，1～P级之间的水质标准在（0，1）之间。采取的归一化方法可以用分段线性变换。

经过上述处理后，断面水质综合评价的灰关联分析方法可归纳如下：

取第j个断面的水质样本向量 $\bar{a}_j = [a_j(1), a_j(2) \cdots\cdots a_j(n)] (j = 1, 2 \cdots\cdots m)$

为母序列。对固定的 j（如先令 $j=1$），令 $i=1$，$2\cdots\cdots$P的B矩阵行向量为子序列，即 $\vec{b}_i=\left[b_i(1)，b(2)\cdots\cdots b(n)\right]$，分别计算对应每个k指标的绝对差 $\Delta_{ji}(k)$ 和关联离散函数 $\zeta_{ji}(k)$。由于被评价的要素取值均在 $[0，1]$ 区间，因此，可用参数更少并且为同标度的关联离散函数，如：

$$\zeta_{ji}(k)=\frac{1-\Delta_{ji}(k)}{1+\Delta_{ji}(k)}$$

式中，$\Delta_{ji}(k)=\left\{b_i(k)-a_i(k)\right\}$

很显然，$\Delta_{ji}(k)$ 反映了第j个断面的第k项水质指标与第i级水质标准的类别差。不难分析，当 $\Delta_{ji}(k)=0$，表明第k项水质指标与i级水质同类，这时上式中的 $\zeta_{ji}(k)=1$，点的关联性最大。相反，$\Delta_{ji}(k)=1.0$，表明第k项水质指标与第i级水质异类，这时 $\zeta_{ji}(k)=0$，点的关联性最小。对于 $0<\Delta_{ji}(k)<1.0$ 的情况，则反映了某种程度的关联性。

为了综合断面的n项指标，需要求出所有的 $\zeta_{ji}(k)$ 值，称为关联离散函数：

$$\zeta_{ji}(k)=\left\{\zeta_{ji}(1)，\zeta_{ji}(2)\cdots\cdots\zeta_{ji}(n)\right\}$$

母序列 a_j 与子序列 b_i 的关联性则定义为 $\left\{\zeta_{ji}(k)\right\}$ 的面积测度，即关联度。一种加权平均关系为：

$$r_{ji}=\sum_{k=1}^{m}\omega_j(k)\zeta_{ji}(k)$$

式中 $\omega_j(k)$ 是第j个序列k中指标的权重值。

它可以由模糊数学方法或层次分析方法等确定，一种最简单的考虑是取实测值与水质标准平均允许值之比的超标加权值，最后再归一化。一个算例见表4-9。

表4-9　一种确定权重叫的算例

项目	酚	氰化物	汞	六价铬	砷
实测值	0.002	0.018	0.000	0.0193	0.0148
平均允许值	0.0043	0.090	0.002	0.084	0.087
加权值	0.465	0.200	0.000	0.230	0.170
归一化后加权值	0.436	0.188	0.000	0.216	0.159

按照以上所述，令i=1，2……P；j=1，2……m。可以分别计算出r_{ji}的关联度，最后形成一个综合评判的关联矩阵R，即

$$
R_{P\times m=}
\begin{array}{cccc}
\textbf{断面 1} & \textbf{断面 2} & \cdots\cdots & \textbf{断面 } m \\
\end{array}
\begin{bmatrix}
r_{11} & r_{12} & \cdots\cdots & r_{1m} \\
r_{21} & r_{22} & \cdots\cdots & r_{2m} \\
\vdots & \vdots & & \vdots \\
r_{p1} & r_{p2} & \cdots\cdots & r_{pm}
\end{bmatrix}
\begin{array}{l}
\text{1 级水} \\
\text{2 级水} \\
\\
\text{P 级水}
\end{array}
$$

基于灰关联分析原理，第j个断面的水质评价，应取上面矩阵的j列向量中关联度r_{ji}中最大者对应的i^*级水，即

$$
r_{ji}^{\,*} = \max_{1\le i\le p}\left\{ r_{ji} \right\}
$$

不难看到，$R_{p\times m}$矩阵从整体上描述了每个断面n项指标相对于各级水质标准的关联度。它是一种实测序列与水质标准序列（分级）间距离的一种量度。二者接近度越大，隶属性就越大，反之亦然。另外，通过不同量级的比较和排序，可以提供污染程度排序等信息。这些是现行的质量指数法不具备的。

不同方法的结论是一致的。但是，综合指数法未能给出不同断面不同水质级别之间的排序关系或隶属度信息，这是一个明显的不足。灰关联分析方法不仅具有这些特点，而且在计算上要较模糊数学方法简单，概念也比较直观，因此易于推广使用。

（二）水环境评价的灰色聚类法

就一般问题而言，聚类分析是采用数学定量手段确定聚类对象间的亲疏关系并进行分型化类的一种多元分析方法。灰色聚类则是在聚类分析方法中引进灰色理论的白化函数生成而形成的，是将聚类对象对不同聚类指标所拥有的白化数，按几个灰类进行归纳，提出的以灰数的白化函数生成为基础的新的聚类方法。

设想将水体质量的几个级别认定为相应的类别，按此类别，对水域中各水质监测点获得的水质特征进行属类分析归纳，并最终得到这些水质监测点处的水体质量级别类属，从而达到水质评价的目的。

1. 水质聚类样本的构成

设有k个样本（测点），且各有i个指标（污染物），每个指标有j个灰类（环境质量等级），则由k个样本的i个指标的白化数构成矩阵为：

$$\begin{pmatrix} C_{11} & C_{12} & \cdots\cdots & C_{1n} \\ C_{21} & C_{22} & \cdots\cdots & C_{2n} \\ \vdots & \vdots & \ddots & \vdots \\ C_{m1} & C_{m2} & \cdots\cdots & C_{mn} \end{pmatrix}$$

其中，C_{ki} 为 k 个聚类样本第 i 个聚类指标的白化值（污染物浓度值），$k \in [1, 2 \cdots\cdots m]$，$i \in [1, 2 \cdots\cdots n]$。

2. 数据的标准化处理

在灰色聚类过程中的数据标准化处理就是对水质聚类样本各个指标的白化值（污染物浓度）C_{ki} 和灰类进行无量纲化处理，以便于对各样本指标进行综合分析并使聚类结果具有可比性。

（1）样本指标白化值的标准化处理

采用污染指数法进行样本指标白化值的标准化处理，这样既可达到无量纲化的目的，又可反映污染物的相对污染状况，其计算公式为：

$$d_{ki} = \frac{C_{ki}}{C_{0i}}, \quad k \in [1, 2 \cdots\cdots m]$$

式中 d_{ki} ——第 k 个样本（测点）第 i 个指标（污染因子）的标准化值；

C_{ki} ——第 k 个样本（测点）第 i 个指标的实测值；

C_{0i} ——第 i 个指标（污染因子）的参考标准，其取值一般视聚类对象所在水域的环境目标而确定。

（2）灰类的标准化处理

灰类的标准化处理是建立白化函数的必要条件。为便于原始白化数与灰类之间的比较分析，仍用 C_{0i} 进行灰类的无量纲化：

$$r_{ji} = \frac{S_{ij}}{C_{0i}}, \quad i \in [1, 2 \cdots\cdots n], \quad j \in [1, 2 \cdots\cdots h]$$

式中，r_{ji} ——第 i 个指标第 j 个灰类值 S_{ij} 的标准化处理值；

S_{ij} ——灰类值。

3. 白化函数

白化函数是灰色聚类的基础，是计算聚类系数的基本依据，它可反映聚类指标对灰类的亲疏关系。

第 i 个指标的灰类 1、灰类 j（j=2 $\cdots\cdots$ h−1）和灰类 h 的白化函数分别为：

$$f_{i1}(x) = \begin{cases} 1, & x \le x_m \\ \dfrac{x_h - x}{x_h - x_m}, & x_m < x < x_h \\ 0, & x \ge x_h \end{cases}$$

$$f_{ij}(x) = \begin{cases} 0, & x \le x_0 \\ \dfrac{x - x_0}{x_m - x_0}, & x_0 < x < x_m \\ \dfrac{x_h - x}{x_h - x_m}, & x_m < x < x_h \\ 1, & x = x_m \\ 0, & x \ge x_h \end{cases} \quad j = (2,\ 3 \cdots\cdots h-1)$$

$$f_{ih}(x) = \begin{cases} 1, & x \ge x_m \\ \dfrac{x - x_0}{x_m - x_0}, & x_0 < x < x_m \\ 0, & x \le x_0 \end{cases}$$

上述各白化函数的曲线分别如图4-2（a）、（b）和（c）所示。

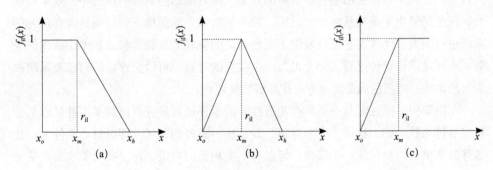

图4-2　白化函数曲线

4. 聚类权

聚类权是各指标对某一灰类的权重。第i个指标j个灰类的权重值按下式计算：

$$\omega_{ij} = \dfrac{r_{ij}}{\displaystyle\sum_{i=1}^{n} r_{ij}}$$

5. 聚类系数

聚类系数用以反映聚类样本对灰类的亲疏程度，可由灰数白化函数的生成而得到。第 k 个样本关于第 j 个灰类的聚类系数 ε_{kj} 按下式计算：

$$\varepsilon_{kj} = \sum_{k=1}^{n} f_{ij}(d_{ki})\omega_{ij}$$

式中各符号意义同前。

6. 聚类及水质评价

灰色聚类的目的是根据聚类系数的大小来判断样本所属类别。聚类方法是将每个样本对各个灰类的聚类系数组成聚类行向量，在行向量中聚类系数最大者所对应的灰类即为该样本所属类别。然后将各个样本同属的灰类进行归纳，便是灰色聚类的结果。

视水质标准级别类（GB3838—2002《地面水环境质量标准》）为 h 个灰类，将某水域或水质测点各观测水质因子当作样本进行灰色聚类分析，则某测点各水质因子的综合聚类系数最大者对应的灰类即为该测点的水质质量级别。

（三）水环境质量评价的灰色局势决策方法

1. 基本概念及决策原理

所谓决策是指对发生了的某种事件，考虑许多对策去对付，不同的对策有不同的效果，然后用目标去衡量各种对策的效果，最后从这些对策中挑选一个效果最佳者。灰色局势决策是指从事件、对策、效果三者统一的前提下，对明显含有灰元的系统进行决策。此外，它还是着眼于灰色系统的关联、灰靶等概念和方法所作的决策。水环境质量评价过程实际上也是一个决策的过程，可以把评价的对象及系统视为灰色系统，用灰色局势决策方法作环境质量评价。

在决策中，往往对某一类具有相近性质的事件进行研究，而这类事件是以某个特定事件为核心的，这样一个事件集，就是核心事件的领域，即以核心事件为白化事件的灰事件。对付同一个事件，可以有一类相近的对策，而这些对策中必有某个重点对策，围绕重点对策所构成的对策集称为某一事件的对策邻域，或者某一事件以重点对策为白化对策的灰对策集。灰事件集与灰对策集的二元组合，便是灰色局势集。灰色局势是以特定的事件特定的对策为核心组成的。

在进行决策时，必须根据某些准则来处理相近性，并且应给相近性一个量化测度。称相近准则为决策目标，称相近测度为局势效果测度。

目标数多于1个的决策为多目标决策，或多目标灰色决策。决策就是在相近的一组局势中，选效果最优者，或者选与关键局势、核心局势最接近的一组局势。给相近局势规定一个范围，称为一个灰色决策的靶，亦称灰靶。

多目标的局势集，目标不同，相近测度不同，这样就会形成有些局势是可以从总的相近性方面进行比较的，有些则不然。这种局势集又称为偏序集。人们根据 Zom 定理来选取偏序集中的最大相近元作为决策元，并构成最优局势。

决策是事件 a_i、对策 b_i 和效果 r_{ij} 三者的总称。若记事件与对策的二元组合 (a_i, b_j) 为局势 S_{ij}，记其效果测度 r_{ij} 与对应的局势 S_{ij} 之比：

$$\frac{r_{ij}}{S_{ij}} = \frac{r_{ij}}{(a_i, b_j)}$$

为决策元。若为多目标下的决策，则第 k 个目标下的效果测度为 $r_{ij}^{(k)}$，相应的决策元为：

$$\frac{r_{ij}^{(k)}}{S_{ij}} = \frac{r_{ij}^{(k)}}{(a_i, b_j)}$$

将局势矩阵 S 中各个局势的效果测度 $r_{ij}^{(k)}$ 列为相应的矩阵，就得到在 k 目标下的效果测度矩阵：

$$m^{(k)} = \begin{pmatrix} \dfrac{r_{11}^{(k)}}{S_{11}} & \dfrac{r_{12}^{(k)}}{S_{12}} & \cdots\cdots & \dfrac{r_{1n}^{(k)}}{S_{1n}} \\ \dfrac{r_{21}^{(k)}}{S_{21}} & \dfrac{r_{22}^{(k)}}{S_{22}} & \cdots\cdots & \dfrac{r_{2n}^{(k)}}{S_{2n}} \\ \vdots & \vdots & \ddots & \vdots \\ \dfrac{r_{m1}^{(k)}}{S_{m1}} & \dfrac{r_{m2}^{(k)}}{S_{m2}} & \cdots\cdots & \dfrac{r_{mn}^{(k)}}{S_{mn}} \end{pmatrix}$$

综合 P 个目标的效果测度矩阵为：

$$m^{(\Sigma)} = \begin{pmatrix} \dfrac{r_{11}^{(\Sigma)}}{S_{11}} & \dfrac{r_{12}^{(\Sigma)}}{S_{12}} & \cdots\cdots & \dfrac{r_{1n}^{(\Sigma)}}{S_{1n}} \\ \dfrac{r_{21}^{(\Sigma)}}{S_{21}} & \dfrac{r_{22}^{(\Sigma)}}{S_{22}} & \cdots\cdots & \dfrac{r_{2n}^{(\Sigma)}}{S_{2n}} \\ \vdots & \vdots & \ddots & \vdots \\ \dfrac{r_{m1}^{(\Sigma)}}{S_{m1}} & \dfrac{r_{m2}^{(\Sigma)}}{S_{m2}} & \cdots\cdots & \dfrac{r_{mn}^{(\Sigma)}}{S_{mn}} \end{pmatrix}$$

其中，$r_{ij}^{(\Sigma)} = \dfrac{1}{P}\sum\limits_{k=1}^{P} r_{ij}^{(k)}$

对行、列决策，分别按行或列挑出效果测度最大者即为最优局势。其最佳效果为：

$$r_{i^*j}^{(\Sigma)} = \max_{i}\left\{ r_{ij}^{(\Sigma)} \right\}$$

或

相应的最佳决策元为 $r_{i^*j}^{(\Sigma)}/S_{i^*j}$，最优局势为 $S_{i^*j} = \left(a_i^{*}, b_j \right)$，即

$$r_{ij^*}^{(\Sigma)} = \max_{i}\left\{ r_{ij}^{(\Sigma)} \right\}$$

相应的最佳决策元为 $r_{ij^*}^{(\Sigma)}/S_{ij^*}$，最优局势为 $S_{ij^*} = \left(a_i, b_j^{*} \right)$。

若将矩阵 $M^{(\Sigma)}$ 按行与列进行优序化变化，求得优序化决策矩阵 M^* 该矩阵中的元素从左到右（行）、从上到下（列）的效果测度都成递减序列。利用优序化决策矩阵进行灰色局势决策，其方法是沿主对角线将矩阵按效果测度大小划分为若干梯段，然后从上到下逐段按事件选择对策，确定较好局势进行灰度决策。

2. 效果测度

效果测度是对各个局势所产生的实际效果的度量。通过关联系数的引申，可有四种效果测度：时间序列效果测度、上限效果测度、下限效果测度和中心效果测度。

（1）时间序列效果测度

若给出的效果白化值是时间序列，则可以用时间序列效果测度来度量局势的效果。考虑有时间序列：

$$\left\{ x_i^{(0)}(l) \right\} = \left\{ x_i^{(0)}(1),\ x_i^{(0)}(2)\cdots\cdots x_i^{(0)}(N) \right\},\ l = 1,\ 2\cdots\cdots N$$

$$\left\{ x_j^{(0)}(l) \right\} = \left\{ x_j^{(0)}(1),\ x_j^{(0)}(2)\cdots\cdots x_j^{(0)}(N) \right\},\ l = 1,\ 2\cdots\cdots N$$

有均值：

$$\overline{x}_i = \frac{1}{N}\sum\limits_{l=1}^{N} x_i^{(0)}(l)$$

$$\overline{x}_j = \frac{1}{N}\sum\limits_{l=1}^{N} x_j^{(0)}(l)$$

有标准化序列：

$$\left\{x_i\left(l\right)\right\}=\left\{x_i\left(1\right),\ x_i\left(2\right)\cdots\cdots x_i\left(n\right)\right\}\left\{x_j\left(l\right)\right\}=\left\{x_j\left(1\right),\ x_j\left(2\right)\cdots\cdots x_j\left(n\right)\right\}$$

其中：

$$x_i\left(l\right)=\frac{x_i^{(0)}\left(l\right)}{\overline{x}_i}\ x_j\left(l\right)=\frac{x_j^{(0)}\left(l\right)}{\overline{x}_j}$$

并有标准化母序列：

$$\left\{x_0\left(l\right)\right\}=\left\{x_0\left(1\right),\ x_0\left(2\right)\cdots\cdots x_0\left(n\right)\right\}$$

则序列效果测度分别为：

$$r_{0i}=\frac{1}{N}\sum_{L=1}^{N}\xi_{0i}\left(L\right)$$

$$r_{0j}=\frac{1}{N}\sum_{L=1}^{N}\xi_{0j}\left(L\right)$$

上两式中，

$$\xi_{0i}\left(L\right)=\frac{\Delta\left(\min\right)+\rho\Delta\left(\max\right)}{\Delta_{0i}\left(L\right)+\rho\Delta\left(\max\right)}$$

$$\xi_{0j}\left(L\right)=\frac{\Delta\left(\min\right)+\rho\Delta\left(\max\right)}{\Delta_{0j}\left(L\right)+\rho\Delta\left(\max\right)}$$

其中：

$$\Delta\left(\min\right)=\min_{L}\left\{\Delta_{0L}\left(\min\right)\right\},\ L=i,\ j$$

$$\Delta_{0L}\left(\min\right)=\min_{L}\left\{\Delta_{0L}\left(\min\right)\right\},\ L=1,\ 2\cdots\cdots M$$

$$\Delta\left(\max\right)=\max_{L}\left\{\Delta_{0L}\left(\max\right)\right\},\ L=i,\ j$$

$$\Delta_{0L}\left(\max\right)=\max_{L}\left\{\Delta_{0L}\left(\max\right)\right\},\ L=1,\ 2\cdots\cdots M$$

$$\Delta_{0i}\left(L\right)=\left\{x_0\left(L\right)-x_i\left(L\right)\right\}$$

$$\Delta_{0j}\left(L\right)=\left\{x_0\left(L\right)-x_j\left(L\right)\right\}$$

（2）上限效果测度

由事件 a_i（i=1，2······n）与第 k 个目标下的对策 $b_j^{(k)}$（j = 1，2······m）k 个目标下的局势 $S_{ij}^{(k)}$，其上限效果测度用下式计算：

$$r_{ij}^{(k)} = \frac{u_{ij}^{(k)}}{u_{\max}^{(k)}}, u_{ij}^{(k)} \le u_{\max}^{(k)}$$

式中，$u_{ij}^{(k)}$ ——局势 $S_{ij}^{(k)}$ 的实测效果；

$u_{\max}^{(k)}$ ——局势 $S_{ij}^{(k)}$ 所有实测效果的最大值。

（3）下限效果测度

下限效果测度计算公式为：

$$r_{ij}^{(k)} = \frac{u_{\min}^{(k)}}{u_{ij}^{(k)}}, u_{ij}^{(k)} \ge u_{\min}^{(k)}$$

式中，$u_{\min}^{(k)}$ ——局势 $S_{ij}^{(k)}$ 所有实测效果的最小值。

（4）中心效果测度

中心效果测度计算公式为：

$$r_{ij}^{(k)} = \frac{\min\left(u_{ij}^{(k)}, u_0^{(k)}\right)}{\max\left(u_{ij}^{(k)}, u_0^{(k)}\right)}$$

3. 计算步骤

（1）给出各个目标下 $n \times m$ 个局势的实际效果矩阵：

$$u^{(k)} = \begin{pmatrix} u_{11}^{(k)} & u_{12}^{(k)} & \cdots & u_{1m}^{(k)} \\ u_{21}^{(k)} & u_{22}^{(k)} & \cdots & u_{2m}^{(k)} \\ \vdots & \vdots & \ddots & \vdots \\ u_{n1}^{(k)} & u_{n2}^{(k)} & \cdots & u_{nm}^{(k)} \end{pmatrix}$$

（2）选择效果测度。上述的上限效果测度、下限效果测度、中心效果测度适应于白化值为非时间序列局势效果测定计算。但这三种测度也是分别适应于不同场合，在实际应用中应根据目标的性质而选定。比如对水质评价来说，化学需氧量的含量越低对水质质量越好，此时可采用下限效果测度计算；溶解氧含量越高对水质质量越好，这时可采用上限效果测度；pH 则不是越大越好，也不是越小越好，而是适中为好，此时可采用中心效果测度。对于综合情况，或验前信息不够，可以取综合效果测度。各局势效果测度按下式计算：

$$r_{ij}^{(k)} = \frac{1}{3}\left[\frac{u_{ij}^{(k)}}{u_{max}^{(k)}} + \frac{u_{min}^{(k)}}{u_{ij}^{(k)}} + \frac{\min\left(u_{ij}^{(k)}, u_0^{(k)}\right)}{\max\left(u_{ij}^{(k)}, u_0^{(k)}\right)}\right]$$

（3）分别计算出各局势在第 k 个目标下的效果测度矩阵：

$$M^{(k)} = \begin{pmatrix} r_{11}^{(k)} & r_{12}^{(k)} & \cdots\cdots & r_{1m}^{(k)} \\ r_{21}^{(k)} & r_{22}^{(k)} & \cdots\cdots & r_{2m}^{(k)} \\ \vdots & \vdots & \ddots & \vdots \\ r_{n1}^{(k)} & r_{n2}^{(k)} & \cdots\cdots & r_{nm}^{(k)} \end{pmatrix}$$

（4）按均值或加权平均求出 P 个目标的综合效果测度矩阵：

$$M^{(\Sigma)} = \begin{pmatrix} r_{11}^{(\Sigma)} & r_{12}^{(\Sigma)} & \cdots\cdots & r_{1m}^{(\Sigma)} \\ r_{21}^{(\Sigma)} & r_{22}^{(\Sigma)} & \cdots\cdots & r_{2m}^{(\Sigma)} \\ \vdots & \vdots & \ddots & \vdots \\ r_{n1}^{(\Sigma)} & r_{n2}^{(\Sigma)} & \cdots\cdots & r_{nm}^{(\Sigma)} \end{pmatrix}$$

（5）按行求最大效果测度：

$$r_{i'j} = \max\left\{r_{i1}, r_{i2}\cdots\cdots r_{im}\right\}$$

再按列求最大效果测度：

$$r_{ij^*} = \max\left\{r_{1j}, r_{2j}\cdots\cdots r_{nj}\right\}^T$$

（6）对矩阵 $M^{(\Sigma)}$ 按行进行优序化变换，得矩阵 $M_1^{(\Sigma)}$，再对 $M_1^{(\Sigma)}$ 矩阵按列进行优序化，从而求得优序化决策矩阵 M^*。

（7）将矩阵 M^* 根据效果测度沿主对角线划为若干梯段，上梯段的元素必须大于下梯段的元素。

（8）按梯段从上向下逐段用事件选择最佳对策，即可得灰色局势决策结果。

三、水环境质量评价的模糊数学方法

水环境质量的"好"或"坏"存在很大的模糊性，水体质量评价中"污染程度"的界线也是模糊的，人为地用特定的分级标准去评价环境污染程度是不确切的。如

水质评价中的污染指数法，通常是按照污染物质的单项污染值及综合污染值来区分水质属于轻度污染或严重污染，这样用一个污染指数值来截然判定污染程度，不能客观地反映出污染状况。这些诸如环境污染程度等界线不清或隶属关系不明确的现象就是模糊现象，而模糊数学正是用数学方法研究和处理具有模糊现象的一门科学。

按照模糊数学的观点，采用隶属度来刻画污染程度就客观些。如评价河流污染时，用内梅罗公式计算总污染指数 PI，把 $PI \leqslant 1$ 作为一级轻污染河水的指标。如果实际情况是 $PI = 1.02$ 则算作二级污染河水，这完全是人为的硬性规定。改用隶属度，则可认为当 $PI = 1.0$ 时，河水隶属于一级的程度达到100%；而当 $PI = 1.02$ 时，河水隶属于一级的程度只达到98%，相应地认为该河水隶属于二级的程度为2%。采用隶属度的概念来表达客观事物是模糊数学的基点。由此可以去研究众多模糊现象。

（一）水污染评价的模糊聚类分析法

模糊聚类分析法是用数学定量地确定样本之间的亲疏关系的分析方法。水污染评价模糊聚类分析的目的是用模糊聚类分析法对水环境污染进行评价。同采用污染指数评价法相比较，其相同点是选采样点并监测若干个污染物，然后分别计算出单项污染值（单项污染物实测值与标准值的比值）；其不同点在于，污染指数评价法进而计算出综合的总污染指数，并依此评价环境污染状况，模糊聚类分析法则是根据各单项污染值，客观地将样品进行分类，将评价水域划分为污染程度不同的污染区，便于进行环境评价。

水质评价的模糊聚类分析法及主要步骤如下。

1. 采样方法及聚类因子的确定

采样点的布设及采样指标的确定应能够反映评价水域的水污染特征。为便于聚类分析。每个采样点应监测同样多的污染指标，采样应同步进行，并采用相同的采样频率。对样品作化学分析后得到相应的监测值，与相应的标准值比较后得到单项污染值，将全部样品污染指标的单项污染值作为聚类因子值。设样品数为n，监测的污染因子（指标）个数为k，单项污染值为 x_{ij}，聚类因子由如下 $n \times k$ 是数据阵构成：

$$X = \begin{pmatrix} x_{11} & x_{12} & \cdots\cdots & x_{1k} \\ x_{21} & x_{22} & \cdots\cdots & x_{2k} \\ \vdots & \vdots & \ddots & \vdots \\ x_{n1} & x_{n2} & \cdots\cdots & x_{nk} \end{pmatrix}$$

其中，$x_{ij} = C_{ij} / L_j$，其中 C_{ij} 为实测值，L_j 为标准值。

2. 数据的归一化处理

数据的归一化处理的目的是：①弱化数值大小悬殊差异；②对数据无量纲化。

即消除原监测数据间由于度量单位不同及监测值大小的差异，形成计算过程中突出数值较大的变量作用而削弱数值较小变量的作用，使聚类结果具有可比性。通常可采用数据正规化法，将全部数据压缩在区间［0，1］中，其计算式为：

$$x_{ij}^{'} = \frac{x_{ij} - m_i}{d_i}, \quad i=1, 2 \cdots\cdots n ; \quad j=1, 2 \cdots\cdots k。$$

$$d_i = x_{i\max} - x_{i\min}$$

$$m_i = x_{i\min}$$

式中，i ——第 i 个样品的最大值、最小值；

$x_{ij}^{'}$ ——样品第 j 个污染因子的归一化值。

3. 标定

所谓标定就是根据归一化数据计算出模糊相容关系矩阵。标定的作用在于找到样品间的相容性或差异性，以便进行分类，相应于一般的聚类分析中确定分类尺度。下面介绍 4 种标定方法。

（1）距离关系法

距离关系法公式如下：

$$r_{ij} = 1 - \sqrt{\frac{1}{k} \sum_{t=1}^{k} \left(x_{it}^{'} - x_{jt}^{'} \right)^2}$$

$$r_{ij} = \frac{\sum_{t=1}^{k} \min\left(x_{it}^{'}, x_{jt}^{'} \right)}{\sum_{t=1}^{k} \max\left(x_{it}^{'}, x_{jt}^{'} \right)}$$

式中，r_{ij} ——i，j 两个样品之间的相容关系；

$x_{it}^{'}$ ——第 i 个样品的第 t 个污染因子的归一化值；

$x_{jt}^{'}$ ——第 j 个样品的第 t 个污染因子的归一化值；

k ——污染因子个数。

（2）最大最小法

最大最小法公式如下：

$$r_{ij} = \frac{\sum_{t=1}^{k} \min\left(x_{it}^{'}, x_{jt}^{'} \right)}{\sum_{t=1}^{k} \max\left(x_{it}^{'}, x_{jt}^{'} \right)}$$

（3）几何平均最小法

几何平均最小法公式如下

$$r_{ij} = \frac{\sum\limits_{t=1}^{k} \min\left(x_{it}^{'}, x_{jt}^{'}\right)}{\sum\limits_{t=1}^{k} \sqrt{x_{it}^{'}, x_{jt}^{'}}}$$

（4）算术平均最小法算术平均最小法公式如下：

$$r_{ij} = \frac{\sum\limits_{t=1}^{k} \min\left(x_{it}^{'}, x_{jt}^{'}\right)}{\frac{1}{2} \sum\limits_{t=1}^{k} \left(x_{it}^{'} + x_{jt}^{'}\right)}$$

相容关系 r_{ij} 越大，表示两个样品污染状况越相似，反之差异越大。当 $r_{ij} = 1$ 时，说明 i，j 两个样品取样点的污染状况相同，属于同一类。

将计算得到的相容关系 r_{ij} 作为矩阵元素，则得到相容系数矩阵 R=（r_{ij}）。

4. 模糊等价关系

在模糊等价分析法中是依据模糊等价关系进行聚类的。所谓模糊等价关系是指模糊矩阵 R 具有反身性、对称性和传递性的模糊关系。

（1）设 R 是一个模糊关系（矩阵），其具有反身性是指 $r_{ij} = 1$（i=1，2……n）；其具有对称性是指 $r_{ij} = r_{ji}$。传递性是指对 R 进行复合运算，记 R·R=R2 当取：

R^2，R^4，R^8……R^k，R^{2k}

若在某一步有：

$R^k = R^{2k} = R^{*}$

则 R^{*} 便是一个模糊等价关系阵。

（2）模糊矩阵的复合运算是指当取 R·R=R^2=r_{ij}^2，则：

$$r_{ij}^2 = \bigvee\limits_{t=1}^{n}\left[r_{it} \wedge r_{jt}\right], \quad i, j = 1, 2……n$$

式中 V——并运算，如 $a \vee b = \max\left(a, b\right)$，即 a, b 两数中取大者；

∧ ——交运算，如 $a \wedge b = \min\left(a, b\right)$，即 a, b 两数中取小者。

矩阵的复合运算非常类似于普通的矩阵乘法，即运算过程与普通矩阵乘法的次序相同，而区别在于将矩阵乘法中的加运算改为 V 运算，将乘运算改为 ∧ 运算。

由以上具有模糊关系的环境因子得到的相容系数矩阵 R 一般满足反身性和对称

性，不满足传递性，不是模糊等价关系。不能有效地进行分类，需要对R作复合运算，得到模糊等价关系矩阵，然后再进行模糊关系的分类。

5. 模糊聚类分析

对于已建立的模糊等价关系矩阵 R^*，可选取不同的 λ 置信度进行分类，并建立起模糊动态聚类图。然后再结合定性研究资料，对所论环境问题进行评价，如绘制污染分区图等。

由模糊聚类动态图（见图4-3）可知，当选用不同的分类水平A时，可将采样点分为不同的类别。同一类采样点表示出同一类污染区。采用不同的图例便可将评价水域划分为不同程度的污染区，由此提供了一幅污染区划图，便于进行环境评价。

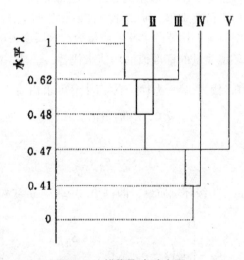

图4-3　模糊聚类动态图

（二）水污染模糊综合评价法

先考虑单个水质测点（采样点）情况，设该测点共观测n个污染因子，由这n个因子构成水环境质量综合判别因子集X：

$$X = \{x_1,\ x_2 \cdots\cdots x_n\}$$

其环境质量评价需要先解决两个问题：一是建立各因子的隶属函数，二是确定各因子的权重。

1. 隶属函数

环境质量的分级界限是一个模糊性问题，这里采用模糊数学方法，就是用隶属度来描述水环境质量分级界限的隶属程度。在给定水质分级标准后，建立对该标准所表述之特性具有的程度，即某种因子对各级水的隶属函数。各因子隶属函数的建立方法如下：

（1）第一级环境质量，即 j = 1 时，其隶属函数为：

$$y_{ij} = \begin{cases} 1, & x_i \leq S_{ij} \\ A_{ij}\left(x_i - S_{i(j+1)}\right), & S_{ij} < x_i < S_{i(j+1)} \\ 0, & x_i \geq S_{i(j+1)} \end{cases}$$

式中， x_i ——第 i 种因子的实测值，mg/L；

S_{ij} ——第 i 种因子第 j 级水的标准值，mg/L；

$S_{i(j+1)}$ ——第 i 种因子第（j+1）级水的标准值，mg/L；

A_{ij} ——系数，用中值法求得。所谓中值即取相邻两个环境质量级的标准值的中值，中值对于相邻两个环境质量级的隶属度为 0.5，且由于中值可以用两个环境质量的标准值的均值来代替，于是，将中值（即均值）与隶属度 0.5 代入 $y_{ij} = A_{ij}\left(x_i - S_{i(j+1)}\right)$ 中可求出 A_{ij}。$x_i - S_{i(j+1)} > 0$，A_{ij} 取正值；$x_i - S_{i(j+1)} < 0$，A_{ij} 取负值。其计算公式如下：

$$A_{ij} = \frac{1}{S_{ij} - S_{i(j+1)}}$$

（2）第二级至（m-1）级环境质量，即 j = 2，3……（m-1）时其隶属函数为：

$$y_{ij} = \begin{cases} 1, & x_i \leq S_{i(j-1)} \\ A_{ij}\left(x_i - S_{i(j-1)}\right), & S_{i(j-1)} < x_i < S_{ij} \\ A_{ij}'\left(x_i - S_{i(j+1)}\right), & S_{ij} \leq x_i \leq S_{i(j+1)} \end{cases}$$

式中　$S_{i(j-1)}$ ——第 i 种因子第（j-1）级环境质量的标准值，mg/L；

A_{ij}，A_{ij}' ——系数，计算公式如下：

$$A_{ij} = \frac{1}{S_{ij} - S_{i(j-1)}}$$

$$A_{ij}' = \frac{1}{S_{ij} - S_{i(j+1)}}$$

其余符号意义同前。

（3）第末级环境质量，即 j = m 时，其隶属函数为：

$$y_{ij} = \begin{cases} 1, & x_i \geq S_{ij} \\ A_{ij}\left(x_i - S_{i(j-1)}\right), & S_{i(j-1)} < x_i < S_{i(j+1)} \\ 0, & x_i \leq S_{i(j-1)} \end{cases}$$

式中 A_{ij} ——系数，由下式计算：

$$A_{ij} = \frac{1}{S_{ij} - S_{i(j-1)}}$$

其余符号意义同前。

（三）因子权重的确定

在单个测点水质综合评价中，由于各个因子对该测点的污染贡献不同，因此，应按照各个因子在环境质量评价中的作用大小分别赋予不同的权重。下面用因子污染贡献率计算方法求因子权重，其计算公式如下：

$$w_i = \frac{x_i}{S_i}$$

式中 x_i ——第 i 种因子的实测值，mg/L；

S_i ——第 i 种因子的标准值，mg/L。

由几个因子的权重构成权重集：$W = \{w_1, w_2 \cdots\cdots w_n\}$。

（四）建立单因子模糊矩阵

模糊矩阵是反映每个因子对其各个环境质量等级的隶属程度。模糊矩阵中的每个元素都是由隶属函数求得。模糊矩阵的形式为：

$$R = \left(y_{ij}\right)_{n \times m} = \begin{pmatrix} y_{11} & y_{12} & \cdots\cdots & y_{1m} \\ y_{21} & y_{22} & \cdots\cdots & y_{2m} \\ \vdots & \vdots & \ddots & \vdots \\ y_{n1} & y_{n2} & \cdots\cdots & y_{nm} \end{pmatrix}$$

（五）综合评价

给定 m 个水质判别级别，并由其组成判别集 V：$V = \{v_1, v_2 \cdots\cdots v_n\}$。

由上述得到的水质因子权重集 W 和水质因子对各环境质量等级的隶属程度模糊矩阵 R，得到某个水质测点的水环境质量综合判别模型：

$$D = W \circ R$$

式中 D ——综合判别结果，即判别集 V 上的模糊子集；

∘ ——模糊矩阵的复合运算算子。

通常，一个水域水质评价中有多个水质采样点。多个水质采样点的水质模糊综合评价可在各单个采样点评价的基础上，进行加权综合或分析评判得出水域水质污染等级结果。

第三节　水环境影响评价

一、水环境影响评价的特点

虽然水环境影响评价必须以一定的水环境质量（现状）评价为先导，依靠环境质量（现状）评价提供的数据作进一步的分析、研究，但是两者是不同的，绝不可混为一谈。水环境质量评价和水环境影响评价在性质上是有明显区别的，它们不仅在时间序列上有差异，在目的、任务、内容和方法上也都有不同。

第一，环境影响评价工作与开发建设活动紧密相连，构成开发建设前期工作的一部分，其内容直接由建设项目的内容所决定。它基本上只涉及开发建设活动能产生影响的那些环境要素和环境过程以及环境对开发建设活动的制约。因此，要密切围绕一个具体建设项目进行评价。工作内容和评价结论具有较强的建设项目针对性。而环境质量评价则是对某一区域内环境状况较全面的了解，其内容包括区域内的全部环境要素。

第二，环境影响评价的重点是对开发建设活动的环境影响进行科学分析和预测，要考虑到环境要素和环境过程的动态变化，应用适于预测的动态评价方法。而环境质量评价的目的主要是对一定区域环境，特别是污染现状的了解，应用的是静态方法。在环境影响评价中也研究现状，但它是为了预测未来的。

第三，环境影响评价工作构成开发建设决策的一个重要部分。因此，在现状调查、分析预测、环境经济效益分析和风险分析等的基础上提出可行性意见和必要的环境保护措施，这是影响评价工作的又一重点。环境质量评价则不包括这方面的内容，它可以在一个更广的角度对区域规划和重点污染治理等方面提出科学依据。

二、影响评价工作的目的、内容和程序

（一）影响评价工作的目的

水环境影响评价工作与开发建设项目紧密联系，从保护水环境的角度出发，考察项目对水环境各个方面将产生的影响，作出预测和评价。通过评价确定工程建设的可行性，并提出保护水环境的对策和措施。评价一个工程项目对水环境影响是为

该建设项目的布局、选址和确定该项目的性质、规模服务，同时提出相应的水环境保护措施。因此要求做到：

（1）从保护水环境的角度确定拟建项目是否适宜。

（2）对可以进行建设的项目，提出保护水环境的对策和措施。

（3）为整个工程的环境影响评价提供水环境方面信息。

另外，还存在一种区域开发的水环境影响评价，根据国家（或地方）的规划，在某个区域中将进行一系列开发建设活动，兴建一批建设项目，为确定区域内建设项目的布局、性质、规模和结构以及发展的时序，就需要进行区域开发对水环境影响评价。这种评价更具有战略性，它着眼于在一个区域内如何合理地进行开发建设。

（二）水环境影响评价的主要内容

水环境影响评价主要包括以下几部分内容：

（1）对环境概况的了解：包括对工程项目及所在地区环境特别是水环境概况。

（2）水环境影响分析：通过对工程及环境的了解，分析工程可能对水环境的影响，确定影响范围和时间，选择有关的水质指标，明确深入工作的方向。

（3）收集整理资料：根据影响分析的结果及水环境现状评价及水质预测的需要，收集现有资料或补充调查、监测有关资料，特别是有关所选定的水质指标的资料及受影响的水域和时段的水文、水质资料。

（4）水环境现状评价：是建设项目对水环境影响评价和水质预测的主要依据。水环境现状评价为预测的目的而研究现状，不但需了解水环境现状，而且要了解水体自净规律。

（5）水质预测：是对水环境在工程投产后可能发生的变化，作出定性判断或定量预测。

（6）水环境影响评价：根据水环境变化预测结果确定工程建设的可行性，提出水环境要求和保护对策、意见。最后要提出工程对水环境的影响报告书。

（三）水环境影响评价程序

水环境影响评价的工作过程，从接受评价任务委托书到交付环境影响评价报告书，一般可分为准备、实施、总结三个阶段。水环境影响评价的基本工作程序如图4-4所示。

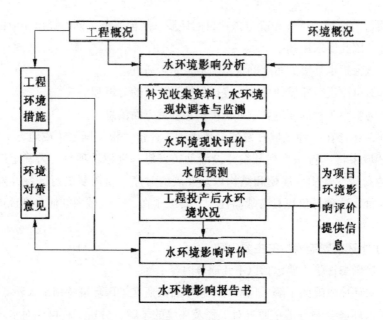

图4-4 水环境影响评价的基本工作程序

三、水环境影响评价的前期工作

在水环境影响评价工作的准备阶段，必须了解拟建工程及所在地区环境状况，以便于确定评价工作等级和编写评价工作大纲。

（一）建设项目情况

（1）项目性质。不同性质的建设项目对水环境可能产生的影响不同，其影响可参考表4-10及国家规定的各行业排放污染物的标准。

表4-10 各项工程可能的环境影响

环境指标	建筑	高速公路	城市发展	工业	电厂	水利建筑	矿山	农业灌溉	森林管理
地表水排泄		√	√			√		√	
地表水温度	√			√	√	√		√	√
BOD			√					√	
DO			√	√		√			

续表

环境指标	建筑	高速公路	城市发展	工业	电厂	水利建筑	矿山	农业灌溉	森林管理
悬浮物	√	√	√	√	√	√	√	√	√
浑浊物	√	√	√	√	√	√	√	√	√
总溶解固体		√	√				√	√	
pH				√		√			
细菌和病毒				√					
氮			√	√		√	√	√	√
磷		√	√	√		√			
硬度				√				√	
Fe与Mn				√		√			
氯化物		√	√	√			√		
重金属				√	√	√	√		
放射性				√	√				√
农药				√					
有毒物质						√			
温度成层					√				
洪泛			√					√	
地下水质		√							
水量			√						
侵蚀	√	√	√			√	√	√	√
沉积	√		√			√	√	√	√
水量需求			√		√		√	√	
废水系统			√						

（2）项目位置及占地。了解建设项目与地形及天然水系的关系，以估计项目对水分循环及水体的影响。

（3）项目规模。包括工厂产品的种类、数量、产值、水库的库容、矿山开挖的开采量等，大型项目还要注意职工人数，以便考虑由人口增加带来的问题。

（4）项目用水情况。包括项目用水量、取水来源及取水点位置等。

（5）项目排水情况。包括项目排水量（包括生产、生活各类废水量）、排水途径（可能有排入管网进入污水处理厂、排入排污渠道，直接排入水体等），排入水体的污水排放口位置，排放规律（均匀排放还是瞬时间歇排放），排放种类及污染物状况，掌握废水类型及各项水质指标，计算所含主要污染物的日（或年）排放总量。

上述资料可从项目建议书或项目可行性研究报告中获得，也可类比已有的类似工程，访问环境保护部门或工程主管部门，根据项目的类型和规模适当推算有关数据。

（二）环境状况

了解工程所在地区自然环境的一般情况，重点了解水环境状况。

1. 自然环境状况

自然环境状况包括地质构造、地形、地貌、地下水、土壤、生物及气象等。地形与气候这两个因素对水体的水文状况有直接影响，应重点掌握。必须研究的气象要素有气温、降水量、蒸发量和各种大气现象等。

2. 水环境状况

河道特征：包括断面形状、河床宽度、河床坡降和糙率、水深、流速、流态、急流、浅滩等特征，确定河流类型（属于平原河流还是山区河流），掌握河流特点。

河流水文变化规律：分析河流水位、流速、丰枯水流量、泥沙等状况。了解径流的年际变化，年内月、日变化规律。各时期平均流量、流速和含沙量。

湖泊（水库）水文变化规律：调查湖泊（水库）的水量（库容），年内、年际变化规律，进出湖水平均流量，各时段水量平衡状况，平均水深、水位与蓄水量的关系，水面面积和水位的关系，湖泊形状，调查河、湖水温日、年变化及垂向变化、封冻及解冻状况。

水质状况：反映水质状况的指标很多，可分为物理、化学和生物三种，详见水质监测。对某一水体进行调研时，应根据实际情况取适当的若干水质指标。

污染指标的掌握：须了解污染类型（有机污染、重金属污染、富营养化、农药及有毒物质污染等）、污染物的空间分布及污染程度、污染强度的时间变化规律（一般状况及污染最严重时的污染物浓度和持续时间）。

工程所在区域的水质现状及发展趋势。

四、水环境影响分析

水环境是由多种要素相互影响、相互联系的综合体。建设项目对水环境某些要素可能产生直接影响，而某一环境要素的变化又可能引起其他要素的变化。因此，在影响分析中除考虑项目的直接环境影响外，还必须考虑它的间接影响（即二次影响）。

下面就河流水环境影响可能引发的问题作些简单的介绍。

（一）项目对水环境可能产生的直接影响

1. 项目用水对当地水资源供需平衡产生的影响

耗水大的建设项目与其影响的天然水体水量相比，比例较大时，需考虑工程投产后造成的水体水量的变化及影响。在枯水期，一个较大的工程项目对水量的影响也值得注意，特别对北方干旱地区，年内径流分配不均匀，水资源的供需矛盾将会突出。

2. 项目建设对天然水循环时空变化的影响

大型水利工程建设在相当程度上改变了天然水分循环状况，下游河道受到人为的控制不再是原来的水文状况，从而引起冲淤变化；引水工程直接改变了天然河道的流向，甚至造成原有河流断流、干涸等。

3. 项目排水对受纳水体水质的影响

水体水质发生变化一般是由于工程废水排入了天然水体。这种影响取决于工程废水中的质和量与天然水体原有水质状况两个方面。影响将通过水体某一部位在某一时段某些水质指标的变化来体现。在影响分析中应搞清下列问题：

估计影响的范围：首先划定敏感水域区，一般它是受排水影响显著的水域，或原来水体水质已较差，容量有限的水域，或需要特殊保护的水域（如养殖区、风景旅游区、浴场、珍稀水生生物活动区等）。另外，根据排水量及其主要污染特性以及受纳水体情况，初步定性估计影响可能达到的范围。

考虑最需要注意的时段：一般枯水期是必须考虑的时段，此时河水中污染物浓度最高。对于有机污染，则可能需要注意封冻时段或季节气温对水体复氧的影响。

选择最需要注意的水质参数：对于污染物排放量大、毒性较强的参数，应给予注意；对于热水排放，应考虑水温及受温度影响的 BOD、DO 等参数；对生存有保护价值生物的水体，则应考虑对生物敏感的物质；对于封闭水域，应注意营养物（N 和 P）参数，以防引起水体富营养化。

（二）项目对环境可能产生的二次影响

1. 水环境状况的变化对水生生物的影响

由于水质的变化，如温度的增高、溶解氧的减少可造成鱼类的死亡；营养物质的增加可导致湖泊、水库的富营养化引起水生生物种类的改变等；河道中修建水工建筑物后，可能切断鱼类洄游路径，破坏产卵场所等。

2. 水质变化的影响

水质恶化可影响当地及下游地区的用水，如可能破坏水域现在的功能，使水质下降，当地及下游用水必须增加处理费用，甚至原来水源不能使用，需另找水源；农业用水因水质下降造成土壤物理、化学性质改变使农作物减产等。

3. 水量变化对河道冲淤影响

水利工程如对河流流量产生很大影响，可能会改变河道特征。当流量、流速加大时，局部河段冲刷强烈，而当水流平缓时，大量泥沙发生淤积，可能导致河流改道；北方地区还影响河流的冰封期和冰下过流能力。

4. 水循环变化对下游地区环境的影响

如上游水利工程大量蓄水，造成下游来水减少，甚至在枯水时河道断流，会引起下游生态环境的改变。同时，由于水源不足，也将引起社会经济结构的变化。

5. 水量变化对局部小气候的影响

由于项目建设而带来较大水面的出现或消失，都将影响当地局部小气候，如空气强度的改变，降水量的增减，而气候的小幅度变化就将直接影响农作物的生长。

6. 水位变化对上、下游地区的影响

大坝与水库的修建，显著改变了河湖水位，上游水位的提高造成土地、矿山、城镇的淹没，还会造成地下水位的抬高，干旱地区地下水位的抬高是造成土地盐碱化的主要原因。

总之，通过影响分析应做到：①初步分析出项目建设后水环境可能出现的问题。②根据可能出现的问题确定下一步工作的方向，拟定下一步工作计划大纲。③为下一步工作做好必要准备，确定须考察的水质参数、影响评价的范围及须深入研究的水域。

五、水环境影响预测与评价

水环境影响预测与评价工作是影响评价的主体，评价因子和水质预测方法的确定是完成这一工作的关键。

（一）评价因子的选择

（1）选择水环境影响评价因子时应考虑什么？

（2）建设项目排放废水中的主要污染物是什么？

（3）水环境中各主要污染物的背景值中，哪些项目接近或超过了地表水环境质量标准？

接近或超过水环境质量标准的项目，称为环境敏感因子。敏感因子应选做评价因子，因为建设项目排放这种污染物的量即使很少，也可能造成水环境污染。

现有水环境水质模型所描写的因子。

综合分析上述三个问题后，即可确定评价因子。评价因子不宜多，但要抓住影响水环境质量的主要因素。

（二）水质预测及评价

水质预测为影响评价提供基本数据。现就对水质预测评价中一些关键性的问题作扼要说明。

1. 评价的重点要素

建设项目对水环境质量的影响，不仅取决于污染物排放的数量，还与接受水体的污染物本底浓度有关。因此，评价重点要素的选择应由污染物排放量与接受水体的本底值综合考虑决定。建设项目排放的主要污染物种类及数量通常都是由项目设计单位提供的。

2. 水质模型的选择

在评价因子确定之后，便可根据评价因子的特点和评价要求选定相应的水质预测模型。

3. 水质模型中参数的选择

不利条件的选择。在河流水环境影响评价中，通常都是选择影响河流水环境质量的最不利条件作为计算河流中污染物浓度的基本条件。河流的枯水期（一般为冬季）流量小，自净能力弱，是河流污染严重的时期。如用枯水期作为计算条件，那么枯水期不造成河流水质污染，平、丰水期就更不会造成河水污染。湖泊、水库则可按枯季最低水位或库容考虑。

计算用河水流量及流速的确定。通常选用频率为50%、80%、90%、95%的年最小月平均流量及相应流速，或选用枯水期平均流量与流速。

其他参数的确定：耗氧系数&、复氧系数&等通常由试验方法或水质监测资料确定，并考虑随机性，常取多次平均值。如选用现有的&、&值，则应注意与现应用条件大体一致。污染时间可按求得的污染临界流量（在设计（即代表恶劣条件）

枯季流量历时曲线上查出。

4. 评价标准

一般应按国家或地方公布的标准。根据具体情况，考虑今后发展，并征求当地环保部门的意见最后选定。

5. 评价河段污染物的基本情况预测

计算建设项目对水环境的影响时，必须考虑建设项目投产后，当时河段的基本水质（本底）状况。这要涉及区域环境规划和治理问题，情况比较复杂，一般只能由当地环保部门提供数据。目前评价中多以现状代替未来的本底值，这是不太科学的。

6. 评价河段问题

一般评价时，需计算在设计流量下的下列数据：①建设项目总排污口下游断面处主要污染物的平均浓度。②混合河段的长度。③若干个衰减断面上污染物的平均浓度。衰减断面间的距离可按所研究的污染物的类型及河段水力特性决定，一般不小于3km，衰减断面应计算至污染物浓度达到建设项目影响前的水质状况的断面（即恢复原水质状态的位置处）。

（三）水环境影响评价的要点

根据建设项目对水环境影响的定性分析及定量计算结果，特别是对评价河段水质影响的定量数据，结合选定的评价标准，对水环境的影响作出客观评价，提出明确的评价意见。由于不同建设项目对水环境影响的内容不同，因而评价的重点也不同，但一般必须清楚阐明下列几个问题：

（1）建设项目对水环境影响的主要内容。

（2）建设项目是否有可能对水环境造成不可接受的影响。如果有，必须对其特点、表现、影响范围、影响程度和影响时间加以说明。

（3）从水环境角度考虑，建设项目的选点是否合适、规模是否恰当。若选点不合适，应说明其理由，若规模过大，应说明以控制多大规模为宜。

（4）如果项目有条件选择方案，应将它们对水环境的影响加以比较，选出最优方案。

（5）根据水环境要求对建设项目提出一些环境保护目标或对策建议，如控制污染排放的具体数量、改进工艺，增加环境保护设施以及改变废水的排放规模等。

（6）环境经济损益简要分析。

建设项目对环境的影响主要表现在环境质量的降低，从而造成经济损失和对人体健康的影响。在看到建设项目对环境影响的损失时，也要看到建设项目的社会效益和经济效益。从社会效益、经济效益、环境效益统一的观点，全面分析建设项目的环境可行性，才能客观准确地评价一个建设项目。这里主要考虑的是建设项目对水环境影响的经济损益分析。

①工程的经济效益。在工程的经济效益中，应指出工程的总投资、年利税总值、投资回收年限、资金回收年限、资金利润率、投资税利率、内部收益率、贷款偿还年限等环保副产品的经济效益。

②工程的社会效益。建设项目的社会效益是多方面的，当建设项目投产后，其产品应满足社会需要，改善生产和生活条件，减少进口和节省外汇等。一项建设项目建成能促进为其配套工业和服务行业的发展，促进当地经济文化的发展，同时增加了就业机会。特别是原材料工业、能源工业的建设项目建成后，促进了各行各业发展，其社会效益是不可低估的。

③工程影响环境的损益分析。它的任务是衡量建设项目需要投入的环保投资所能收到的环境保护效果。因此，在经济损益分析中除需计算用于控制污染所需投资和费用外，还要同时核算可能收到的环境与经济实效。

建设项目对环境的影响主要表现在对大气、水体、土壤的影响。这种环境质量的下降引起的损失很难用货币计算。只有尽可能把这种影响转化为农业、渔业、森林、草场的减产，把这种影响转化为对建筑物、器物的损坏程度，以及对人身健康影响，以使用货币表示环境影响。目前，人们尝试把环境经济损益分析分解成具体指标，试图把损益直接转换为价值，以便于全面衡量建设项目的环保投资在经济上的合理水平。对上述三个效益，要综合分析，权衡利弊，对建设项目选址、规模大小、工艺等是否合理作出客观的回答。

（四）结论与建议

结论及建议应包括水环境影响评价的主要内容，语言应简练、明确。一般包括下列内容：①水环境质量现状；②水污染源评价结论；③水环境影响预测结论；④水污染防治措施的可行性分析结论；⑤从社会效益、经济效益、环境效益统一的观点，回答建设项目的选址、规模及布局是否可行，必须有明确的结论；⑥对存在的有关环境问题所采取的对策与建议。

第五章　污水的预处理技术

第一节　污水处理技术概述

一、废水处理的分类

（一）污水处理程度分类

城市的污水，包括工业和生活废水，成分极其复杂，主要包括需氧物质、难降解的有机物，藻类的营养物质、农药、油脂，固体悬浮物、盐类、致病细菌和病毒、重金属以及各种的零星飘浮杂物。各类工业废水的组成又互不一致，千差万别，因此，具体的处理方法也有多种多样。目前，城市污水处理正向现代化和大型化方向发展，就其处理的历程而言，主要有一级、二级、三级处理之分，现分别简述如下：

一级废水处理通常采用物理方法，主要目的是清除污水中的难溶性固体物质，诸如沙砾、油脂和渣滓等。一级处理工艺一般由格栅、沉淀和浮选等步骤组成。

二级处理的主要目的是把废水中呈胶状和溶解状态有机污染物质除掉（如图5-1所示）。通过微生物的代谢作用，将废水中复杂有机物降解成简单的物质，这是二级处理中最常用的生物处理法的基础。目前，二级处理工艺上主要有用好氧生物处理流程，包括活性污泥法和生物过滤法。

经过二级废水处理后排放，其中还含有不同程度的污染物。必要时，仍需采用多种的工艺流程，如曝气、吸附、化学絮凝和沉淀、离子交换、电渗析、反渗透、氯消毒等，作浓度处理或高级废水处理。其过程包括悬浮固体物的去除、可溶性有机物的去除、可溶性无机物的去除、磷的去除、氮的去除和金属的去除。

三级处理也称为高级处理或深度处理。当出水水质要求很高时，为了进一步去除废水中的营养物质（氮和磷）、生物难降解的有机物质和溶解盐类等，以便达到某些水体要求的水质标准或直接回用于工业，就需要在二级处理之后再进行三级处理。

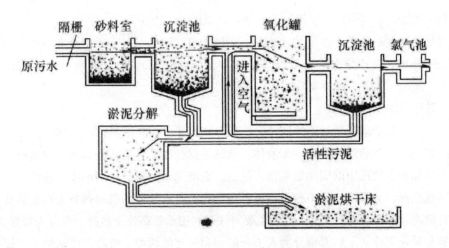

图5-1　废水的二级处理示意图

（二）按作用原理分类

废水处理方法可按其作用原理分为4大类，即物理处理法、化学处理法、物理化学法和生物处理法。

1. 物理处理法

通过物理作用，以分离、回收废水中不溶解的呈悬浮状态污染物质（包括油膜和油珠），常用的有重力分离法、离心分离法、过滤法等。

2. 化学处理法

向污水中投加某种化学物质，利用化学反应来分离、回收污水中的污染物质，常用的有化学沉淀法、混凝法、中和法、氧化还原（包括电解）法等。

3. 物理化学法

利用物理化学作用去除废水中的污染物质，主要有吸附法、离子交换法、膜分离法、萃取法等。

4. 生物处理法

通过微生物的代谢作用，使废水中呈溶液、胶体以及微细悬浮状态的有机性污染物质转化为稳定、无害的物质，可分为好氧生物处理法和厌氧生物处理法。

二、物理处理法

重力分离法指利用污水中泥沙、悬浮固体和油类等在重力作用下与水分离的特性，经过自然沉降，将污水中密度较大的悬浮物除去。离心分离法是在机械高速旋转的离心作用下，把不同质量的悬浮物或乳化油通过不同出口分别引流出来，进行回收。过滤法是用石英砂、筛网、尼龙布、隔栅等作过滤介质，对悬浮物进行截留。蒸发结晶法是加热使污水中的水汽化，固体物得到浓缩结晶。磁力分离法是利用磁场力的作用，快速除去废水中难以分离的细小悬浮物和胶体，如油、重金属离子、藻类、细菌、病毒等污染物质。

其他常用物理方法：

（1）混凝澄清法是对不溶态污染物的分离技术，指在混凝剂的作用下，使废水中的胶体和细微悬浮物凝聚成絮凝体，然后予以分离除去的水处理法。混凝澄清法在给水和废水处理中的应用是非常广泛的，它既可以降低原水的浊度、色度等水质的感观指标，又可以去除多种有毒有害污染物。废水处理的混凝剂有无机金属盐类和有机高分子聚合物两大类，前者主要有铁系和铝系等高价金属盐，可分为普通铁、铝盐和碱化聚合盐；后者则分为人工合成的和天然的两类。混凝澄清法的主要设备有完成混凝剂与原水混合反应过程的混合槽和反应池，以及完成水与絮凝体分离的沉降池等。

（2）浮力浮上法是对不溶态污染物的分离技术，指借助于水的浮力，使水中不溶态污染物浮出水面，然后用机械加以刮除的水处理方法。浮力浮上法可分为自然浮上法、气泡浮升法和药剂浮选法。自然浮上法又称隔油，这是因为该法主要用于粒径大于50 ~ 60mm的可浮油分离，主要设备是隔油池。气泡浮升法主要针对油和弱亲水性悬浮物，在废水中注气，让细微气泡和水中的悬浮微粒随气泡一起浮升到水面，加以去除，主要设备有加压泵、溶气罐、释放器和气浮池等。药剂浮选法是在水中加入浮选剂，使亲水粒子的表面性质由亲水性转变为疏水性，降低水的表面张力，提高气泡膜的弹性和强度，使细微气泡不易破裂。浮选剂按功能可分为捕收剂、调整剂和起泡剂三类，它们大多是链状有机表面活性剂。

三、化学处理法

化学处理法就是通过化学反应和传质作用来分离、去除废水中呈溶解、胶体状态的污染物或将其转化为无害物质的废水处理法。通常采用方法有：中和、混凝、氧化还原、萃取、气提、吹脱、吸附、离子交换以及电渗透等方法。

（一）电渗析法

电渗析法是对溶解态污染物的化学分离技术，属于膜分离法技术，是指在直流电场作用下，使溶液中的离子作定向迁移，并使其截留置换的方法。离子交换膜起到离子选择透过和截阻作用，从而使离子分离和浓缩，起到净化水的作用。电渗析法处理废水的特点是不需要消耗化学药品，设备简单，操作方便。在废水处理中，电渗析法应用较普遍的类型有：（1）处理碱法造纸废液，从浓液中回收碱，从淡液中回收木质素；（2）从含金属离子的废水中分离和浓缩重金属离子，对浓缩液进一步处理或回收利用；（3）从放射性废水中分离放射性元素；（4）从硝酸废液中制取硫酸和氢氧化钠；（5）从酸洗废液中制取硫酸及沉降重金属离子；（6）处理电镀废水和废液等。

（二）超滤法

超滤法属于膜分离法技术，是指利用静压差，使原料液中溶剂和溶质粒子从高压的料液侧透过超滤膜到低压侧，并阻截大分子溶质粒子的技术。在废水处理中，超滤技术可以用来去除废水中的淀粉、蛋白质树胶、油漆等有机物和黏土、微生物，还可用于污泥脱水等。在汽车、家具制造业中，用电泳法将涂料沉淀到金属表面后，要用水将制品涂料的多余部分冲洗掉，针对这种清洗废水的超滤设备大部分为醋酸纤维管状膜超滤器。超滤技术对含油废水处理后的浓缩液含油5% ~ 10%，可直接用于金属切割，过滤水可重新用作延压清洗水。超滤技术还可用于纸浆和造纸废水、洗毛废水、还原染料废水、聚乙烯退浆废水、食品工业废水以及高层建筑生活污水的处理。

四、物理化学法

物理化学法是利用萃取、吸附、离子交换、膜分离技术和气提等操作过程，处理或回收利用工业废水的方法。主要有以下几种：

（1）萃取法。将不溶于水的溶剂投入污水之中，污染物由水中转入溶剂中，利用溶剂与水的密度差，将溶剂与水分离，污水被净化，再利用其他方法回收溶剂。

（2）离子交换法。利用离子交换剂的离子交换作用来置换污水中的离子态物质。

（3）电渗析法。在离子交换技术基础上发展起来的一项新技术，省去了用再生剂再生树脂的过程。

（4）反渗透法。利用一种特殊的半渗透膜来截留溶于水中的污染物质。

（5）吸附法。利用多孔性的固体物质，使污水中的一种或多种物质吸附在固体表面进行去除。吸附法是对溶解态污染物的物理化学分离技术。废水处理中的吸附处理法，主要是指利用固体吸附剂的物理吸附和化学吸附性能，去除废水中多种污染物的过程，处理对象为剧毒物质和生物难降解污染物。吸附法可分为物理吸附、化学吸附和离子交换吸附三种类型。影响吸附的主要因素有：①吸附剂的物理化学性质；②吸附质的物理化学性质；③废水pH；④废水的温度；⑤共存物的影响；⑥接触时间。常见的吸附剂有活性炭、树脂吸附剂（吸附树脂）、腐殖酸类吸附剂。

吸附工艺的操作方式有静态间歇吸附和动态连续吸附两种。

五、生物处理法

未经处理即被排入河流的废水，流经一段距离后会逐渐变清，臭气消失，这种现象是水体的自然净化。水中的微生物起着清洁污水的作用，它们以水体中的有机污染物作为自己的营养食料，通过吸附、吸收、氧化、分解等过程，把有机物变成简单的无机物，既满足了微生物本身繁殖和生命活动的需要，又净化了污水。在污水中培养繁殖的菌类、藻类和原生动物等微生物，具有很强的吸附、氧化、分解有机污染物的能力。它们对废物的处理过程中，对氧的要求不同，据此可将生化处理分为好氧处理和厌氧处理两类。好氧处理是需氧处理，厌氧处理则在无氧条件下进行。生化处理法是废水中应用最久、最广且相当有效的一种方法，特别适用于处理有机污水。

（一）活性污泥法

活性污泥是以废水中有机污染物为培养基，在充氧曝气条件下，对各种微生物群体进行混合连续培养而成的，细菌、真菌、原生动物、后生动物等微生物及金属氢氧化物占主体的，具有凝聚、吸附、氧化、分解废水中有机污物性能的污泥状褐色絮凝物。活性污泥中至少有50种菌类，它们是净化功能的主体。污水中的溶解性有机物是透过细胞膜而被细菌吸收的；固体和胶体状态的有机物是先由细菌分泌的酶分解为可溶性物质，再渗入细胞而被细菌利用的。活性污泥的净化过程就是污水中的有机物质通过微生物群体的代谢作用，被分解氧化和合成新细胞的过程。人们可根据需要培养和驯化出含有不同微生物群体并具有适宜浓度的活性污泥，用于净化受不同污染物污染的水体。

（二）生物塘法

生物塘法，又称氧化塘法，也叫稳定塘法，是一种利用水塘中的微生物和藻类对污水和有机废水进行生物处理的方法。生物塘法的基本原理是通过水塘中的"藻菌共生系统"进行废水净化。所谓"藻菌共生系统"是指水塘中细菌分解废水的有机物产生的二氧化碳、磷酸盐、铵盐等营养物供藻类生长，藻类光合作用产生的氧气又供细菌生长，从而构成共生系统。不同深浅的塘在净化机理上不同；可分为好氧塘、兼氧塘、厌氧塘、曝气氧化塘、田塘和鱼塘。好氧塘为浅塘，整个水层处于有氧状态；兼氧塘为中深塘，上层有氧、下层厌氧；厌氧塘为深塘；除表层外绝大部分厌氧；曝气氧化塘为配备曝气机的氧化塘；田塘即种植水生植物的氧化塘；鱼塘是放养鸭、鱼等的氧化塘。

（三）厌氧生物处理法

厌氧生物处理法是利用兼性厌氧菌和专性厌氧菌将污水中大分子有机物降解为低分子化合物，进而转化为甲烷、二氧化碳的有机污水处理方法，分为酸性消化和碱性消化两个阶段。在酸性消化阶段，由产酸菌分泌的外酶作用，使大分子有机物变成简单的有机酸和醇类、醛类、氨、二氧化碳等；在碱性消化阶段，酸性消化的代谢产物在甲烷细菌作用下进一步分解成甲烷、二氧化碳等构成的生物气体。这种处理方法主要用于对高浓度的有机废水和粪便污水等处理。

（四）生物膜法

生物膜法是利用附着生长于某些固体物表面的微生物（即生物膜）进行有机污水处理的方法。生物膜是由高度密集的好氧菌、厌氧菌、兼性菌、真菌、原生动物以及藻类等组成的生态系统，其附着的固体介质称为滤料或载体。生物膜自滤料向外可分为厌氧层、好氧层、附着水层、运动水层。生物膜法的原理是，生物膜首先吸附附着水层有机物，由好氧层的好氧菌将其分解，再进入厌氧层进行厌氧分解，流动水层则将老化的生物膜冲掉以生长新的生物膜，如此往复以达到净化污水的目的。生物膜法具有以下特点：（1）对水量、水质、水温变动适应性强；（2）处理效果好并具良好硝化功能；（3）污泥量小（约为活性污泥法的3/4）且易于固液分离；（4）动力费用省。

（五）接触氧化法

接触氧化法是一种兼有活性污泥法和生物膜法特点的一种新的废水生化处理法。这种方法的主要设备是生物接触氧化滤池。在不透气的曝气池中装有焦炭、砾石、塑料蜂窝等填料，填料被水浸没，用鼓风机在填料底部曝气充氧；空气能自下而上，夹带待处理的废水，自由通过滤料部分到达地面，空气逸走后，废水则在滤料间格自上向下返回池底。活性污泥附在填料表面，不随水流动，因生物膜直接受到上升气流的强烈搅动，不断更新，从而提高了净化效果。生物接触氧化法具有处理时间短、体积小、净化效果好、出水水质好而稳定、污泥不需回流也不膨胀、耗电小等优点。

第二节　污水预处理之格栅

格栅是由一组平行的金属或非金属材料的栅条制成的框架，斜或垂直置于污水流经的渠道上，用以截阻大块呈悬浮或漂浮状的污染物（垃圾）。

格栅设计的主要参数是确定栅条间隙宽度，栅条间隙宽度与处理规模、污水的性质及后续设备有关，一般以不堵塞水泵和处理设备，保证整个污水处理厂系统正常运行为原则。多数情况下污水处理厂设置两道格栅，第一道格栅间隙较粗，设置在提升泵前面；第二道格栅间隙较细一些，一般设置在污水处理构筑物前。

一、格栅的分类

按形状，格栅可分为平面格栅和曲面格栅。平面格栅由栅条与框架组成，曲面格栅可分为固定曲面格栅与旋转鼓筒式格栅两种。

按栅条净间隙，格栅可分为粗格栅（40 ~ 100mm）、中格栅（10 ~ 40mm）、细格栅（3 ~ 10mm）。粗格栅通常斜置在其他构筑物之前，如沉砂池，或者泵站等机械设备，因此粗格栅对废水预处理起着废水预处理和保护设备的双重作用。细格栅可以有多个放置地点，可放置在粗格栅后作为预处理设施，也可替代初沉池作为一级处理单元，或者置于初沉池后，用来处理初沉池的出水，还可以用来处理合流制排水的溢流水。

按清渣方式，格栅可分为人工清渣格栅和机械清渣格栅。

人工清渣的格栅：中小型城市的生活污水处理厂或所需截留的污染物量较少时，可采用人工清渣的格栅。这类格栅是用直钢条制成，一般与水平成50° ~ 60°倾角安放，这样可以增加有效格栅面积40% ~ 80%，而且便于清除污物，防止因为堵塞而造成过高的水头损失。图5-2为人工清渣的格栅示意图。

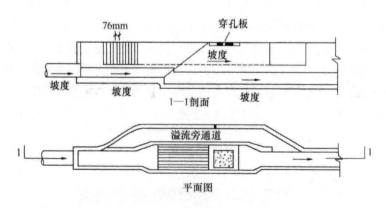

图5-2　溢流旁通道的人工清渣格栅

机械清渣的格栅：当每日栅渣量大于0.2m³时，应采用机械清渣格栅，倾角一般为60° ~ 70°，有时为90°。图5-3为链条式格栅除渣机示意图。

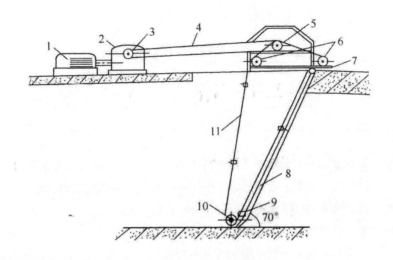

图5-3　链条式格栅除渣机示意图

1—电动机；2—减速器；3—主动链条；4—传动链条；5—从动链轮；6—张紧轮；
7—导向轮；8—格栅；9—齿耙；10—导向轮；11—除污链条

二、设计格栅过程中注意事项

第一，栅条间距：水泵前格栅栅条间距按污水泵型号选定，当采用PW型或PWL型污水泵时，格栅的栅条间距和污水泵型号参见表5-1。

表5-1　污水泵型号与栅条间距

水泵型号	栅条间距（mm）
PW，PWL	＜20
4PW，4PWL	＜40
6PWL	＜70
8PWL	＜90
10PWL	＜110
12PWL	＜150

若在处理系统前，格栅栅条净间隙还应符合下列要求：

（1）人工清渣：25～100mm；

（2）机械清渣：16～100mm；

（3）最大间距：100mm。

（4）栅条间距与截污物数量的关系见表5-2。

表5-2　栅条间距与截污物数量的关系

栅条间距（mm）	栅渣（$m^3/10^3 m^3$污水）
16 ~ 25	0.10 ~ 0.05
30 ~ 50	0.03 ~ 0.01

第二，清渣方式：大型格栅（每日栅渣量大于$0.2m^3$）应用机械清渣。

第三，含水率、容重：栅渣的含水率按80%计算，容重约为$960kg/m^3$。

第四，过栅流速：过栅流速一般采用0.6 ~ 1.0m/s。

第五，栅前渠内流速一般采用0.4 ~ 0.9m/s。

第六，过栅水头损失一般采用0.08 ~ 0.15m。

第七，格栅倾角一般采用45° ~ 75°，一般机械清污时＞70°，特殊情况也有90°垂直格栅，人工清污时＜60°。

第八，机械格栅不宜少于2台。

第九，格栅间需设置工作台，台面应高出栅前最高设计水位0.5m；工作台两侧过道宽度不小于0.7m；工作台面的宽度为：人工清渣不小于1.2m，机械清渣不小于1.5m。

二、格栅的计算公式

格栅的设计内容包括尺寸计算、水力计算、栅渣量以及清渣机械的选用等，格栅计算图如图5-4所示。

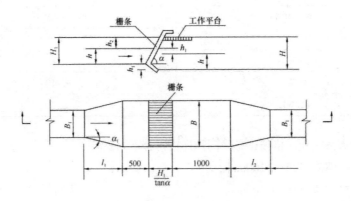

图5-4　格栅计算图

（1）栅槽宽度的计算：

$$B = s(n-l) + en$$

$$n = \frac{Q_{max}\sqrt{\sin\alpha}}{ehv}$$

式中 B ——栅槽宽度，m；

s ——栅条宽度，可参考表5-2，m；

e ——栅条净间隙，粗格栅e=50～100mm，中格栅e=10～40mm，细格栅e=3～10mm。

n ——格栅间隙数；

Q_{max} ——最大设计流量，m^3/s；

α ——格栅倾角，°；

h ——栅前水深，m；

v ——过栅流速，m/s。

（2）过栅水头损失的计算：

$$h_1 = kh_0$$

$$h_0 = \xi\frac{v^2}{2g}\sin\alpha$$

式中：h_1 ——过栅水头损失，为避免造成栅前涌水，故一般将栅后槽底下降作为补偿，m。

h_0 ——计算水头损失，m；

g ——重力加速度，$9.81m/s^2$；

ξ ——系数，格栅受污物堵塞后导致水头损失增大而引入的系数，一般取3；

f ——阻力系数，其大小与栅条截面形状有关，可参考表5-3。

表5-3 阻力系数的计算公式

截面形状		公式	说明
圆形			$\beta = 1.79$
矩形	规则矩形	$\xi = \beta\left(\dfrac{s}{e}\right)^{\frac{4}{3}}$	$\beta = 2.42$
	带半圆的矩形		$\beta = 1.83$
	两头半圆的矩形		$\beta = 1.67$

截面形状	公式	说明
正方形	$\xi = \left(\dfrac{b+s}{\varepsilon b} - 1 \right)^2$	$\varepsilon = 0.64$

（3）栅槽总高度

$$H = h + h_1 + h_2$$

式中　H ——栅前总高度，m；

　　　h_2 ——栅前渠道超高，m，一般用0.3m。

（4）栅槽总长度

$$L = l_1 + l_2 + 0.5 + \frac{H_1}{\tan \alpha}$$

$$l_1 = \frac{B - B_1}{2 \tan \alpha_1}$$

$$l_2 = \frac{l_1}{2}$$

$$H_1 = h + h_2$$

式中　L ——栅前总局度，m；

　　　H_1 ——栅前槽高，m；

　　　l_1 ——进水渠道渐宽部分长度，m；

　　　B_1 ——进水渠道宽度，m；

　　　α_1 ——进水渠展开角，一般用20°；

　　　l_2 ——栅槽与出水渠连接处渐缩部分的长度，m。

（5）每日栅渣量计算

$$W = \frac{Q_{\max} W_1 \times 86400}{K_z \times 1000}$$

式中　W ——每日残渣量，m³/d；

　　　W_1 ——栅渣量，m³/（10³m³污水），取值可参考表5-2，粗格栅宜用小值，细格栅宜用大值；

　　　K_z ——生活污水流量总变化系数，见表5-4。

表5-4　生活污水量总变化系数Kz

平均日流量（L/s）	4	6	10	15	25	40
K_z	2.3	2.2	2.1	2.0	1.89	1.80
平均日流量（L/s）	70	120	200	400	750	1600
K_z	1.69	0.59	1.51	1.40	1.30	1.20

第三节　水量水质调节

工业废水与城市污水的水量、水质都是随着时间而不断变化的，有高峰流量、低峰流量，也有高峰浓度和低峰浓度。流量和浓度的不均匀往往给处理设备带来很多困难，或者无法保证其在最优的工艺条件下运行。为了改善废水处理设备的工作条件，在很多情况下需要对水量进行调节、水质进行调和。

调节的目的是减小和控制污水水量、水质的波动，为后续处理（特别是生物处理）提供最佳运行条件。调节池的大小和形式随污水水量及来水变化情况而不同。调节池池容应足够大，以便能消除因厂内生产过程的变化而引起的污水增减，并能容纳间歇生产中的定期集中排水。水质和水量的调节技术主要用于工业污水处理流程。

（1）工业污水处理进行调节的目的是：

（2）适当缓冲有机物的波动以避免生物处理系统的冲击负荷；

（3）适当控制pH或减小中和需要的化学药剂投加量；

（4）当工厂间断排水时还能保证生物处理系统的连续进水；

（5）控制工业污水均匀向城市下水道的排放；

（6）避免高浓度有毒物质进入生物处理工艺。

一、水量调节

污水处理中单纯的水量调节有两种方式：一种为线内调节（图5-5），进水一般采用重力流，出水用泵提升；另一种为线外调节（图5-6），调节池设在旁路上，当污水流量过高时，多余污水用泵打入调节池，当流量低于设计流量时，再从调节池回流至集水井，并送去后续处理。

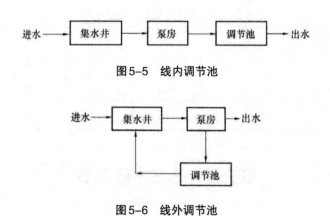

图5-5 线内调节池

图5-6 线外调节池

废水的平均流量 Q_0（ m^3/h ）按下式计算：

$$Q_0 = \frac{\sum Q_i}{24}$$

式中 $\sum Q_i$ ——日内逐时流量之和。

二、水质调节

水质调节的任务是对不同时间或不同来源的污水进行混合，使流出水质较均匀，水质调节池也称为均和池或匀质池。

水质调节的基本方法有两种：①利用外加动力（如叶轮搅拌、空气搅拌、水泵循环）而进行的强制调节，它设备较简单、效果较好，但运行费用高；②利用差流方式使不同时间和不同浓度的污水进行自身混合，基本没有运行费，但设备结构复杂。

图5-7为一种外加动力的水质调节池，采用空气搅拌；在池底设有曝气管，在空气搅拌作用下，使不同时间进入池内的污水得以混合。这种调节池构造简单，效果较好，并可预防悬浮物沉积于池内。最适宜在污水流量不大、处理工艺中需要预曝气以及有现成空气系统的情况下使用。如污水中存在易挥发的有害物质，则不宜使用空气搅拌调节池，可改用叶轮搅拌。

差流方式的调节池类型很多。如图5-8所示为一种折流调节池。配水槽设在调节池上部，池内设有许多折流板，污水通过配水槽上的孔口溢流至调节池的不同折流板间，从而使某一时刻的出水包含不同时刻流入的污水，起到了水质调节的作用。如图5-9所示为对角线出水调节池。其特点是出水槽沿对角线方向设置，同一时间流入池内的污水，由池的左、右两侧经过不同时间流到出水槽，从而达到自动调节和均和的目的。为防止污水在池内短路，可以在池内设置若干纵向隔板。池内设置沉渣斗，污水中的悬浮物在池内沉淀，通过排渣管定期排出池外。当调节池容积很大，需要设置的沉渣斗过多时，可考虑调节池设计成平底，用压缩空气搅拌污水，防止沉砂沉淀。空气量 1.5 ～ 3m³/（m²·h），调节池有效水深 1.5 ～ 2m，纵向隔板间距为 1 ～ 1.5m。

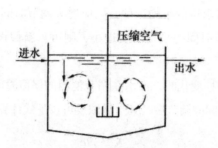

图5-7　空气搅拌调节池

图5-8　折流调节池

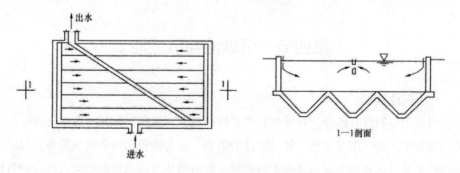

图5-9　对角线出水调节池

三、调节池的设计计算

调节池的容积主要是根据污水浓度和流量的变化范围以及要求的均和程度来计算的。计算调节池的容积，首先要确定调节时间。当污水浓度无周期性变化时，要按最不利情况计算，即浓度和流量在高峰时的区间。采用的调节时间越长，污水越均匀。

先假设某一调节时间，计算不同时段拟定调节时间内的污水平均浓度。若高峰时段的平均浓度大于所求得的平均浓度，则应增大调节时间，直到满足要求为止。反之，若计算出拟调节时间的平均浓度过小，则可重新假设一个较小的调节时间计算。

当污水浓度呈周期性变化时，污水在调节池内的停留时间即为一个变化周期的时间。污水经过一定时间的调节后，其平均浓度可按下式计算：

$$C = \sum_{i=1}^{n} \frac{C_i q_i t_i}{qT}$$

式中　　C ——T 小时内的污水平均浓度，mg/L；

　　　　q ——T 小时内的污水平均流量，m^3/h；

　　　　C_i ——污水在 t_i 时段内的平均浓度，mg/L；

　　　　q_i ——污水在 t_i 时段内的平均流量，m^3/h；

　　　　t_i ——各时段时间，其总和等于 T。

所需调节池的容积为：

$$V = qT = \sum_{i=1}^{n} q_i t_i$$

第四节　沉砂池与沉淀池

一、沉沙池

污水中一般含有砂粒、石屑和其他矿物质颗粒。这些颗粒易在污水处理厂的水池与管道中沉积，引起水池、管道附件的阻塞，也会磨损水泵等机械设备。沉砂池的作用就是从污水中分离出这些无机颗粒，同时防止沉降的砂粒中混入过量的有机颗粒。沉砂池一般设于泵站和沉淀池之间，以保护机件和管道，保证后续作业的正常运行。

沉砂池是采用物理原理将无机颗粒从污水中分离出来的一个预处理单元，以重力分离作为基础（一般视为自由沉淀），即把沉淀池内的水流速度控制在只能使相对密度较大的无机颗粒沉淀，而较轻的有机颗粒可随水流出的范围内。

城市污水处理厂应设置沉砂池，其一般规定如下。

（1）沉砂池的设计流量应按分期建设考虑。当污水以自流方式流入时，设计流量按建设时期的最大设计流量考虑；当污水由污水泵站提升后进入沉砂池时，设计流量按每个建设时期工作泵的最大可能组合流量考虑；对合流制排水系统，设计流量还应包括雨水量。

（2）沉砂池按去除相对密度2.65、粒径0.2mm以上的砂粒设计。

（3）沉砂池的个数或分格数不应小于2个，并宜按并联系列设计。当污水量较少时，可考虑一格工作、一格备用。

（4）城市污水的沉砂量可按$106m^3$污水沉砂$30m^3$计算，其含水率为60%，容量为$1500kg/m^3$；合流制污水的沉砂量应根据实际情况确定。

（5）砂斗容积应按不大于2d的沉砂量计算，斗壁与水平面的倾角不应小于55°。

（6）沉砂一般宜采用泵吸式或气提式机械排砂，并设置贮砂池或晒砂场。排砂管直径不小于200mm。

（7）当采用重力排砂时，沉砂池和贮砂池应尽量靠近，以缩短排砂管长度，并设排砂闸门于管的首端，使排砂管畅通和利于养护管理。

（8）沉砂池的超高不宜小于0.3m。

沉砂池按水流形式可分为平流式、竖流式、曝气式和旋流式四种。

（一）平流式沉砂池

平流式沉砂池是一种常用的形式，它的结构简单，工作稳定，处理效果也比较好，如图5-10所示。

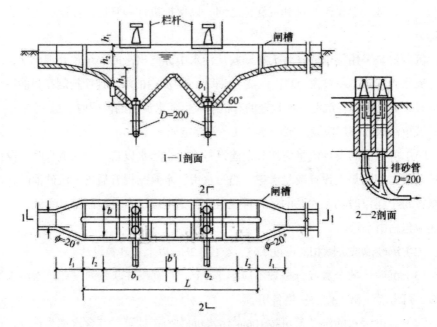

图5-10　平流式沉砂池示意图

平流式沉砂池由进水装置、出水装置、沉淀区和排泥装置组成，池中的水流部分实际上是一个加宽加深的明渠，两端设有闸板，以控制水流。当污水流过沉砂池时，由于过水断面增大，水流速度下降，污水中夹带的无机颗粒将在重力作用下而下沉，而密度较小的有机物则处于悬浮状态，并随水流走，从而达到从水中分离无机颗粒的目的。在池底设有1～2个贮砂槽，下接带闸阀的排砂管，用以排除沉砂。平流沉砂池可利用重力排砂，也用射流泵或螺旋泵进行机械排砂。

1. 平流式沉砂池的设计参数

（1）最大流速为0.3m/s，最小流速为0.15m/s。

（2）最大流量时停留时间不小于30s，一般采用30～60s。

（3）有效水深应不大于1.2m，一般采用0.25～1m，每格宽度不宜小于0.6m。

（4）进水头部应采取消能和整流措施。

（5）池底坡度一般为0.01～0.02。当设置除砂设备时，可根据设备要求考虑池底形状。

2. 平流沉砂池的计算公式

（1）池长

$$L = vt$$

式中　v ——最大设计流量时的水平流速，m/s；

　　　t ——最大设计流量时的停留时间，s。

（2）水流断面面积 A

$$A = \frac{Q_{max}}{v}$$

式中　Q_{max} ——最大设计流量，m/s。

（3）池总宽度 B

$$B = \frac{A}{h_2}$$

式中　h_2 ——设计有效水深，m。

（4）贮砂斗所需容积

$$W = \frac{Q_{max} XT \times 86400}{k_2 \times 10^6}$$

式中　X ——污水的沉砂量，对污水一般采用30m³/10⁶m³污水；

　　　T ——排砂时间间隔；

　　　k_2 ——生活污水流量总变化系数。

（5）贮砂斗各部分尺寸

设贮砂斗的宽 b_1 =0.5m，斗壁与水平面的倾角为60°，则贮砂斗的上口宽 b_2 为：

$$b_2 = 2h_3' \tan 60° + b_1$$

贮砂斗的容积 V_1 为

$$V_1 = \frac{1}{3} h_3' \left(S_1 + S_2 + \sqrt{S_1 S_2} \right)$$

式中　h_3' ——贮砂斗高度，m；

　　S_1、S_2 ——分别为贮砂斗上口和下口面积，m²。

（6）贮砂室的高度

设采用重力排砂，池底坡度 l=6%，坡向砂斗，则贮砂室高度

$$h = h_3' + 0.06l_2 = h_3' + 0.06\left(\frac{L - 2b_2 - b'}{2} \right)$$

式中　h ——贮砂斗的下口宽，m；

　　　b' ——二沉砂斗之间隔壁厚，m。

117

（7）池子总高度

$$h = h_1 + h_2 + h_3$$

式中　h_1——超高，m。

（8）校核最小水流速度

$$v_{min} = \frac{Q_{min}}{n_1 A_{min}}$$

式中　v_{min}　——设计最小流量，m^3/s；

$\quad\quad n_1$　——最小流量时工作的沉砂池数目，个；

$\quad\quad A_{min}$——最小流量时沉砂池中水流断面面积，m^2。

（二）竖流式沉砂池

竖流式沉砂池是污水自下而上经中心管流入沉砂池内，根据无机颗粒比水密度大的特点，实现无机颗粒与污水的分离。竖流式沉砂池占地面积小、操作简单，但处理效果一般较差。

1.　设计参数

（1）最大流速为0.1m/s，最小流速为0.02m/s。

（2）最大流量时停留时间不小于20s，一般采用30～60s。

（3）进水中心管最大流速为0.3m/s。

2.　计算公式

（1）中心管直径 d

$$d = \sqrt{\frac{4Q_{max}}{v_1 \pi}}$$

式中　v_1　——污水在中心管内流速，m/s；

$\quad\quad Q_{max}$——最大设计流量，m^3/s。

（2）池子直径 D

$$d = \sqrt{\frac{4Q_{max}(v_1 + v_2)}{\pi\, v_1 v_2}}$$

式中　v_2——池内水流上升速度，m/s。

（3）水流部分高度

$$h_2 = v_2 t$$

式中　v_2——最大流量时的停留时间，s。

（4）沉砂部分所需容积V

$$V = \frac{Q_{max} XT \times 86400}{k_2 \times 10^6}$$

式中　X——污水的沉砂量，对城市污水一般采用$30m^3/10^6 m^3$污水；

　　　T——排砂时间间隔；

　　　k_2——生活污水流量总变化系数。

（5）沉砂部分高度

$$h_3 = (R - r)\tan\alpha$$

式中 R——池子半径，m；

　　r——圆截锥部分下底半径，m；

　　α——截锥部分倾角，°。

（6）圆截锥部分实际容积

$$v_1 = \frac{1}{3}\pi h_4 \left(R^2 + Rr + r^2\right)$$

式中 h_4——沉砂池锥底部分高度，m。

（7）池总高度

$$H = h_1 + h_2 + h_3 + h_4$$

式中　h_1——超高，m；

　　　h_3——中心管底至沉砂砂面的距离，一般采用0.25m。

（三）曝气式沉砂池

曝气式沉砂池从20世纪50年代开始使用，它具有以下特点：①沉砂中含有机物的量低于5%；②由于池中设有曝气设备，它还具有预曝气、除臭、除泡作用以及加速污水中油类和浮渣的分离等作用。这些特点对后续的沉淀池、曝气池、污泥消化池的正常运行以及对沉砂的最终处置提供了有利条件。但是，曝气作用要消耗能量，对生物脱氮除磷系统的厌氧段或缺氧段的运行也存在不利影响。

曝气沉砂池是一个条形渠道，沿渠道壁一侧的整个长度上，距池底约60～90cm处设置曝气装置，在池底设置沉砂斗，池底有$i = 0.1 ～ 0.5$的坡度，以保证砂粒滑入砂槽。为了使曝气能起到池内回流作用，在必要时可在设置曝气装置的一侧装设挡板。

污水在池中存在的运动状态为水平流动（流速一般取0.1m/s，不得超过0.3m/s）。同时，由于在池的一侧有曝气作用，因而在池的横断面上产生旋转运动，整个池内水流产生螺旋状前进的流动形式。旋转速度在过水断面的中心处最小，而在池的周边则为最大。

由于曝气以及水流的旋流作用，污水中悬浮颗粒相互碰撞、摩擦，并受到气泡上升时的冲刷作用，使黏附在砂粒上的有机污染物得以摩擦去除，螺旋水流还将相对密度较轻的有机颗粒悬浮起来随出水带走，沉于池底的砂粒较为纯净，有机物含量只有5%左右，便于沉砂的处置。

1. 设计参数

（1）旋流速度应保持0.25 ~ 0.3m/s。

（2）水平流速为0.06 ~ 0.12m/s。

（3）最大流量时停留时间为1 ~ 3min。

（4）有效水深为2 ~ 3m，宽深比一般采用1 ~ 2。

（5）长宽比可达5，当池长比池宽大得多时，应考虑设计横向挡板。

（6）每立方米污水的曝气量为0.2m³空气，或3 ~ 5m³/（m²·h），也可按表5-5所列值采用。

表5-5　曝气管水下浸没深度与空气用量关系表

曝气管水下浸没深度（m）	最低空气用量［m³/（m²·h）］	达到良好除砂效果最大空气量［m³/（m²·h）］
1.5	12.5 ~ 15.0	30
2.0	11.0 ~ 14.5	29
2.5	10.5 ~ 14.0	28
3.0	10.5 ~ 14.0	28
4.0	10.0 ~ 13.5	25

（7）空气扩散装置设在池的一侧，距池底0.6 ~ 0.9m，送气管应设置调节气量的阀门。

（8）池子的形状尽可能不产生偏流或死角，在集砂槽附近可安装纵向挡板。

（9）池子的进口和出口布置，应防止发生短路，进水方向应与池中旋流方向一致，出水方向应与进水方向垂直，并宜考虑设置挡板。

（10）池内应考虑设消泡装置。

2. 计算公式

（1）池子总有效容积

$$V = 60Q_{\max}t$$

式中　$Q_{\max}$ ——最大设计流量，m^3/s；

　　　t ——最大设计流量时的停留时间，s。

（2）水流断面积A

$$A = \frac{Q_{\max}}{v_1}$$

式中　v_1 ——最大设计流量时的水平流速，m/s，一般采用0.06～0.12。

（3）池总宽度B

$$B = \frac{A}{h_2}$$

式中　h_2 ——设计有效水深，m。

（4）池长L

$$L = \frac{V}{A}$$

（5）每小时所需空气量q

$$q = 3600dQ_{\max}$$

式中　q——每小时所需空气量，m^3/h；

　　　d——每立方米污水所需空气量，m^3/m^3。

（四）旋流沉砂池

旋流沉砂池是利用机械力控制水流流态与流速、加速砂粒的沉淀并使有机物随水流带走的沉砂装置。旋流沉砂池有多种类型，某些形式还属于专利产品，下面介绍一种涡流式旋流沉砂池。

该旋流沉砂池由进水口、出水口、沉砂分选区、集砂区、砂提升管、排砂管、电动机和变速箱组成。污水由流入口沿切线方向流入沉砂区，利用电动机及传动装置带动转盘和斜坡式叶片旋转，在离心力的作用下，污水中密度较大的砂粒被甩向池壁，掉入砂斗，有机物则被留在污水中。调整转速，可达到最佳沉砂效果。沉砂用压缩空气经砂、排砂管清洗后排除，清洗水回流至沉砂区。

二、沉淀池

（一）沉淀的基本原理

在流速不大时，密度比污水大的一部分悬浮物会借重力作用在污水中沉淀下来，从而实现与污水的分离；这种方法称之为重力沉淀法。根据污水中可沉悬浮物质浓度的高低及絮凝性能的强弱，沉淀过程有以下四种类型，它们在污水处理工艺中都有具体体现。

1. 自由沉淀

自由沉淀是一种相互之间无絮凝倾向或弱絮凝固体颗粒在稀溶液中的沉淀。

污水中的悬浮固体浓度不高，而且不具有凝聚的性能，在沉淀过程中，固体颗粒不改变形状、尺寸，也不互相黏合，各自独立地完成沉淀过程。颗粒的形状、粒径和密度直接决定颗粒的下沉速度。另外，由于自由沉淀过程一般历时较短，因此污水中的水平流速与停留时间对沉淀效果影响很大。自由沉淀由于发生在稀溶液中，且是离散的，因此，入流颗粒浓度不影响沉淀效果。

2. 絮凝沉淀

絮凝沉淀是一种絮凝性颗粒在稀悬浮液中的沉淀。在絮凝沉淀的过程中，各微小絮状颗粒之间能互相黏合成较大的絮体，使颗粒的形状、粒径和密度不断发生变化，因此沉降速度也不断发生变化。

3. 成层沉淀

当污水中的悬浮物浓度较高时，颗粒相互靠得很近，每个颗粒的沉降过程都受到周围颗粒作用力的干扰，但颗粒之间相对的位置不变，成为一个整体的覆盖层共同下沉。此时，悬浮物与水之间有一个清晰的界面，这种沉淀类型为成层沉淀。

4. 压缩沉淀

发生在高浓度悬浮颗粒的沉降过程中，由于悬浮颗粒浓度很高，颗粒相互之间已集成团状结构，互相支撑，下层颗粒间的水在上层颗粒的重力作用下被挤出，使污泥得到浓缩。

（二）沉淀池概况

沉淀池是分离悬浮固体的一种常用处理构筑物。

1. 沉淀池类型

（1）沉淀池按工艺布置的不同，可分为初次沉淀池和二沉池。

①初次沉淀池

初次沉淀池是一级污水处理系统的主要处理构筑物，或作为生物处理中预处理的构筑物。初次沉淀池的作用是对污水中密度大的固体悬浮物进行沉淀分离。放污水进入初次沉淀池后流速迅速减小至0.02m/s以下，从而极大地减小了水流夹带悬浮物的能力，使悬浮物在重力作用下沉淀下来成为初次沉淀污泥，而相对密度小于1的细小漂浮物则浮至水面形成浮渣而除去。初次沉淀池可去除污水中40% ~ 55%以上的SS以及20% ~ 30%的BOD$_5$。

②二沉池

通常把生物处理后的沉淀池称为二沉池，是生物处理工艺中的一个重要组成部分。二沉池的作用是泥水分离，使混合液澄清、污泥浓缩并将分离的污泥回流到生物处理段。其工作效果直接影响回流污泥的浓度和活性污泥处理系统的出水水质。

（2）沉淀池常按池内水流方向不同分为平流式、竖流式、辐流式（图5–11）。

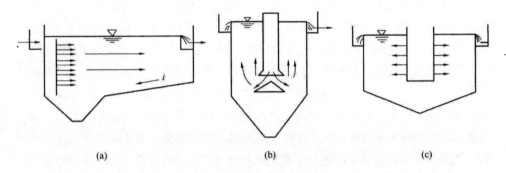

图5–11　三种沉淀池示意图
（a）平流式；（b）竖流式；（c）辐流式

①平流式沉淀池

平流式沉淀池呈长方形，污水从池的一端流入，水平方向流过池子，从池的另一端流出。在池的进水口处底部设置贮泥斗，其他部位池底设有坡度，坡向贮泥斗。

②竖流式沉淀池

竖流式沉淀池多为圆形，亦有呈正方形或多角形的，污水从设在池中央的中心管进入，从中心管的下端经过反射板后均匀缓慢地分布在池的横断面上，由于出水口设置在池面或池壁四周，故水的流向基本由下向上，污泥贮积在底部的污泥斗中。

③辐流式沉淀池

辐流式沉淀池亦称为辐射式沉淀池，多呈圆形，有时亦采用正方形。池的进水在中心位置，出口在周围。水流在池中呈水平方向向四周辐射，由于过水断面面积不断变化，故池中的水流流速从池四周逐渐减慢。泥斗设在池中央，池底向中心倾斜，污泥通常用刮泥机（或吸泥机）机械排除。

④斜板（管）沉淀池

斜板（管）沉淀池是根据"浅层沉淀"理论，在沉淀池中设斜板或蜂窝斜管，以提高沉淀效率的一种新型沉淀池。它具有沉淀效率高、停留时间短、占地少等优点。斜板（管）沉淀池应用于城市污水的初次沉淀中，其处理效果稳定，维护工作量小，但斜板（管）沉淀池应用于城市污水的二次沉淀中，当固体负荷过重时，其处理效果不太稳定，耐冲击负荷的能力较差。斜板（管）设备在一定条件下，有滋长藻类等问题，给维护和管理工作带来一定的困难。

2. 沉淀池组成

沉淀池由五个部分组成，即进水区、出水区、沉淀区、贮泥区及缓冲。进水区和出水区的功能是使水流的进入与流入保持均匀平稳，以提高沉淀效率。沉淀区是池子的主要部位。贮泥区是存放污泥的地方，它起到贮存、浓缩与排放的作用。缓冲区介于沉淀区和贮泥区之间，缓冲区的作用是避免水流带走沉在池底的污泥。

沉淀池的运行方式有间歇式与连续式两种。在间歇运行的沉淀池中，其工作过程大致分为三步：进水、静置及排水。污水中可沉淀的悬浮物在静置时完成沉淀过程，然后由设置在沉淀池壁不同高度的排水管排出。在连续运行的沉淀池中，污水是连续不断地流入和排出。污水中可沉颗粒的沉淀是在流过水池时完成，这时可沉颗粒受到由重力所造成的沉速与水流流动的速度两方面的作用。水流流动的速度对颗粒的沉淀有重要的影响。

3. 沉淀池的特点

各种形式的沉淀池的特点及适用条件见表5-6。

表5-6 各种沉淀池的特点及适用条件

池型	优点	缺点	适用条件
平流式	1. 对冲击负荷和温度变化适应能力较强； 2. 施工简单，造价低	1. 采用多斗排泥时，每个泥斗需要单独设排泥管各自操作； 2. 采用机械排泥时，大部分设备位于水下，易腐蚀	1. 适用于地下水位较高及地质较差的地区； 2. 适用于大、中、小型污水处理厂
竖流式	1. 排泥方便，管理简单； 2. 占地面积小	1. 池子深度大，施工困难； 2. 对冲击负荷及温度变化适应能力较差； 3. 造价较高； 4. 池径不宜太大	适用于处理水量不大的小型污水处理厂

池型	优点	缺点	适用条件
辐流式	1. 采用机械排泥，运行较好； 2. 排泥设备有定型产品	1. 水流速度不稳定； 2. 易于出现异重流现象； 3. 机械排泥设备复杂，对池体施工质量要求高	1. 适用于地下水位较高地区； 2. 适用于大、中型污水处理厂
斜板（管）式	1. 去除率高； 2. 停留时间短，占地面积较小	造价较高，排泥机械维修较麻烦，抗冲击负荷性能不佳	1. 已有污水处理厂挖潜或扩大处理规模时； 2. 当受到占地面积限制时，作为初次沉淀池用

4. 沉淀池的工艺设计

沉淀池的一般设计原则及参数：

（1）设计流量。沉淀池的设计流量与沉砂池的设计流量相同。在合流制的污水系统中，当废水自流进入沉淀池时，应按最大流量作为设计流量；当用水泵提升时，应按水泵的最大组合流量作为设计流量。在合流制系统中应按降雨时的设计流量校核，但沉淀时间应不小于30min。

（2）沉淀池的数量。对城市污水厂，沉淀池应不小于2座。

（3）沉淀池的经验设计参数。对于城市污水处理厂，如无污泥沉淀性能的实测资料时，可参照表5-7。

表5-7　沉淀池的经验设计参数

沉淀池类型		沉淀时间（h）	表面负荷（日平均流量）$[m^3/(m^2 \cdot h)]$	污泥含水率（%）	污泥量（干物质）$[g/(pc \cdot d)]$
初次沉淀池	仅一级处理	1.5 ~ 2.0	1.5 ~ 2.5	96 ~ 97	15 ~ 27
	二级处理	1.0 ~ 2.0	1.5 ~ 3.0	95 ~ 97	14 ~ 25
二次沉淀池	活性污泥法后	1.5 ~ 2.5	1.0 ~ 1.5	99.2 ~ 99.5	10 ~ 21
	生物膜法后	1.5 ~ 2.5	1.0 ~ 2.0	96 ~ 98	7 ~ 19

（4）沉淀池的构造尺寸。沉淀池超高不少于0.3m；有效水深宜采用2.0 ~ 4.0m；缓冲层高采用0.3 ~ 0.5m；贮泥斗斜壁的倾角，方斗不宜小于60°，圆斗不宜小于55%排泥管直径不小于200mm。

（5）沉淀池出水部分。一般采用堰流，在堰口保持水平。初沉池的出水堰的负荷一般取1.5 ~ 2.9L/（s·m）。有时亦可采用多槽出水布置，以提高出水水质。

（6）贮泥斗容积。初沉池一般按不大于2d的污泥量计算；二沉池按贮泥时间不超过2h计算。

（7）排泥部分。沉淀池一般采用静水压力排泥，静水压力数值如下：初次沉淀池不小于14.71kPa（1.5mH$_2$O）；或活性污泥法的二沉池应不小于8.83kPa（0.9mH$_2$O）；生物膜法的二沉池应不小于11.77kPa（1.2mH$_2$O）。

（三）平流式沉淀池

1. 平流式沉淀池的构造

平流式沉淀池的结构如图5–12所示。它由进水装置、出水装置、沉淀区和排泥装置组成。

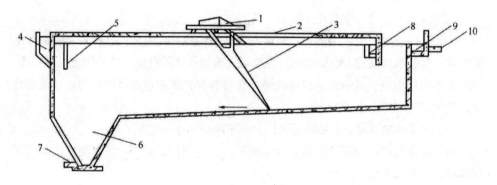

图5–12　设有行车刮泥机的平流式沉淀池

1—刮泥行车；2—刮渣板；3—刮泥板；4—进水槽；5—挡流墙；6—泥斗；
7—排泥管；8—浮渣槽；9—出水槽；10—出水管

（1）进水装置

进水装置采用淹没式横向潜孔，潜孔均匀地分布在整个整流墙上，在潜孔后设挡流板，其作用是消能，以使污水均匀分布。整流墙上潜孔的总面积为过水断面的6% ~ 20%。

（2）出水装置

出水区多采用自由堰形式，堰前设挡板以拦截浮渣，也可采用浮渣收集和排除装置。出水堰是沉淀池的重要部件，它不仅控制沉淀池水位，而且可保证沉淀池内水流的均匀分布。

（3）沉淀区和排泥装置

该区起贮存、浓缩和排泥的作用。沉淀区能及时排除沉于池底的污泥，使沉淀池工作正常。由于可沉悬浮颗粒多沉于沉淀池的前部，因此，在池的前部设贮泥斗，贮泥斗中的污泥通过排泥管利用的静水压力排出池外。排泥方式一般采用重力排泥和机械排泥。

2. 平流沉淀池的设计参数

（1）沉淀池的个数或分格数应至少设置2个，按同时运行设计；若污水由水泵提升后进入沉淀池，则其容积应按泵站的最大设计流量计算，若污水自流进入沉淀池，则应按进水管最大设计流量计算。

（2）初次沉淀池沉淀时间一般取 1 ~ 2h，二沉池沉淀时间一般稍长，取 1.5 ~ 3.0h；初次沉淀池表面负荷取 1.5 ~ 2.5 $m^3/（m^2 \cdot h）$，二沉池表面负荷取 0.5 ~ 2.5 $m^3/（m^2 \cdot h）$，沉淀效率为 40% ~ 60%。

（3）对于工业废水系统中的沉淀池，设计时应对实际沉淀试验数据进行分析，确定设计参数。若无实际资料，可参照类似工业废水处理工程的运行资料。

（4）沉淀区的有效水深一般在 2.5 ~ 3.0m 之间。

（5）池的长宽比不小于4，长深比采用 8 ~ 12。

（6）池的超高不宜小于0.3m。

（7）缓冲层的高度在非机械排泥时，采用0.5m；机械排泥时，则缓冲层上缘应高出刮泥板0.3m。排泥机械的行进速度为 0.3 ~ 1.2m/min。

（8）进水处设闸门调节流量，淹没式潜孔的过孔流速为 0.1 ~ 0.4m/s，出水处设三角形溢流堰，溢流堰的流量用下式计算

$$Q = 1.43H^{2.5}$$

式中　Q——三角堰的过堰流量，m^3/s；

　　　H——堰顶水深，m。

（9）池底一般设1% ~ 2%的坡度；采用多斗贮泥时，各斗应设置单独的排泥管及排泥闸阀，池底横向坡度采用0.05；机械刮泥时，纵坡为0。

（10）进、出水口的挡流板应在水面以上 0.15 ~ 0.2m；进水处设挡流板伸入水下的深度不小于0.25m，距进水口 0.5 ~ 1.0m，而出口处的挡流板淹没深度不应大于0.25m，距离出水口 0.25 ~ 0.5m。

（11）排泥管一般采用铸铁管，其直径应按计算确定，但一般不宜小于200mm，下端伸入斗底中央处，顶端敞口，伸出水面，其目的是疏通和排气。在水面以下 1.5 ~ 2.0m 处，排泥管连接水平排出管，污泥在静水压力的作用下排出池外，排泥时间一般采用 5 ~ 30min。

（12）泥斗坡度约为45°～60°，二沉池泥斗坡度不能小于55°。

3．平流沉淀池的设计

平流沉淀池设计的内容包括确定沉淀池的数量，入流、出流装置设计，沉淀区和污泥区尺寸计算，排泥和排渣设备选择等。

目前按照表面水力负荷、沉淀时间和水平流速进行设计计算。

（1）沉淀区表面积A

$$A = \frac{Q_{\max}}{q}$$

式中　　A ——沉淀区表面积，m^2；

　　$Q_{\max}$ ——最大设计流量，m^3/h；

　　　q ——表面水力负荷，$m^3/(m^2 \cdot h)$，通过沉淀试验取得。

（2）沉淀区有效水深h_2

$$h_2 = qT$$

式中　　h_2 ——沉淀区的有效水深，m；

　　　t ——沉淀时间，初沉池一般取0.5～2.0h，二沉池一般取1.5～4.0h，通常取0～4.0m。

（3）沉淀区的有效容积V

$$V = Ah_2$$

$$或 V = Q_{\max}t$$

式中　　V ——有效容积，m^3；

　　　A ——沉淀区表面积，m^2；

　　　Q ——最大设计流量，m^3/h。

（4）沉淀区总宽度

$$B = \frac{A}{L}$$

式中　　B ——沉淀区总宽度，m。

（5）沉淀池座数或分格数

$$n = \frac{B}{b}$$

式中 n ——沉淀池座数或分格数；

b ——每座或每格宽度，m，与刮泥机有关，一般用 5 ~ 10m。

为了使水流均匀分布，沉淀区长度一般采用 30 ~ 50m，长宽比不小于4，长深比不小于8，沉淀池总长度等于沉淀区长度加前后挡板至池壁的距离。

（6）污泥区计算

按每日污泥量和排泥的时间间隔设计。

每日产生的污泥量：

$$W = \frac{SNt}{1000}$$

式中 W ——每日污泥量，m³/d；

S ——每人每日产生污泥量，L/（人·d）；

N ——设计人口数，人；

t ——两次排泥的时间间隔，初次沉淀池按2d考虑；曝气池后的二次沉淀池按2h考虑；机械排泥的初次沉淀池和生物膜法处理后的二次沉淀池污泥区容积应按4h的污泥量计算。

如已知污水悬浮物浓度与去除率，污泥量可按下式计算：

$$W = \frac{24Q_{max}(C_0 - C_1)t}{\gamma(1 - p_0)}$$

式中 C_0、C_1 ——分别为进水与沉淀出水的悬浮物浓度，kg/m³，如有浓缩池、消化池及污泥脱水机的上清液回流至初次沉淀池中，则式中 C_0、C_1 应取 50% ~ 60%；

p_0 ——污泥含水率，%；

γ ——污泥容量，kg/m³，因污泥的主要成分是有机物，含水率为95%以上，故可取为1000kg/m³；

t ——两次污泥的时间间隔。

（7）沉淀池的总高度

$$H = h_1 + h_2 + h_3 + h_4$$

式中 H ——总高度，m；

h_1 ——超高，采用0.3m；

h_2 ——沉淀区高度，m；

h_3 ——缓冲区高度，当无刮泥机时，缓冲层的上缘应高出刮板0.3m；

h_4 ——污泥区高度，m。

根据污泥量、池底坡度、污泥斗几何高度及是否采用刮泥机决定；一般规定池底纵坡不小于a_{01}，机械刮泥时，纵坡为0，污泥斗倾角以方斗宜为60°，圆半径宜为55°。

（四）竖流式沉淀池

1. 竖流式沉淀池的构造

竖流式沉淀池的平面为圆形、正方形和多角形。为使池内配水均匀，池径不宜过大，一般采用4～7m，不大于10m。为了降低池的总高度，污泥区可采用多斗排泥方式。

沉淀池的直径与有效水深之比不大于3。构造图样如图5-13所示。

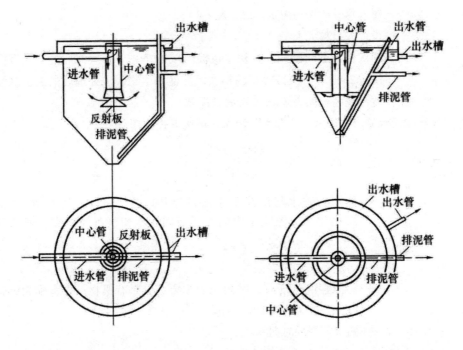

图5-13 竖流式沉淀池

污水从中心管流入，由中心管的下部流入，通过反射板的阻拦向四周分布，然后沿沉淀区的整个断面上升，沉淀后的出水由池四周溢出。出水区设在池周，采用自由堰或三角堰。如果池子的直径大于7m，一般要考虑设辐射式集水槽与池边环形水槽相通。

2. 竖流式沉淀池的原理

污水是从下向上以流速 v 做竖向流动，污水中的悬浮颗粒有以下三种运动状态：①当颗粒沉速 $u > v$ 时，则颗粒将以 $u-v$ 的差值向下沉淀，颗粒得以去除；②当时，则颗粒处于随机状态，不下沉亦不上升；③当时，颗粒将不能沉淀下来，而会被上升水流带走。由此可知，当可沉颗粒属于自由沉淀类型时，其沉淀效果（在相同的表面水力负荷条件下）竖流式沉淀池的去除效率要比其他沉淀池低。但当可沉颗粒属于絮凝沉淀类型时，则发生的情况就比较复杂。一方面，由于在池中颗粒存在相反方向的运行，就会出现上升着的颗粒与下降着的颗粒，同时还存在着上升颗粒与上升颗粒之间、下降颗粒与下降颗粒之间的相互接触、碰撞，致使颗粒的直径逐渐增大，有利于颗粒的沉淀；另一方面，絮凝颗粒在上升水流的顶托和自身重力作用下，会在沉淀区内形成一个絮凝污泥层，这一层可以网捕拦截污泥中的待沉颗粒。

3. 竖流式沉淀池的设计参数

①为了使水流在沉淀池内分布均匀，水流自下而上做垂直流动，池子的直径和有效水深之比不小于3，池子的直径（或半径）一般不大于10m。

②污水在沉降区流速应等于待去除的颗粒最小沉速，一般采用0.3～1.0m/s。

③中心管内流速应不大于30mm/s，中心管下口应设喇叭口和反射板，喇叭口直径及高度为中心管直径的1.35倍；反射板直径为喇叭口直径的1.35倍。反射板表面与水平面倾角为17°，污水从喇叭口与反射板之间的间隙流出的流速不应大于40mm/s。

④缓冲层高度在有反射板时，板底面至污泥表面高度采用0.3m；无反射板时，中心管流速应相应降低，缓冲层采用0.6m。

⑤当沉淀池的直径小于7m时，处理后的污水沿周边流出，直径为7m和7m以上时，应增设辐流式汇水槽，汇水槽堰口最大负荷为1.5～2.9L/（s·m）。

⑥贮泥斗倾角为45°～60°，污泥借1.5～1.2m的静水压力由排泥管排出，排泥管直径一般不小于200mm，下端距池底不大于0.2m，管上端超出水面不小于0.4m。

⑦为了防止漂浮物外溢，在水面距池壁0.4～0.5m处安设挡板，挡板伸入水中部分的深度为0.25～0.3m，伸出水面高度为0.1～0.2m。

4. 竖流式沉淀池的设计

（1）中心管截面积A与直径 d_0

$$f_1 = \frac{Q_{max}}{v_0}$$

$$d_0 = \sqrt{\frac{4f_1}{\pi}}$$

式中　Q_{max}——每组沉淀池最大设计流量，m^3/s；

　　　　f_1——中心管截面积，m^2；

　　　　v_0——中心管流速，m/s；

　　　　d_0——中心管直径，m。

（2）中心管喇叭口到反射板之间的间隙高度为

$$h_3 = \frac{Q_{max}}{v_1 \pi d_1}$$

式中　h_3——间隙高度，m；

　　　　v_1——间隙流出速度，m/s；

　　　　d_1——喇叭口直径，m。

（3）沉淀池面积 f_2 和池径 D

$$f_2 = \frac{Q_{max}}{q}$$

$$A = f_1 + f_2$$

$$D = \sqrt{\frac{4A}{\pi}}$$

f_2——沉淀池面积，m^2；

q——表面水力负荷，$m^3/(m^2 \cdot h)$；

A——沉淀池面积（含中心管面积），m^2；

D——沉淀池直径，m。

其余各部分的设计与平流沉淀池相似。

（五）辐流式沉淀池

1. 辐流式沉淀池的构造

辐流式沉淀池是一种大型沉淀池，池径最大可达100m，池周水深1.5～3.0m。有中心进水和周边进水两种形式。

中心进水辐流式沉淀池（图5-14）进水部分在池中心，因中心导流管流速大，活性污泥在中心导流管内难以絮凝，并且这股水流与池内水相比，相对密度较大，向下流动时动能也较高，易冲击池底沉淀。周边进水辐流式沉淀池（图5-15）的入流区在构造上有两个特点：①进水槽断面较大，而槽底的孔口较小，布水时的水头损失集中在孔口上，故布水比较均匀，但配水渠内浮渣难以排除，容易结壳；②进水挡板的下沿深入水面下约2/3深度处，距进水孔口有一段较长的距离，这有助于进一步把水流均匀地分布在整个入流的过水断面上，而且污水进入沉淀区的流速要小得多，有利于悬浮颗粒的沉淀。池子的出水槽可设在池的半径的中间或池的周边。进出水的改进在一定程度上克服了中心进水辐流式沉淀池的缺点，可以提高沉淀池的容积利用率。但是，如果辐流式沉淀池的直径很大，进口的布水和导流装置设计不当，则周边进水沉淀池会发生短流现象，严重影响效果。

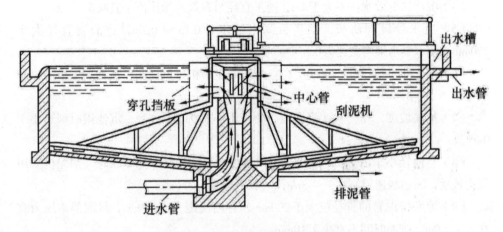

图5-14　中心进水辐流式沉淀池

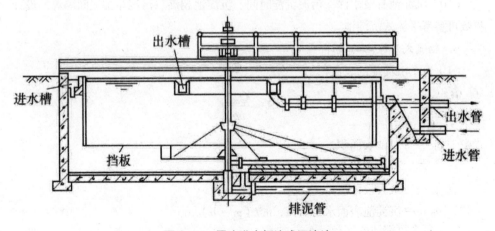

图5-15　周边进水辐流式沉淀池

2. 辐流式沉淀池的设计参数

（1）沉淀池的直径一般不小于10m，当直径小于20m时，可采用多孔排泥；当直径大于20m时，应采用机械排泥。

（2）设计沉淀池时，进水流量取最大设计流量，初次沉淀池表面负荷取2～3.6m³/（m²·h），二沉池表面负荷取0.8～2m³/（m²·h），沉淀效率一般在40%～60%。

（3）进水处设闸门调节流量，进水中心管流速大于0.4m/s，进水采用中心管淹没式潜孔进水，过流流速宜为0.1～0.4m/s，进水管穿孔挡板的穿孔率为10%～20%。

（4）沉淀区有效水深不大于4m，池子直径与有效水深比值一般取6～12。

（5）出水处设挡渣板，挡渣板高出池水面0.15～0.2m，排渣管直径大于200mm，出水集水渠内流速为0.2～0.4m/s。

（6）对于非机械排泥，缓冲层高宜为0.5m；用机械刮泥时，缓冲层上缘高出刮板0.3m。

（7）池底坡度，作为初次沉淀池时要求不小于0.02；作为二沉池用时则不小于0.05。

（8）当池径小于20m，刮泥机采用中心传动；当池径大于20m时，刮泥机采用周边传动，周边线速控制在1～3r/h，一般不宜大于3m/min。

（9）池底排泥管的管径应大于200mm，管内流速大于0.4m/s，排泥静水压力宜在2～2.0m，排泥时间不宜小于10min。

（10）沉淀池有效水深、污泥沉淀时间、沉淀池超高、污泥斗排泥间隔等的设计参数可参考平流式沉淀池。

3. 辐流式沉淀池的设计

（1）每个沉淀池的表面积

$$A_1 = \frac{Q_{\max}}{nq_0}$$

式中　A_1 ——单池表面积，m²；

　　　n ——池数，个；

　　$Q_{\max}$ ——最大设计流量，m³/h；

　　　q_0 ——沉淀池表面水力负荷，m³/（m²·h）。

（2）每个沉淀池的直径

$$D = \sqrt{\frac{4A_1}{\pi}}$$

式中　D——单池直径，m。

（3）沉淀池的有效水深

$$h_2 = q_0 t$$

式中　h_2——有效水深，m；

　　　t——沉淀时间，h。

（4）沉淀区的有效容积

$$V_0 = A_1 h_2 \ ；$$

式中　V_0沉淀区的有效容积，m³。

（5）污泥区容积

$$W = \frac{SNt}{1000}$$

式中　W——每日污泥量，m³/d；

　　　S——每人每日产生污泥量，L/（人·d），一般按0.3～0.8计算；

　　　N——设计人口数，人；

　　　t——两次排泥的时间间隔，初次沉淀池按2d考虑；曝气池后的二次沉淀池按2h考虑；机械排泥的初次沉淀池和生物膜法处理后的二次沉淀池污泥区容积应按4h的污泥量计算。

（6）污泥斗容积

$$V_1 = \frac{\pi h_5}{3} \left(r_1^2 + r_1 r_2 + r_2^2 \right)$$

式中　V_1——污泥斗容积，m³；

　　　r_1——污泥斗上口半径，m；

　　　r_2——污泥斗下口半径，m；

　　　h_5——污泥斗的高度，m。

（7）沉淀池的总高度

$$H = h_1 + h_2 + h_3 + h_4 + h_5$$

式中H　——总高度，m；

　　h_1——超高，采用0.3m；

　　h_2——沉淀区高度，m；

　　h_3——缓冲区高度；

　　h_4——沉淀池底坡落差，m。

第六章　污水的生物处理方法

生物处理又称二级处理，主要作用是去除污水中的胶体和溶解状态的有机物，同时还可以去除部分无机物（氮、磷），由于其环境二次污染小，运行经济，一直是城市污水处理的主要方法。根据废水中微生物的生存方式，生物处理可分为好氧法和厌氧法；根据微生物的生长方式，又可分为悬浮生长处理和固着生长处理。

第一节　传统活性污泥处理方法

活性污泥法亦称悬浮生长系统，最早出现在20世纪初的英国，以微生物在好氧悬浮生长状态下，对水中有机污染物进行降解，去除水中的BOD、SS、NH_4^+–N的生物处理方法，其基本过程如图6–1所示。

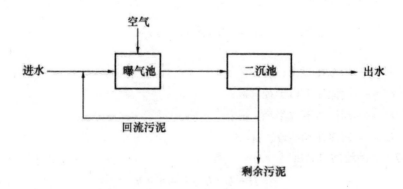

图6–1　传统活性污泥法流程示意图

一、活性污泥

活性污泥是由好氧菌为主体的微生物群体形成的絮状绒粒，绒粒直径一般为0.02～0.2nm，含水率一般为99.2%～99.8%，密度因含水率不同而有一些差异，一般为1.002 ~ 1.006g/m³，绒粒状结构使得活性污泥具有较大的比表面积，一般为20 ~ 100cm²/mL。

成熟的活性污泥呈茶褐色，稍具泥土味，具有良好的凝聚沉淀性能，其中含有大量的菌胶团和纤毛虫原生动物，如钟虫、等枝虫、盖纤虫等，并可使BOD$_5$的去除率达到90%左右。因此在污水处理中，一般习惯用活性污泥在混合液中的浓度表示活性污泥微生物量。

在混合液中保持一定浓度的活性污泥，可通过活性污泥适量地从二次沉淀池回流和排放以及在曝气池内增长来实现。

二、活性污泥处理系统的运行方式

如图6-1所示，污水从曝气池一端进入池内，由二次沉淀池回流的回流污泥也同步注入，对曝气反应器的活性微生物量进行调节。污水与回流污泥形成的混合液在池内呈推流形式流动至池的末端，并由此流出池外进入二次沉淀池，在这里处理后的污水与活性污泥分离，并根据曝气池内的需要，将部分污泥回流曝气池，部分污泥则排出系统，成为剩余污泥。

有机污染物在曝气池内，首先被吸附到菌胶团表面，随着水流的推进，逐步被菌胶团分解代谢，完成了污水中有机物的降解过程，同时活性污泥也经历了一个从池首端的对数增长，经减速增长到池末端的内源呼吸期的完全生长周期。

三、重要设计参数和性能指标

（一）活性污泥微生物量的指标

在污水的生物处理过程中，活性污泥浓度（量）可用混合液悬浮固体浓度（Mixed Liquor Suspended Solids）和混合液挥发性悬浮固体浓度（Mixed Liquor Volatile Suspended Solids）来表示，分别简写为MLSS和MLVSS。

$$MLSS=M_a + M_e + M_I + M_{II}$$

$$MLVSS=M_a + M_e + M_I$$

式中 M_a——具有代谢功能活性的微生物群体；

M_e——微生物（主要是细菌）内源代谢、自身氧化的残留物；

M_I——由污水夹带入的难为细菌降解的惰性有机物；

M_{II}——污水中的无机物质。

MLSS和MLVSS都不能精确表示活性微生物量，仅表示活性污泥的相对值，且在一般情况下，对于国内的城市污水，MLVSS/MLSS ≈ 0.75，而根据欧美等国的相关资料，这个比值可达到0.8 ~ 0.9。

（二）沉降性能

1. 污泥沉降比SV（Sludge Velocity）

污泥沉降比又称30min沉降率，混合液在100mL量筒内静置30min后所形成沉淀污泥容积占原混合液容积的百分比，以％计。污泥沉降比能够反映曝气池运行过程的活性污泥量，可用以控制、调节剩余污泥的排放量，还能通过它及时地发现污泥膨胀等异常现象的发生。

2. 污泥容积指数SVI（Sludge Volume Index）

污泥容积指数是指曝气池出口处的混合液，30min静沉后，1g干污泥所形成的沉淀污泥所占有的容积，以mL计。SVI能够反映活性污泥的凝聚、沉降性能，对生活污水及城市污水，此值为80 ~ 150为宜。SVI过低，说明泥粒细小，无机质含量高，缺乏活性；SVI过高，说明污泥的沉降性能不好，并且已有产生膨胀现象的可能。

（三）污泥负荷

污泥负荷是指曝气池内单位质量的活性污泥在单位时间内承受的有机质的数量，单位是$kg\ BOD_5$（$kg\ MLSS \cdot d$），一般记为F/M，常用Ns表示。

污泥负荷在0.5 ~ 1.5kg BOD_5（$kg\ MLSS \cdot d$）之间时易发生污泥膨胀，因此正常运行的曝气池污泥负荷一般都在0.5以下，高负荷曝气池污泥负荷都在1.5以上。

（四）容积负荷

容积负荷是指单位有效曝气体积在单位时间内承受的有机质的数量，单位是kg（$m^3 \cdot d$），一般记为F/V，常用N_v表示。

（五）水力停留时间（HRT）

水力停留时间是水流在处理构筑物内的平均驻留时间，从直观上看，可以用处理构筑物的容积与处理进水量的比值来表示，HRT的单位一般用小时（h）表示。

（六）固体停留时间（SRT）

固体停留时间是生物体（污泥）在处理构筑物内的平均驻留时间，即污泥龄。从直观上看，可以用处理构筑物内的污泥总量与剩余污泥排放量的比值来表示，SRT的单位一般用天（d）表示。

就生物处理构筑物而言，HRT实质上是为保证微生物完成代谢降解有机物所提供的时间；SRT实质上是为保证微生物能在生物处理系统内增殖并占优势地位且保持足够的生物量所提供的时间。

（七）去除负荷

去除负荷是指曝气池内单位质量的活性污泥在单位时间内去除的有机质的数量，或单位有效曝气池容积在单位时间内去除的有机质的数量，以 iV/% 表示，其单位为 kg BOD/（kg MLVSS·d）。

（八）污泥回流比

污泥回流比是污泥回流量与曝气池进水量的比值。

（九）剩余污泥

剩余污泥是活性污泥微生物在分解氧化废水中有机物的同时，自身得到繁殖和增殖的结果。为维持生物处理系统的稳定运行，需要保持微生物数量的稳定，即需要及时将新增长的污泥量当作剩余污泥从系统中排放出去。每日排放的剩余污泥量应大致等于污泥每日的增长量，剩余污泥浓度与回流污泥浓度相同，其近似值 $X_r = 10^6/SVI$。

四、活性污泥法的主要运行模式

作为有较长历史的活性污泥法生物处理系统，在长期的工程实践过程中，根据水质的变化、微生物代谢活性的特点和运行管理、技术经济及排放要求等方面的情况，又发展成为多种运行方式和池型，如图6-2 ~ 图6-9所示。其中按运行方式，可以分为普通曝气法、渐减曝气法、阶段曝气法、吸附再生法（即生物接触稳定法）、高速率曝气法等；按池型可分为推流式曝气池、完全混合曝气池；此外按池深、曝气方式及氧源等，又有深水曝气池、深井曝气池、射流曝气池、纯氧（或富氧）曝气池等。

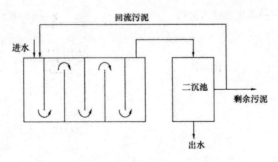

图6-2　推流式活性污泥法（多廊道）

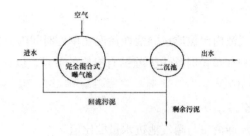

图6-3 完全混合性污泥法

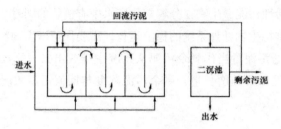

图6-4 分段式曝气法

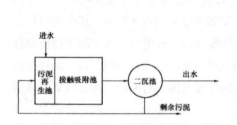

图6-5 吸附—再生活性污泥法

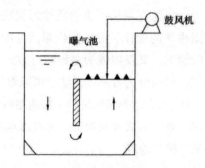

图6-6 浅层曝气

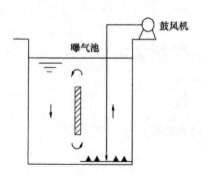

图6-7 深水曝气

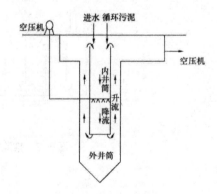

图6-8 深井曝气

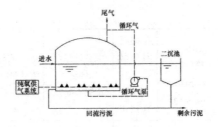

图6-9 纯氧曝气

以上工艺流程的主要参数列于表6-1。

表6-1 活性污泥工艺的主要设计参数

活性污泥运行方式	BOD-SS负荷 [kg BOD₅/（m³·d）]	BOD-容积负荷 [kg BOD₅/（m³·d）]	生物固体停留时间（污泥龄）（d）	混合液悬浮固体浓度 MLSS（mg/L）	混合液悬浮固体浓度 MLVSS(mg/L)	污泥回流比（%）	曝气时间（h）
表示符号	Nₛ	Nᵥ	SRT	MLSS	MLVSS	R	T
1 传统活性污泥法	0.2 ~ 0.4	0.4 ~ 0.9	5 ~ 15	1500 ~ 3000	1500 ~ 2500	25 ~ 75	4 ~ 8
2 阶段曝气活性污泥法	0.2 ~ 0.4	0.4 ~ 1.2	5 ~ 15	2000 ~ 3500	1500 ~ 2500	25 ~ 95	3 ~ 5
3 吸附—再生活性污泥法	0.2 ~ 0.4	0.9 ~ 1.8	5 ~ 15	吸附池 1000 ~ 3000 再生池 4000 ~ 10000	吸附池 800 ~ 2400 再生池 3200 ~ 8000	50 ~ 100	吸附池 0.5 ~ 1.0 再生池 3.0 ~ 6.0
4 延时曝气活性污泥法	0.05 ~ 0.1	0.15 ~ 0.3	20 ~ 30	3000 ~ 6000	2500 ~ 5000	60 ~ 200	24 ~ 48
5 高负荷活性污泥法	1.5 ~ 3.0	1.5 ~ 0.3	0.2 ~ 2.5	200 ~ 500	500 ~ 1500	10 ~ 30	1.5 ~ 3.0

续表

	活性污泥运行方式	BOD–SS负荷[kg BOD₅/(m³·d)]	BOD–容积负荷[kg BOD₅/(m³·d)]	生物固体停留时间（污泥龄）(d)	混合液悬浮固体浓度 MLSS (mg/L)	混合液悬浮固体浓度 MLVSS(mg/L)	污泥回流比（%）	曝气时间（h）
6	合建式完全混合活性污泥法	0.25 ~ 0..5	0.5 ~ 1.8	5 ~ 15	3000 ~ 6000	2000 ~ 4000	100 ~ 400	
7	深井曝气活性污泥法	1.0 ~ 1.2	5.0 ~ 10.0	5	5000 ~ 10000	—	50 ~ 150	>0.5
8	纯氧曝气活性污泥法	0.4 ~ 0.8	2.0 ~ 3.2	5 ~ 15	—	—	—	—

五、曝气设备

（一）曝气类型

曝气类型大体分为两类，一类是鼓风曝气，另一类是机械曝气。

1. 鼓风曝气

鼓风曝气是指采用曝气器——扩散板或扩散管在水中引入气泡的曝气方式。鼓风曝气通常由鼓风机、曝气器、空气输送管道等组成。

鼓风曝气系统用鼓风机供应压缩空气，常用的有罗茨和离心式鼓风机。

离心式鼓风机的特点是空气量容易控制，只要调节出气管上的阀门即可；如果把电动机上的安培表改用流量刻度，调节更为方便。但鼓风机噪声很大，空气管上应安装消声器。

鼓风曝气系统的空气扩散装置主要分为微气泡、中气泡、大气泡、水力剪切、水力冲击及空气升液等类型。

（1）微气泡曝气器

这一类扩散装置的主要性能特点是产生微小气泡，气、液接触面大，氧利用率较高，一般都可达10%以上；其缺点是气压损失较大，易堵塞，送入的空气应预先通过过滤处理。

具体的曝气器形式有固定式平板曝气器［图6-10（a）］，固定式钟罩型微孔曝气器［图6-10（b）］，膜片式微孔曝气器［图6-10（c）］，摇臂式微孔曝气器［图6-10（d）］。

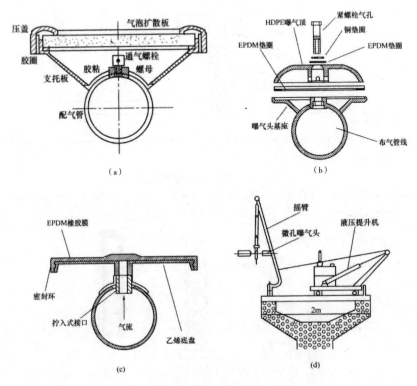

图6-10　微气泡曝气器

（2）中气泡曝气器

应用较为广泛的中气泡空气扩散装置是穿孔管，由管径介于25mm和50mm之间的钢管或塑料管制成，由计算确定，在管壁两侧向下相隔45°角，留有直径为3～5mm的孔眼或隙缝，间距50～100mm，空气由孔眼逸出。这种扩散装置构造简单，不易堵塞，阻力小；但氧的利用率较低，只有4%～6%，动力效率亦低，约1kg/（kW·h）。因此目前在活性污泥曝气中采用较少，而在接触氧化工艺中较为常用。

（3）水力剪切型曝气器

包括倒伞型曝气器和固定空气螺旋型曝气器，如图6-11和图6-12所示。

（4）水力冲击式曝气器

水力冲击式曝气器如图6-13所示。

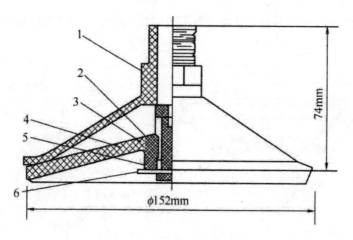

图6-11 塑料倒伞型曝气器

1—盆形塑料壳体；2—橡胶板；3—密封圈；4—塑料螺杆；5—塑料螺母；6—不锈钢开口销

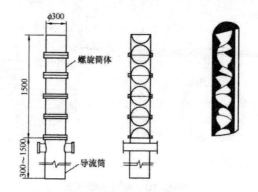

图6-12 固定螺旋空气曝气器（单位：mm）

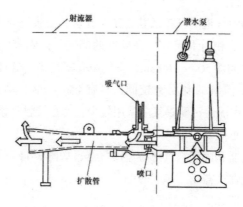

图6-13 BER型水下射流式水曝气器

2. 机械曝气

机械曝气是指利用叶轮等器械引入气泡的曝气方式。机械曝气器按传动轴的安装方向有竖轴（纵轴）式和卧轴（横轴）式之分，按淹没程度有表面曝气和淹没曝气之分。

（1）竖轴式机械曝气器

竖轴式机械曝气器又称竖轴叶轮曝气机，在我国应用比较广泛。常用的有泵型、K型、倒伞型和平板型四种，如图6-14 ~ 图6-17所示。

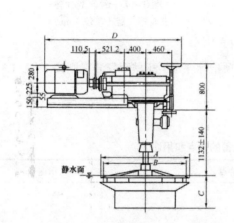

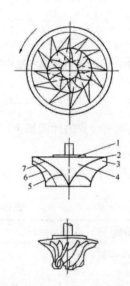

图6-14 PE2A泵型叶轮曝气器（单位：mm）　　图6-15 K型叶轮曝气器结构图

1—法兰；2—盖板；3—叶片；4—后轮盘
5—后流线；6—中流线；7—前流线

（2）卧轴式机械曝气器

目前应用的卧轴式机械曝气器主要是转刷曝气器。

（二）曝气设备的主要技术性能指标

（1）动力效率（E_p）是指每消耗1kW电能转移到混合液中的氧量，以kg/（kW*h）计；

（2）氧的利用效率（EA）是通过鼓风曝气转移到混合液的氧量，占总供氧量的百分比（%）；

（3）氧的转移效率（E_L）也称充氧能力，是通过机械曝气装置，在单位时间内转移到混合液中的氧量，以kg/h计。

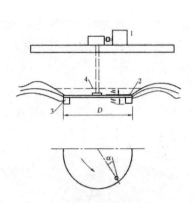

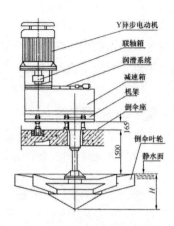

图6-16 平板型叶轮曝气器构造示意图

1—驱动装置；2—进气孔；3—叶片；4—停转时
水位线；H—叶片高度；h—叶轮浸没深度；D—叶轮直径

图6-17 倒伞型叶轮
表面曝气器（单位：mm）

鼓风曝气设备的性能按（1）、（2）两项指标评定，机械曝气装置则按（1）、（3）两项指标评定。

曝气设备的主要特点和用途见表6-2。

表6-2 曝气设备的特点和用途

设备	特点	用途
（1）淹没式曝气器 鼓风机		
细气泡系统	用多孔扩散板或扩散管产生气泡	各种活性污泥法
中等气泡系统	用塑料或布包管子产生气泡	各种活性污泥法
粗气泡系统	用孔口、喷射器或喷嘴产生气泡	各种活性污泥法
叶轮分布器	由叶轮及压缩空气注入系统组成	各种活性污泥法
静态管式混合器	竖管中设挡板以使底部进入的空气与水混合	各种活性污泥法
射流式	压缩空气与带压力的混合液在射流设备中混合	各种活性污泥法
（2）表面曝气器 低速叶轮曝气器	用大直径叶轮在空气中搅起水底并卷入空气	常规活性污泥法
高速浮式曝气器	用小直径叶浆在空气中搅起水底并卷入空气	
转刷式曝气器	浆板通过水中旋转促进水的循环并曝气	氧化沟、渠道曝气

六、工艺设计

污水处理工艺流程的选择主要依据污水水量、水质及其变化规律和对污泥的处理要求来确定，以及对出水水质的要求，其中出水水质的要求对工艺流程的选择影响最大。

活性污泥系统由曝气池、二次沉淀池及污泥回流设备等组成。其工艺计算与设计主要包括以下五方面内容：

（1）工艺流程的选择；

（2）曝气池的设计计算；

（3）曝气系统的设计计算；

（4）二次沉淀池的设计计算；

（5）污泥回流系统的设计计算。

在设计活性污泥法系统时主要考虑以下内容：

（1）污泥负荷或容积负荷；

（2）污泥产量；

（3）需氧量和氧的传质；

（4）营养物的需求；

（5）丝状微生物的控制；

（6）进、出水水质。

在进行曝气池容积的计算时，应在一定范围内合理地确定污泥负荷（N_s）和污泥浓度（X）值，此外，还应同时考虑处理效率、污泥容积指数（SVI）和污泥龄（生物固体平均停留时间）等参数。

第二节 城市污水厌氧处理

厌氧生物处理是在厌氧条件下，由多种微生物共同作用，利用厌氧微生物将污水或污泥中的有机物分解并生成甲烷和二氧化碳等最终产物的过程。在不充氧的条件下，厌氧细菌和兼性（好氧兼厌氧）细菌降解有机污染物，又称厌氧消化或发酵，分解的产物主要是沼气和少量污泥。厌氧生物处理适用于处理含高浓度有机工业废水的城市污水和好氧生物处理后的污泥消化，基本方法可以分为厌氧活性污泥法（包括厌氧消化池、厌氧接触消化、厌氧污泥床等）和厌氧生物膜法（包括厌氧生物滤池、厌氧流化床和厌氧生物转盘等）两大类。

一、厌氧反应器的分类

目前所用的厌氧反应器主要分为7种类型，如图6-18所示，它们是：

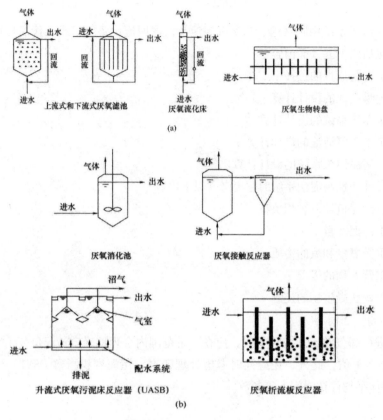

图6-18　常见的厌氧反应器

（a）厌氧接触生长工艺；（b）厌氧悬浮生长工艺

（1）普通厌氧消化池；

（2）厌氧接触工艺反应器；

（3）升流式厌氧污泥床（UASB）反应器；

（4）厌氧滤床；

（5）厌氧流化床反应器；

（6）厌氧生物转盘；

（7）其他，如厌氧混合反应器和厌氧折流反应器。

二、第一代厌氧消化工艺

（一）厌氧消化池

厌氧消化池的形式如图6-18所示，污水或污泥定期或连续加入消化池，经消化的污泥和污水分别从消化池底部和上部排出，所产的沼气是从顶部排出。在进行中温和高温发酵时，常需加热发酵料液。一般采用在池外设热交换器的方法间接加热或采用蒸汽直接加热。普通消化池的特点是在一个池内实现厌氧发酵反应过程和液体与污泥的分离过程。通常是间断进料，也有采用连续进料方式的。为了使进料和厌氧污泥密切接触而设有搅拌装置，一般情况下每隔2～4h搅拌一次。在排放消化液时，通常停止搅拌，待沉淀分离后从上部排出上清液。目前，消化工艺被广泛地应用于城市污水、污泥的处理上。

（二）厌氧接触反应器

厌氧接触工艺的反应器是完全混合的，如图6-18所示，排出的混合液首先在沉淀池中进行固液分离，可以采用沉淀池或气浮处置。污水由沉淀池上部排出，沉淀下的污泥回流至消化池，这样做既保证污泥不会流失，又可提高消化池内的污泥浓度，从而在一定程度上提高了设备的有机负荷率和处理效率。与普通消化池相比，它的水力停留时间可以大大缩短。厌氧接触工艺处理已在我国成功地应用于酒精糟液的处理上。

三、第二代厌氧消化工艺

（一）厌氧滤池

厌氧滤池（AF）是在反应器内充填各种类型的固体填料，如卵石、炉渣、瓷环、塑料等来处理有机废水。废水向上流动通过反应器的厌氧滤池称为升流式厌氧滤池；当有机物的浓度和性质适宜时采用的有机负荷可高达10～20kgCOD/（$m^3 \cdot d$），如图6-18所示。另外，还有下向流厌氧滤池。污水在流动过程中生长并保持与厌氧细菌的填料相接触；因为细菌生长在填料上，不随出水流失。在短的水力停留时间下可取得长的污泥龄，平均细胞停留时间可以长达100d以上。厌氧滤池的缺点是载体相当昂贵，据估计载体的价格与构筑物建筑价格相当。但如采用的填料不当，在污水中悬浮物较多的情况下，容易发生短路和堵塞，这是AF工艺不能迅速推广的原因。

（二）升流式厌氧污泥床反应器（UASB）

待处理的废水被引入UASB反应器（图6-18）的底部，向上流过由絮状或颗粒状污泥组成的污泥床。随着污水与污泥相接触而发生厌氧反应，产生沼气（主要是甲烷和二氧化碳）引起污泥床扰动。在污泥床产生的气体中有一部分附着在污泥颗粒上，自由气体和附着在污泥颗粒上的气体上升至反应器的顶部。污泥颗粒上升撞击到脱气挡板的底部，这引起附着的气泡释放；脱气的污泥颗粒沉淀回到污泥层的表面。自由气体和从污泥颗粒释放的气体被收集在反应器顶部的集气室内。液体中包含一些剩余的固体物和生物颗粒进入沉淀室内，剩余固体和生物颗粒从液体中分离并通过反射板落回到污泥层的上面。

（三）厌氧流化床和厌氧固定膜膨胀床系统

厌氧流化床（AFB）系统是一种具有很大比表面积的惰性载体颗粒的反应器，厌氧微生物在其上附着生长，如图6-18所示。它的一部分出水回流，使载体颗粒在整个反应器内处于流化状态。最初采用的颗粒载体是沙子，但随后采用低密度载体如煤和塑料物质以减少所需的液体上升流速，从而减少提升费用。由于流化床使用了比表面积很大的填料，使得厌氧微生物浓度增加。根据流速大小和颗粒膨胀程度可分成膨胀床和流化床。流化床一般按20%～40%的膨胀率运行。膨胀床运行流速应控制在比初始流化速度略高的水平，相应的膨胀率为5%～20%。

厌氧固定膜膨胀床（AAFEB）反应器工艺流程近似于厌氧流化床反应器，但其反应器床仅膨胀10%～20%。由于载体质量较大，为便于介质颗粒流化和膨胀需要大量的回流，这增加了运行过程的能耗；并且其三相分离特别是固液分离比较困难，要求较高的运行和设计水平。

（四）厌氧生物转盘反应器

厌氧生物转盘是与好氧生物转盘相类似的装置，如图6-18所示。在这种反应器中，微生物附着在惰性（塑料）介质上。介质可部分或全部浸没在废水中。介质在废水中转动时，可适当限制生物膜的厚度。剩余污泥和处理后的水从反应器排出。

（五）厌氧折流反应器

厌氧折流反应器结构如图6-18所示。由于折板的阻隔使污水上下折流穿过污泥层，造成了反应器推流的性质，并且每一单元相当于一个单独的反应器，各单元中微生物种群分布不同，可以取得好的处理效果。

四、第三代厌氧反应器

厌氧颗粒污泥膨胀床（EGSB）反应器。EGSB反应器实际上是改进的UASB反应器，其运行在高的上升流速下使颗粒污泥处于悬浮状态，从而保持了进水与污泥颗粒的充分接触。EGSB反应器的特点是颗粒污泥床通过采用高的上升流速（与小于1～2m/h的UASB反应器相比），即6～12m/h，运行在膨胀状态。EGSB的概念特别适于低温和相对低浓度污水，当沼气产率低、混合强度低时，在此条件下较高的进水动能和颗粒污泥床的膨胀高度将获得比"通常的"UASB反应器好的运行结果。EGSB反应器由于采用高的上升流速因而不适于颗粒有机物的去除。进水悬浮固体流过颗粒污泥床并随出水离开反应器，胶体物质被污泥絮体吸附而部分去除。下面是两种不同类型的EGSB反应器。

（1）厌氧内循环反应器（IC）

IC工艺是基于UASB反应器颗粒化和三相分离器的概念而改进的新型反应器，属于EGSB的一种。IC可以看成由两个UASB反应器的单元相互重叠而成。它的特点是在一个高的反应器内将沼气的分离分两个阶段。底部一个处于极端的高负荷，上部一个处于低负荷。

（2）厌氧升流式流化床工艺（UFB–BIOBED）

厌氧升流式流化床工艺厌氧流化床，在其设计的生产性流化床装置上，由于强烈的水力和气体剪切作用，形成载体的生物膜脱落十分厉害，无法保持生物膜的生长。相反地，在运行过程中形成了厌氧颗粒污泥，将厌氧流化床转变为EGSB运行形式。UFB是其商品名称，在文献和样本上有时该公司也称其为EGSB反应器；这从另一方面给出了厌氧流化床不成功的例子，因此它是EGSB反应器的一种。它可以在极高的水、气上升流速（两者都可达到5～7m/h）下产生和保持颗粒污泥，所以不需采用载体物质。由于高的液体和气体的上升流速造成了进水和污泥之间的良好混合状态，因此系统可以采用15～30COD/（m³·d）的高负荷。

五、其他改进工艺

（一）厌氧复合床反应器（AF+UASB）

许多研究者为了充分发挥升流式厌氧污泥床与厌氧滤池的优点，采用了将两种工艺相结合的反应器结构，被称为复合床反应器（AF+UASB），也称为UBF反应器。复合床反应器的结构如图6-19所示，一般是将厌氧滤池置于污泥床反应器的上部。一般认为这种结构可发挥AF和UASB反应器的优点，改善运行效果。

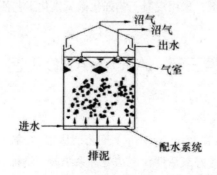

图6-19　厌氧复合床反应器（AF+UASB）

（二）水解工艺和两阶段厌氧消化（水解+EGSB）工艺

在以往的研究中发现采用水解池HUSB反应器，可以在短的停留时间（HRT=2.5h）和相对高的水力负荷［>1m³/（m²·h）］下获得高的悬浮物去除率（SS去除率平均为85%）。这一工艺可以改善和提高原污水的可生化性和溶解性，有利于好氧后处理工艺。但是，工艺的COD去除率相对较低，仅有40%～50%，并且溶解性COD的去除率很低。事实上HUSB工艺仅仅能够起到预水解和酸化作用。如前所述EGSB反应器可以有效地去除可生物降解的溶解性COD组分，但对于悬浮性COD的去除极差。研究表明采用水解（HUSK）+EGSB串联处理工艺可以使这两个工艺相得益彰。

采用两级厌氧工艺处理含颗粒性有机物组分的生活污水时，可能更有优势：第一级是絮状污泥的水解反应器并运行在相对低的上升流速下，颗粒有机物在第一级被截留，并部分转变为溶解性化合物，重新进入液相而在随后的第二个反应器内消化。在水解反应器中，因为环境和运行条件不适合，几乎没有甲烷化过程。

（三）微氧后处理工艺（MUSB反应器）

微氧反应器的微氧条件是采用慢速搅拌缓慢充氧来维持的，出水没有任何恶臭，微氧活性污泥沉降性能好。当城市污水采用厌氧处理后接微氧处理工艺，可以在1～2d内甚至更短的时间内去除。对已经存在生物稳定塘的情况下，在后处理中采用微氧工艺是有利的。在这种情况下采用简单的技术和经济的价格达到最终处理排放是适合中国国情的。

采用微氧升流式污泥床工艺（MUSB），水力停留时间（HRT）为1.2h，进水从反应器的底部进入，通过水力混合和最低程度的曝气（气水比为1∶1），使污泥床保持悬浮并处于微氧条件。厌氧处理后采用MUSB等微氧工艺，由于厌氧出水中残余有机物大部分是胶体物，其可生化降解性差，一般在微氧处理工艺中同时投加少量的$Al_2(SO_4)_3$等混凝剂，采用混凝工艺强化微氧生化工艺使出水得到极大改善。

第三节　A/O与A^2/O工艺

一、A/O工艺

A/O工艺是缺氧/好氧（Anoxic/Oxic）工艺或厌氧/好氧（Anaerobic/Oxic）工艺的简称，通常是在常规的好氧活性污泥法处理系统前，增加一段缺氧生物处理过程或厌氧生物处理过程。在好氧段，好氧微生物氧化分解污水中的BOD_5，同时进行硝化或吸收磷。如果前边配的是缺氧段，有机氮和氨氮在好氧段转化为硝化氮并回流到缺氧段，其中的反硝化细菌利用氧化态氮和污水中的有机碳进行反硝化反应，使化合态氮变为分子态氮，获得同时去碳和脱氮的效果。如果前边配的是厌氧段，在好氧段吸收磷后的活性污泥部分以剩余污泥形式排出系统，部分回流到厌氧段将磷释放出来，并在随水流进入好氧段吸收磷，如此循环。因此，缺氧/好氧（Anoxic/Oxic）法又被称为生物脱氮系统，被写作 A_1/O；而厌氧/好氧（Anaerobic/Oxic）法又被称为生物除磷系统，被写作 A_2/O。

二、A/O工艺的特点

（1）A_1/O 系统可以同时去除污水中的 BOD_5 和氨氮，适用于处理氨氮和 BOD_5 含量均较高的污水。

（2）因为硝酸菌是一种自养菌，为抑制生长速率高的异养菌，使硝化段内硝酸菌占优势，要设法保证硝化段内有机物浓度不能过高，一般要控制 BOD_5 小于20mg/L。

（3）硝化过程中消耗的氧，可以在反硝化过程中被回收利用，并氧化一部分 BOD_5。

（4）当污水中氨氮含量较高，仅 BOD_5 值较低时，可以用外加碳源的方法实现脱氮。一般 BOD_5 与硝态氮的比值<3时，就需要另加碳源。外加碳源多采用甲醇，每反硝化1g硝态氮，约需消耗2g甲醇。

（5）硝化过程消耗水中的碱度，为保证硝化过程的顺利进行，当除碳后的污水中碱度低于30mg/L时，可以采用向污水中投加石灰的方法提高碱度。硝化1g氨氮，要消耗7.14g碱度，即要投加5.4g以上的熟石灰，才能维持污水原来的碱度。

（6）硝酸菌繁殖较慢，只有当曝气时间较长、曝气池泥龄较长时，才会有利于硝酸菌的积累，出现硝化作用。泥龄一般要超过10d。

（7）A_2/O 法除磷时，运行负荷较高，泥龄和停留时间短。一般 A_2/O 法厌氧段的停留时间为0.5～1.0h，好氧段的停留时间为1.5～2.5h，MLSS为2～4g/L。由于此时泥龄短，废水中的氮往往得不到硝化，因此回流污泥中就不会携带硝酸盐回到厌氧区。

三、A₁/O工艺流程及设计参数

A_1/O 工艺流程如图6-20所示。

（一）设计要点

设计时所采用的硝化菌和反硝化菌的反应温度常数应取冬季水温时的数值。

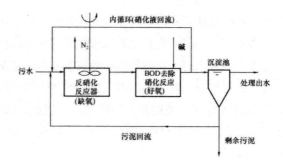

图6-20 A₁/O工艺流程

硝化工况：

（1）好氧池出口溶解氧在1～2mg/L之上；

（2）适宜温度为20～30℃，最低水温应＜13℃，低于13℃硝化速度明显降低；

（3）TKN负荷＜0.05kg TKN/（kg MLSS·d）；

（4）pH＝8.0～8.4。

反硝化工况：

（1）溶解氧趋近于零；

（2）生化反应池进水溶解性BOD浓度与硝态氮浓度之比应在4以上，即S-BOD：$NO_T-N > 4:1$，理论BOD消耗量为1.72gBOD/gNO_T-N，实测为1.88g BOD/gNO_T-N。

（二）设计参数与计算公式

A₁/O工艺设计参数见表6-3。A₁/O工艺设计计算公式见表6-4。

表6-3 A₁/O工艺设计参数

	项目	数值
1	HRT（h）	A₁段：0.5～1.0（≯2.0）；O段：2.5～6；A₁：O=1:（3～4）
2	SRT（d）	＞10
3	污泥负荷 N_s［kg BOD_5/（kg MLSS·d）］	0.1～0.7（≯0.18）
4	污泥浓度X（mg/L）	2000～5000（≮3000）
5	总氮负荷率［kg TN/（kg MLSS·d）］	＞0.05
6	混合液（硝化液）回流比RN（%）	200～500
7	污泥回流比R（%）	50～100
8	反硝化池S-BOD_5/ NO_x	≮4

注：（）内数值供参考。

（三）反应池的容积计算

较为实际的计算方法是缺氧—好氧生化反应池容积与普通活性污泥法一样，按BODS泥负荷率计算，公式同普通法，缺氧、好氧各段的容积比为1:（3～4）。

表6-4 A_1/O工艺设计计算公式

	项目	公式	主要符号说明
1	生化反应池总容积 V（m^3）	$V = 24Q'L_0 / (N_s X)$	Q'——污水设计流量（mVd）； L_0——生物反应池进水BOD_5浓度（kg/m^3）； L_r——生物反应池去除BOD_5浓度（kg/m^3）；
2	水力停留时间HRT [t（h）]	$t = Q/V$	
3	剩余污泥量W（kg/d）	$W = aQL_r - bVX_v + S_r Q \times 50\%$	N_s——BOD_5污泥负荷； X——污泥浓度（kg/m^3）； a——污泥产率系数；
4	湿污泥量Q_s（m^3/d）	$Q_S = W / [1000(1-P)]$	b——污泥自身氧化速率（d），0.5；
5	污泥龄SRT（d）	$SRT = VN_v / W$	Q——平均日污水流量（m^3/d）； X_v——挥发性悬浮固体浓度，$X_v = fx$；
6	需氧量Q_2（kg/h）	$O_2 = a'QL_r - b'N_r - b'N_d - c'X_w$	f——系数，一般为0.75； P——污泥含水率（%）；
7	回流污泥浓度X_r（kg/h）	$X_r = 10^6 / SVI$	$a' = 1.47$；$b' = 4.6$；$c' = 1.42$； N_r——氨氮去除量（kg/m^3）；
8	曝气池混合液浓度 X_t（kg/h）	$X = X_r R / (1+R)$ x=xTR/a^-R）	N_d——硝态氮去除量（kg/m^3）； W——剩余污泥量（kg/d）；
9	混合液（硝化液）回流比R_N（%）	$RN = [\eta_{\lambda N} / (1-\eta_{\lambda N})] \times 100\%$	X_w——剩余活性污泥量（kg/d）； R——污泥回流比（%）； $\eta_{\lambda N}$——总氮去除率（%）

四、A_2/O工艺流程及设计参数

A_2/O工艺流程如图6-21所示。

（一）设计要点

（1）在厌氧池中必须严格控制厌氧条件，使其既无分子态氧，也无NO_3^-等化合态氧，以保证聚磷菌吸收有机物并释放磷；好氧池中，要保证DO不低于2mg/L，以供给充足的氧，保持好氧状态，维持微生物对有机物的好氧生化分解，并有效地吸收污水中的磷。

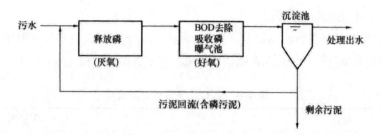

图6-21 A₂/O工艺流程

（2）污水中的BOD₅/T-P比值应大于20～30，否则其除磷效果将下降，聚磷菌对磷的释放和摄取在很大程度上决定于起诱导作用的有机物。

（3）污水中的COD/TKN≥10，否则NO₃⁻-N浓度必须≤2mg/L，才不会影响除磷效果。

（4）泥龄短对除磷有利，一般为3.5～7d。

（5）水温在5～30℃。

（6）pH=6～8。

（7）BOD污泥负荷Nₛ>0.1kgBOD₅/（kg MLSS·d）。

（二）设计参数

A₂/O工艺设计参数见表6-5。

表6-5 A₂/O工艺设计参数

	项目	数值
1	HRT（h）	A₂段：1～2（≥2.0）；O段：2～4；A₂：O=1：（2～3）
2	SRT（d）	3.5～7（5～10）
3	污泥负荷Ns［kgBOD₅/（kg MLSS·d）］	0.5～0.7
4	污泥浓度MLSS（mg/L）	2000～4000
5	总氮负荷率［kg TN/（kg MLSS·d）］	0.05
6	污泥指数SVI	<100
7	污泥回流比R（%）	40～100
8	DO（mg/L）	A₂段≈0；O段=2

注：（ ）内数值供参考。

（三）计算公式

（1）曝气池容积计算公式：同A₁/O法，并按A₂/O=1：（2.5～3），求定A₂、O段的容积，A_2段HRT一般取1h左右。

（2）剩余污泥龄计算公式：同A_1/O法。

（3）需氧量O_2（kg/d）及曝气系统其他计算均与普通活性污泥法相同。

五、A^2/O工艺

A^2/O工艺，又称A–A–O工艺，是厌氧/缺氧/好氧（Anaerobic/Anoxic/Oxic）工艺的简称，其实是在缺氧/好氧（A/O）法基础上增加了前面的厌氧段，具有同时脱氮和除磷的功能，如图6–22所示。

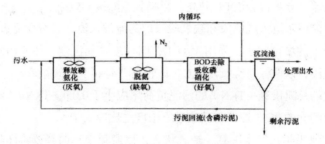

图6–22 A^2/O工艺流程

A^2/O工艺具有如下特点：

（1）厌氧、缺氧、好氧三种不同的环境条件和不同种类微生物菌群的有机配合，能同时具有去除有机物、脱氮除磷的功能。

（2）在同时脱氮除磷去除有机物的工艺中，该工艺流程最为简单，总的水力停留时间也少于同类其他工艺。

（3）在厌氧—缺氧—好氧交替运行下，丝状菌不会大量繁殖，SVI一般小于100，不会发生污泥膨胀。

（4）污泥中磷含量高，一般为2.5%以上。

（5）脱氮效果受混合液回流比大小的影响，除磷效果受回流污泥中夹带DO和硝酸态氧的影响，因而脱氮除磷效率不可能很高。

六、A^2/O工艺设计要点及设计参数

（一）设计要点

（1）污水中可生物降解有机物对脱氮除磷的影响。厌氧段进水溶解性磷与溶解性BOR之比应小于0.06，才会有较好的除磷效果。污水中COD/TKN＞8时，氮的总去除率可达80%。COD/TKN＜7时，则不宜采用生物脱氮。

（2）污泥龄。在 A^2/O 工艺中泥龄受硝化菌世代时间和除磷工艺两方面影响。权衡这两个方面，A^2/O 工艺的污泥龄一般为 15 ~ 20d。

（3）溶解氧。好氧段的 DO 应为 2mg/L 左右，太高太低都不利。对于厌氧段和缺氧段，则 DO 越低越好，但由于回流和进水的影响，应保证厌氧段 DO 小于 0.2mg/L，缺氧段 DO 小于 0.5mg/L。

回流污泥提升设备应用潜污泵代替螺旋泵，以减少提升过程中的复氧，使厌氧段和缺氧段的 DO 最低，以利于脱氮除磷。

厌氧段和缺氧段的水下搅拌器功率不能过大（一般为 $3W/m^3$ 的搅拌功率即可），否则会产生涡流，导致混合液 DO 升高，影响脱氮除磷的效果。

污水和回流污水进入厌氧段和缺氧段时应为淹没入流，以减少复氧。

（4）低浓度的城市污水，采用 A^2/O 工艺时应取消初沉池，使原污水经沉砂池后直接进入厌氧段，以便保持厌氧段中 C/N 比较高，有利于脱氮除磷。

（5）硝化的总凯氏氮（TKN）的污泥负荷率应小于 0.05kg TKN /（kg MLSS · d），反硝化进水溶解性的 BOD_5 浓度与硝酸态氮浓度之比应大于 4。

（6）沉淀池要防止发生厌氧、缺氧状态，以避免聚磷菌释放磷而降低出水质和反硝化产生 N_2 而干扰沉淀。

（7）水温 13 ~ 18℃，污染物质去除率较稳定，一般不宜超过 30℃。

（二）A^2/O 工艺设计参数

A^2/O 工艺设计参数见表6–6。

表6–6　A^2/O 工艺设计参数

	项目	数值
1	HRT（h）	6 ~ 8；厌氧：缺氧：好氧=1：1：（3 ~ 4）
2	SRT（d）	15 ~ 20（20 ~ 30）
3	污泥负荷 N_s［kg BOD_5/（kg MLSS · d）］	0.15 ~ 0.2（0.15 ~ 0.7）
4	污泥浓度 MLSS（mg/L）	2000 ~ 4000（3000 ~ 5000）
5	总氮负荷率［kg TN/（kg MLSS · d）］	< 0.05
6	总磷负荷率［kg TP/（kg MLSS · d）］	0.003 ~ 0.006
7	混合液（硝化液）回流比 R_N（%）	≥ 200（200 ~ 300）
8	污泥回流比 R（%）	25 ~ 100
9	DO（mg/L）	好氧段2；缺氧段0.5；厌氧段0.2

注：（）内数值供参考。

第四节　A/B工艺

一、AB工艺及其特点

AB工艺（Adsorption Biodegradation）是吸附—生物降解工艺的简称，由以吸附作用为主的A段和以生物降解作用为主的B段组成，是在常规活性污泥法和两段活性污泥法基础上发展起来的一种污水处理工艺，如图6-23所示。A段负荷较高，有利于增殖速度快的微生物繁殖，在此成活的只能是冲击负荷能力强的原核细菌，其他世代较长的微生物都不能存活。A段污泥浓度高、剩余污泥产率大，吸附能力强，污水中的重金属、难降解有机物及氮磷等植物性营养物质都可以在A段通过污泥吸附去除。A段对有机物的去除主要靠污泥絮体的吸附作用，以物理作用为主，因此A段对有毒物质、pH、负荷和温度的变化有一定的适应性。

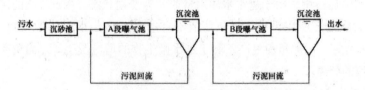

图6-23　AB法典型工艺流程

一般A段的污泥负荷可高达 $2 \sim 6kg\ BOD_5/（kg\ MLSS \cdot d）$，是传统活性污泥法 $10 \sim 20$ 倍，而水力停留时间和泥龄都很短（分别只有0.5h和0.5d左右），溶解氧只要0.5mg/L左右即可；污水经A段处理后，水质水量都比较稳定，可生化性也有所提高，有利于B段的工作，B段生物降解作用得到充分发挥。B段的运行和传统活性污泥法相近，污泥负荷为 $0.15 \sim 0.3kg\ BOD_5/（kg\ MLSS \cdot d）$，泥龄为 $15 \sim 20d$，溶解氧 $1 \sim 2mg/L$。在考虑脱磷除氮设计时，一般情况下应保证B段进水的 BOD_5/TN 比值 $\geqslant 4$。对 BOD_5/TN 值在3左右的污水来说，设置A段对生物除磷脱氮不利。另外，由于AB工艺产泥量大，合理解决污泥处置问题，也是AB工艺成功推广应用的关键因素之一。

二、工艺设计参数

（一）设计流量

AB工艺中的A段设计是该工艺的设计关键。由于A段水力停留时间较短，通常在1.0h之内，因此进水水量的变化将对其产生较大的影响。对于分流制排水管网，A段曝气池与中间沉淀池设计流量应按最大时流量（即平均流量乘以总变化系数 K_z）计算；对于合流制排水管网，设计流量应为旱季最大流量。由于B段的水力停留时间相对较长，一般HRT均超过5.0h以上，且B段处于A段之后，有一定的缓冲余地，因此B段曝气池的流量设计可按平均流量设计或适当考虑系统的变化系数。

AB工艺中的二沉池设计是否合理，也是保证污水处理厂出水达标的重要环节，良好的泥、水分离效果是出水水质达到设计要求的关键。因此二沉池的设计一般应按最不利情况考虑。同A段的设计流量一样，对于分流制排水系统，二沉池按最大时流量设计；但对于合流制排水系统，设计流量应取雨季最大流量（即平均流量与平均流量乘以截流倍数n的两项之和）。

（二）A段曝气池设计

1. 污泥负荷

由于AB工艺中的A段为高负荷区，设计中污泥负荷在 $2 \sim 6kg\ BOD_5/(kg\ MLSS \cdot d)$ 之间，但实际运行中，由于进水水质水量通常为变动状态，因此A段的污泥负荷瞬时波动是较大的，所以设计污泥负荷值不宜选取过高，通常取 $3 \sim 5kg\ BOD_5/(kg\ MLSS \cdot d)$ 为宜。污泥负荷过高不利于进水微生物的适应及生长，而负荷太低也不利于固、液的分离。

2. 污泥浓度、污泥龄及污泥回流比

由于AB工艺中A段的负荷变化较大，因此在实际运行中，A段的污泥浓度也有较大波动，通常设计的污泥浓度为 $2 \sim 3g/L$。当设计的进水有机物浓度较高时，为了保证合理的水力停留时间，A段中的污泥浓度也可提高到 $3 \sim 4mg/L$。A段的污泥龄一般控制在 $0.3 \sim 1d$ 之间较为合适。

由于A段主要以吸附为主，且污泥中的无机物含量较大。因此该段的污泥沉降性能较好，一般污泥指数SVI均在60以下，所以实际运行中，A段的污泥回流比控制在50%以内便可满足要求。但考虑到实际工程运行的灵活性及其水质、水量的波动变化等因素，设计时A段的污泥回流比应考虑能在50% ~ 100%之间变化。

3. 水力停留时间

由于A段以物理吸附为主，因此其HRT的设计较为重要，通常水力停留时间过长，吸附作用不十分明显。一般情况下，水力停留时间设计值不宜少于25min，但也不宜超过1.0h。工程设计中建议采用30 ~ 50min为宜。

4. 溶解氧及耗氧负荷

由于A段可根据实际需要采用好氧或兼氧的方式运行，因此其溶解氧浓度的控制范围较大，其变化范围一般在0.2～1.5mg/L之间。在采用兼氧运行方式时，溶解氧应控制在0.2～0.5mg/L之间。A段的氧消耗负荷（以O_2/kg去除BOD计）一般在0.3～0.4kg O_2/kg去除BOD。

（三）中间沉淀池设计

中间沉淀池的作用主要是将A、B段的污泥菌种有效地隔开，因此其沉淀效果的好坏是非常重要的。由于A段的污泥沉降性能较好，因此其沉淀池的设计基本相当于初沉池的设计要求。一般情况下，中间沉淀池的表面水力负荷可取2m^3/（m^2·h），水力停留时间可取1.5～2h；平均流量时允许的出水堰负荷为15m^3/（m^2·h），最大流量时允许的出水堰负荷为30m^3/（m·h）。

（四）B段曝气池设计

由于AB工艺的B段基本上同传统活性污泥法类似，因此B段的设计参数确定基本等同于传统工艺的活性污泥法，在实际的AB工艺设计中，B段的污泥龄及污泥负荷的选取主要取决于出水水质要求。若出水水质仅要求去除有机物，则污泥龄取5d左右即可；若出水水质必须满足脱氮或除磷的要求，则污泥龄应取5～20d。B段的污泥负荷一般取0.15～0.3kg BOD_5/（kg MLSS·d）之间。

（五）二沉池的设计

AB工艺中的B段在采用常规的活性污泥工艺时，二沉池的作用与其在传统活性污泥工艺中是一样的，因此其设计参数基本同常规活性污泥法工艺的二沉池设计。通常按最大流量考虑，表面水力负荷一般取1.0m^3/（m^2·h）以下，水力停留时间为2.5～3h，最大出水堰负荷为15 m^3/（m·h）。

第五节　氧化沟工艺

一、工艺流程

氧化沟（Oxidation ditch）又名连续循环曝气池（Continuous loop reactor），属于活性污泥法的一种变形，氧化沟的水力停留时间可达10～30h，污泥龄20～30d，有机负荷很低［0.05～0.15kg BOD_5/（kg MLSS·d）］，实质上相当于延时曝气活性污泥系统。由于它运行成本低，构造简单，易于维护管理，出水水质好、耐冲击负荷、运行稳定，并可脱氮除磷，逐渐受到关注与重视。可用于人口360万～1000万人口当量的城市污水处理。氧化沟的基本工艺流程如图6-24所示。

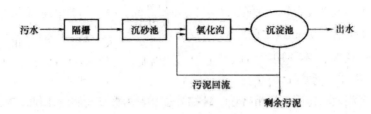

图6-24　氧化沟的工艺流程

氧化沟出水水质好，一般情况下，BOD$_5$去除率可达95%以上，脱氮率达90%左右，除磷效率达50%左右，如在处理过程中，适量投加铁盐，则除磷效率可达95%。一般的出水水质为BOD$_5$=0 ~ 15mg/L；SS=10 ~ 20mg/L；NH$_4^+$-N=1 ~ 3mg/L；P＜1mg/L。运行费用较常规活性污泥法低30% ~ 50%，基建费用较常规活性污泥法低40% ~ 60%。

二、氧化沟的类型

（一）基本型

基本型氧化沟处理规模小，一般采用卧式转刷曝气小，如图6-25所示。水深为1 ~ 1.5m。氧化沟内污水水平流速0.3 ~ 0.4m/s。为了保持流速，其循环量约为设计流量的30 ~ 60倍。此种池结构简单，往往不设二沉池。

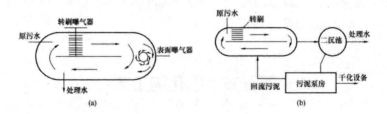

图6-25　基本型氧化沟及其流程

（a）基本型氧化沟平面图；（b）基本型氧化沟工艺流程

（二）卡鲁塞尔（Carrousel）式氧化沟

Carrousel氧化沟如图6-26所示，它的典型布置为一个多沟串联系统，进水与活性污泥混合后沿箭头方向在沟内不停地循环流动，采用表面机械曝气器，每沟渠的一端各安装一个，靠近曝气器下游的区段为好氧区，处于曝气器上游和外环的区段为缺氧区，混合液交替进行好氧和缺氧，这不仅提供了良好的生物脱氮条件，而且有利于生物絮凝，使活性污泥易于沉淀。

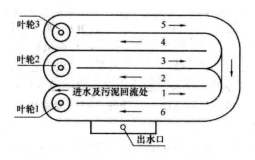

图6-26 卡鲁塞尔氧化沟典型布置形式

此类氧化沟由于采用了表面曝气器，其水深可采用4～4.5m。如果有机负荷较低时，可停止某些曝气器的运行，在保证水流搅拌混合循环流动的前提下，减少能量消耗。除此典型布置之外，卡鲁塞尔还有许多其他布置形式。

微孔曝气型Carrousel2000系统采用鼓风机微孔曝气供氧，其工作原理图如图6-27所示。微孔曝气器可产生大量直径为1mm左右的微小气泡，这大大提高了气泡的表面积，使得在池容积一定的情况下氧转移总量增大（如池深增加则其传质效率将更高）。根据目前鼓风机生产厂家的技术能力，池的有效水深最大可达8m，因此可根据不同的工艺要求选取合适的水深。传统氧化沟的推流是利用转刷、转碟或倒伞型表曝机实现的，其设备利用率低、动力消耗大。微孔曝气型Carrousel2000系统则采用了水下推流的方式，即把潜水推进器叶轮产生的推动力直接作用于水体，在起推流作用的同时又可有效防止污泥的沉降。因而，采用潜水推进器既降低了动力消耗，又使泥水得到了充分的混合。从水力特性来看，微孔曝气型Carrousel2000系统为环状折流池型，兼有推流式和完全混合式的流态。就整个氧化沟来看，可认为氧化沟是一个完全混合曝气池，其浓度变化系数极小甚至可以忽略不计，进水将迅速得到稀释，因此它具有很强的抗冲击负荷能力。但对于氧化沟中的某一段则具有某些推流式的特征，即在曝气器下游附近地段DO浓度较高，但随着与曝气器距离

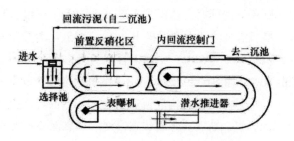

图6-27 卡鲁塞尔2000型氧化沟设计

的不断增加则 DO 浓度不断降低（出现缺氧区）。这种构造方式使缺氧区和好氧区存在于一个构筑物内，充分利用了其水力特性，达到了高效生物脱氮的目的。

Carrousel3000 系统是在 Carrousel2000 系统前再加上一个生物选择区。该生物选择区是利用高有机负荷筛选菌种，抑制丝状菌的增长，提高各污染物的去除率，其后的工艺原理同 Carrousel2000 系统。

（三）三沟式氧化沟

三沟式氧化沟属于交替工作式氧化沟，由丹麦 Kruger 公司创建，如图 6-28 所示。由三条同容积的沟槽串联组成，两侧的池交替作为曝气池和沉淀池，中间的池一直为曝气池。原污水交替地进入两边的侧池，处理出水则相应地从作为沉淀池的侧池流出，这样提高了曝气转刷的利用率（达 59% 左右），另外也有利于生物脱氮。

三沟式氧化沟的水深为 3.5m 左右。一般采用水平轴转刷曝气，两侧沟的转刷是间歇曝气，以使污水处于缺氧状态，中间沟的转刷是连续曝气。

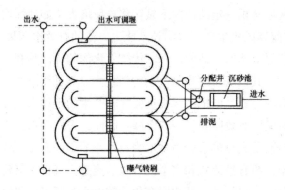

图 6-28　三沟式氧化沟

（四）Orbal 型氧化沟

Orbal 型氧化沟是由多个同心的椭圆形或圆形沟渠组成，污水与回流污泥均进入最外一条沟渠，在不断循环的同时，依次进入下一个沟渠，它相当于一系列完全混合反应池串联而成，最后混合液从内沟渠排出。Orbal 型氧化沟常分为三条沟渠，外沟渠的容积约为总容积的 60% ~ 70%，中沟渠容积约为总容积的 20% ~ 30%，内沟渠容积仅占总容积的 10%，如图 6-29 所示。Orbal 型氧化沟曝气设备一般采用曝气转盘，水深可采用 2 ~ 3.6m，并应保持沟底流速为 0.3 ~ 0.9m/s，在运行时，外、中、内沟渠的溶解氧分别为厌氧、缺氧、好氧状态，使溶解氧保持较大的梯度，有利于提高充氧效率，同时有利于有机物的去除和脱氮除磷。

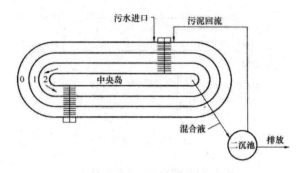

图6-29　orbal氧化沟

（五）曝气—沉淀—体化氧化沟

一体化氧化沟就是将二沉池建在氧化沟中，从而完成曝气—沉淀两个功能，如图6-30所示。

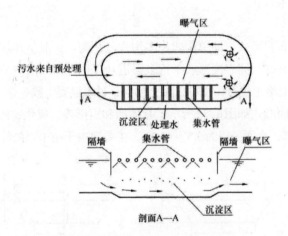

图6-30　曝气—沉淀一体化氧化沟

在氧化沟的一个沟渠内设沉淀区，在沉淀区的两侧设隔墙，并在其底部设一排三角形导流板，同时在水面设穿孔集水管，以收集澄清水。氧化沟内的混合液从沉淀区的底部流过，部分混合液则从导流板间隙上升进入沉淀区，而沉淀下来的污泥从导流板间隙下滑回氧化沟。曝气采用机械表面曝气。

（六）侧渠形一体氧化沟

侧渠形一体氧化沟如图6-31所示，两座侧渠作为二次沉淀池，并交替运行和交替回流污泥，澄清水通过堰口排出，曝气采用机械表面曝气或转刷曝气。

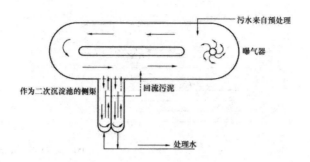

图6-31　侧渠型一体化氧化沟

三、氧化沟工艺设施（备）及构造

氧化沟工艺设施（备）由氧化沟沟体、曝气设备、进出口设施、系统设施等组成，各部要求分述如下。

（一）沟体

主要分两种布置形式，即单沟式和多沟式氧化沟。一般呈环状沟渠形，也可呈长方形、椭圆、马蹄、同心圆形、平行多渠道和以侧渠作二沉池的合建形等。其四周池壁可以钢筋混凝土建造，也可以原土挖沟，衬素混凝土或三合土砌成。

氧化沟的断面形式如图6-32所示，有梯形和矩形等。氧化沟的单廊道宽度 C 一般为水深 D 的2倍，水深一般为3.5 ~ 5.2m，主要取决于所采用的曝气设备。

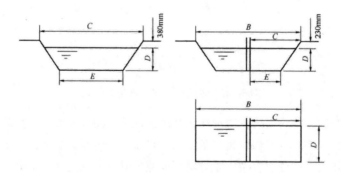

图6-32　氧化沟的断面形式
C—单廊道宽度；D—水深

（二）曝气设备

它具有供氧、充分混合、推动混合液不停地循环流动和防止活性污泥沉淀的功能，常用的有水平轴曝气转刷（或转盘）和垂直表面曝气器，均有定型产品。

1. 水平轴曝气设备

水平轴曝气设备旋转方向与沟中水流方向同向，并安装在直道上。在其下游一定距离内，在水面下应设置导流板，有的还设置淹没式搅拌器，增加水下流速强度，防止沟底积泥。水平轴曝气设备在基本型、Orbal型、一体化氧化沟中被普遍采用。

2. 曝气转刷

曝气转刷充氧能力为1.8 ~ 2.0kg/（kW·h），调节转速和淹没深度，可改变其充氧量。因转刷的提升能力小，所以氧化沟水深应不超过2.5 ~ 3.0m。

3. 曝气转盘

曝气转盘充氧能力为1.8 ~ 2.0kg/（kW·h），氧化沟内水深可为3.5m左右。

4. 垂直轴表面曝气器

垂直轴表面曝气器具有较大的提升能力，故一般氧化沟水深为4 ~ 4.5m，垂直轴表面曝气叶轮一般安装在弯道上，它在卡鲁塞尔式氧化沟得到普遍采用。

5. 进出水位置

如图3-33所示，污水和回流污泥流入氧化沟的位置应与沟内混合液流出位置分开，其中污水流入位置应设在缺氧区的始端附近，以使硝化反应利用其污水中的碳源。回流污泥流入位置应设置在曝气设备后面的好氧部位，以防止沉淀池污泥厌氧，确保处理水中的溶解氧。

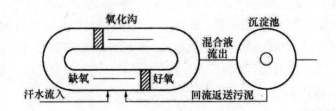

图6-33　氧化沟进出水位置

（三）配水井

两个以上氧化沟并行工作时，应设配水井以保证均匀配水。三沟式氧化沟则应在进水配水井内设自动控制阀门，按原设计好的程序用定时器自动启闭各自的进水孔，以变换氧化沟内的水流方向。

（四）出水堰

氧化沟的出水处应设出水堰，该溢流堰应设计成可升降的，从而起到调节沟内水深的作用。

（五）导流墙

为保持氧化沟内具有不淤流速，减少水头损失，需在氧化沟转折处设置薄壁结构导流墙，使水流平稳转弯，维持一定流速。

（六）溶解氧探头

为经济有效地运行，在氧化沟内好氧区和缺氧区应分别设置溶解氧探头，以在好氧区内维持＞2mg/L的DO，在缺氧区内维持＜0.5mg/L的DO。

四、氧化沟的设计要点及设计参数

（一）设计要点

（1）目前采用的氧化沟的形式通常为卡鲁塞尔式和三沟式，并按普通推流式活性污泥法计算。

（2）污泥龄根据去除对象不同而不同：

①只要求去除BOD_5时SRT采用5～8d；污泥产率系数Y为0.6；

②要求有机碳氧化和氨的硝化时SRT取10～20d，污泥产率系数Y=0.5～0.55；

③要求去除BOD_5加脱氮时，SRT=30d，Y=0.48。

（3）采用转刷曝气器时，氧化沟水深为2.5～3m；采用曝气转盘曝气时，氧化沟水深为采用垂直轴表面曝气器时，氧化沟水深为4～4.5m；垂直轴表面曝气器一般安装在弯道上。

（4）需氧量计算与A_1/O法相同。式中a、b、c分别为1.47、4.6、1.42，把需氧量O_2转换在标准状态下的曝气转刷的供氧量R_0。然后根据曝气转刷的充氧能力（kg O_2/h）来确定其台数，最后进行布置，并校核在具体设计的运行方式时，其供氧且是否大于需氧量O_2的要求。

（二）设计参数

氧化沟设计参数见表6-7。

表6-7　氧化沟工艺设计参数

项目	数值
污泥负荷率N_s［kgBOD$_5$/（kg MLSS·d）］	0.05～0.08
水力停留时间HRT（h）	＜16
污泥龄SRT（d）	去除BOD$_5$时，5～8；去除BOD$_5$并硝化时，10～20；去除BOD$_5$并反硝化时，30
污泥回流比R（%）	50～100
污泥浓度X（mg/L）	2000～5000

第六节　曝气生物滤池与生物膜法处理

一、生物膜法

好氧生物膜法又称固定膜法，是土壤自净过程的人工化。生物膜法和活性污泥法是污水处理行业应用最为广泛的两种好氧生物处理技术，其基本特征是在污水处理构筑物内设置微生物生长聚集的载体（即一般所称的填料），在充氧的条件下，微生物在填料表面积聚附着形成生物膜。经过充气的活水以一定的流速流过填料时，生物膜中的微生物吸收分解水中的有机物，使污水得到净化，同时微生物也得到增殖，生物膜随之增厚。当生物膜增长到一定厚度，向生物膜内部扩散的氧受到限制，其表面仍是好氧状态，而内层则会呈缺氧甚至厌氧状态，并最终导致生物膜的脱落。随后，填料表面还会继续生长新的生物膜，周而复始，使污水得到净化。生物膜法与普通活性污泥法主要运行参数的比较见表6-8。

表6-8　生物膜法与普通活性污泥法主要运行参数比较

处理工艺	生物量（g/L）	剩余污泥产量（kg干污泥/kgBOD₅去除量）	容积负荷［kg BOD₅/（m³·d）］	水力停留时间（h）	BOD₅去除率（%）
塔式生物滤池	0.7 ~ 7.0	0.05 ~ 0.1	1.0 ~ 3.0	—	60 ~ 85
生物转盘	10 ~ 20	0.3 ~ 0.5	1.5 ~ 2.5	1.0 ~ 2.0	85 ~ 90
生物接触氧化	10 ~ 20	0.25 ~ 0.3	1.5 ~ 3.0	1.5 ~ 3.0	80 ~ 90
普通活性污泥法	1.5 ~ 3.0	0.4 ~ 0.6	0.4 ~ 0.9	4 ~ 12	85 ~ 95

二、生物滤池工艺

生物滤池是在间歇砂滤池和接触滤池的基础上，发展起来的人工生物处理法。在生物滤池中，废水通过布水器均匀地分布在滤池表面，滤池中装满了石子等填料（一般称之为滤料），废水沿着填料的空隙从上向下流动到池底，通过集水沟、排水渠，流出池外。

废水通过滤池时，滤料截留了废水中的悬浮物，同时把废水中的胶体和溶解性物质吸附在自己的表面，其中的有机物使微生物很快地繁殖起来。这些微生物又进一步吸附了废水中呈悬浮、胶体和溶解状态的物质，逐渐形成了生物膜。生物膜成熟后，栖息在生物原上的微生物即摄取污水中的有机污染物作为营养，对废水中的有机物进行吸附氧化作用，因而废水在通过生物滤池时能得到净化。

生物滤池可以是卵石填料高负荷生物滤池，也可以是塑料填料的塔式滤池。设计生物滤池时，其主要功能是去除溶解性BOD和将大分子等难降解的物质降解为易降解物质。在我国采用卵石填料比较经济，因塑料滤料的价格要高20倍以上。

三、生物转盘工艺

生物转盘又称浸没式生物滤池，是生物膜法废水处理技术的一种。生物转盘是由一系列平行的旋转圆盘、转动横轴、动力及减速装置、氧化槽等部分组成：在氧化槽中充满了待处理的废水，约一半的盘片浸没在废水水面之下。当废水在槽内缓慢流动时，盘片在转动横轴的带动下缓慢地转动。

四、接触氧化工艺

生物接触氧化法也称掩没式生物滤池，其工艺过程是在反应器内设置填料，经过冲氧的废水与长满生物膜的填料相接触，在生物膜生物的作用下废水得到净化。

五、曝气生物滤池

曝气生物滤池是将接触氧化工艺和悬浮物过滤工艺结合在一起的污水处理工艺，可用于去除污水中的有机物，也可通过硝化和反硝化除氮。

在生物滤池的滤料上可以发生有机物的代谢过程，还可将生物转化过程产生的剩余污泥和进水带入的悬浮物进一步截流在滤池内，起到生物过滤的作用。所以在生物滤池工艺中不需要再设后沉池，节省了用地。

（一）生物滤池的特点

和活性污泥工艺相比，生物滤池有几点不同。另外，为了保证生物滤池经济地运行，必须对污水进行合适的预处理。生物滤池的特点如下：

为了使生物滤池的运行时间达到最佳化，要求生物滤池进水悬浮物（SS）浓度在60mg/L以下。曝气生物滤池一般通过化学絮凝的有效沉淀，才可使进水悬浮物浓度达到要求。在设计初沉池时，要考虑由冲洗污泥水的回流引起的初沉池的水力负荷的增加。间歇冲洗可以导致水量在短时间内很高，特别是对于小型污水处理厂，冲击负荷影响很大，所以需建一个反冲洗水的缓冲池。

生物滤池后不需再经后处理，可节省占地面积。生物滤池的去除负荷高，并可通过提高曝气和过滤速率明显提高生物滤池去除率。和活性污泥工艺相比，生物滤池的抗冲击负荷能力差，系统需建净水池用来储存冲洗用水。

生物滤池不能用于大量除磷，一般再通过化学沉淀进一步除磷。

曝气生物滤池的常规能耗比常规的活性污泥工艺高。进水需提升的扬程高度取决于生物滤池内的压力损失和生物滤池的设计结构，一般生物滤池内的水头损失是1～2m；另外，大部分生物滤池建于地面以上（生物滤池的高度一般在6～8m之间），污水的总输送扬程高度在7～10m。但是由于曝气的能耗比传统活性污泥要低50%以上，所以从总体上曝气生物滤池的能耗要低于传统活性污泥工艺。

（二）曝气生物滤池的组成

曝气生物滤池由滤池池体、滤料、承托层、布水系统、布气系统、反冲洗系统、出水系统、管道和自控系统组成。

1. 滤池池体

滤池池体的作用是容纳被处理水量和围挡滤料，并承托滤料和曝气装置的重量。在设计中，池体的厚度和结构必须按土建结构强度要求进行计算，池体高度由计算出的滤料体积、承托层、布水布气系统、配水区、清水区的高度来确定，同时也要考虑到鼓风机的风压和污水泵的扬程。一般滤料层高度为2.5～4.5m，承托层高度为0.2～0.3m，配水区高度1.2～1.5m，清水区高度0.8～1.0m，超高0.3～0.5m，所以池体总高度一般为5～7m。

2. 滤料

从生物滤池处理污水的发展状况来看，虽然曾经采用过如蜂窝管状、束状、波纹状、圆形辐射状、盾状、网状、筒状等玻璃钢、聚氯乙烯、聚丙烯、维尼纶合成材料作为生物膜的载体，但由于制作加工和价格原因，以及考虑到曝气生物滤池的特殊要求和上述滤料的缺点，目前国内曝气生物滤池工艺中采用的滤料主要以轻质圆形陶粒为主。

3. 承托层

承托层主要是为了支撑滤料，防止滤料流失和堵塞滤头。承托层粒径比所选滤头孔径要大4倍以上，并根据滤料直径的不同来选取承托层的颗粒大小和承托层高度，滤料直接填装在承托层上，承托层下面是滤头和承托板。承托层的填装必须有一定的级配，一般从上到下粒径逐渐增大。承托层高度一般为0.3～0.4m，承托层的级配可参照《给水排水设计手册》有关给水滤池章节。

4. 布水系统

曝气生物滤池的布水系统主要包括滤池最下部的配水室、滤板以及滤板上的配水滤头。

5. 布气系统

曝气生物滤池一般采用鼓风曝气形式，空气扩散系统包括伴有穿孔管空气扩散系统和采用专用空气扩散器的空气扩散系统两种，而最有效的办法还是采用专用空气扩散器的空气扩散系统。

6. 反冲洗系统

曝气生物滤池反冲洗系统与给水处理中的V形滤池类似，采用气—水联合反冲洗，其设计计算可参照给水滤池的有关设计资料进行，反冲洗气、水强度可根据所选用滤料通过试验得出或根据有关经验公式计算得出。

7. 出水系统

曝气生物滤池出水系统有采用周边出水和采用单侧堰出水等。在大、中型污水处理工程中，为了工艺初置方便，一般采用单侧堰出水较多，并将出水堰口处设计为60°斜坡，以降低出水口处的水流流速。

（三）曝气生物滤池工艺流程

污水先经过预处理，然后进入生物滤池。污水预处理的方式和程度依赖于生物滤池在整个污水处理厂所处的位置。如果把生物滤池作为主要生物处理段，预处理段只需包括机械处理或机械与化学沉淀联合处理；如果将其用于污水的深度处理，污水先经过机械处理和生物处理段的处理，再流经生物滤池。

在采用曝气生物滤池处理工艺时，根据处理对象的不同和要求的排放水质指标的不同，通常有以下三种工艺流程：一段曝气生物滤池法、二段曝气生物滤池法和三段曝气生物滤池法。

1. 一段曝气生物滤池法

一段曝气生物滤池法主要用于处理可生化性较好同时对氨氮等营养物质没有特殊要求的生活污水，其主要去除对象为污水中的碳化有机物和截留污水中的悬浮物，也即去除BOD、COD、SS。但纯以去除污（废）水中碳化有机物为主的曝气生物滤池称为DC曝气生物滤池。

当进水有机物浓度较高，有机负荷较大时，DC滤池中生物反应的速度很快，微生物的增殖也很快，同时老化脱落的微生物膜也较多，使滤池的反冲洗周期缩短。所以对于采用DC曝气生物滤池处理污水时，建议进水COD < 1500mg/L，BOD/COD > 0.3。

2. 两段曝气生物滤池法

两段曝气生物滤池法主要用于对污水中有机物的降解和氨氮的硝化。两段法可以在两座滤池中驯化出不同功能的优势菌种，各负其责，缩短生物氧化时间，提高处理效率，更适应水质的变化，使处理水水质稳定达标。

第一段DC曝气生物滤池以去除污水中碳化有机物为主，在该段滤池中，优势生长的微生物

为异养菌。沿滤池高度方向从进水端到出水端有机物浓度梯度递减，降解速率也呈递减趋势。

第二段曝气生物滤池主要对污水中的氨氮进行硝化，称为N曝气生物滤池。在该段滤池中，优势生长的微生物为自养硝化菌，将污水中的氨氮氧化成硝酸氮或亚硝酸氮。同样在该段滤池中，由于微生物的不断增加，老化脱落的微生物膜也较多，所以间隔一定时间也需对该滤池进行反冲洗。

3. 三段曝气生物滤池法

三段曝气生物滤池是在两段曝气生物滤池的基础上增加第三段反硝化滤池，同时可以在第二段滤池的出水中投加铁盐或铝盐进行化学除磷，所以第三段滤池称为DN-P曝气生物滤池。在工程设计中，根据需要DN-P曝气生物滤池也可前置。

第七章　污水的深度处理技术

　　污水的深度处理是进一步去除常规二级处理所不能完全去除的污水中杂质的净化过程，其目的是实现污水的回收和再利用。

　　深度处理通常由以下单元技术优化组合而成：混凝沉淀（澄清、气浮）、过滤、活性炭吸附、脱氨、脱二氧化碳、离子交换、微滤、超滤、纳滤、反渗透、电渗析、臭氧氧化、消毒等。

第一节　混凝沉淀

一、混凝的概念

　　混凝是向水中投加药剂，通过快速混合，使药剂均匀分散在污水中，然后慢速混合形成大的可沉絮体。胶体颗粒脱稳碰撞形成微粒的过程称为凝聚，微粒在外力扰动下相互碰撞，聚集而形成较大絮体的过程称为絮凝，絮凝过程过去称为"反应"。混合、凝聚、絮凝合起来称为混凝，它是污水深度处理的重要环节。混凝产生的较大絮体通过后续的沉淀或澄清、气浮等从水中分离出去。

二、混凝剂的投加

（一）混凝剂的投加方法

　　混凝剂的投加分干投法和湿投法两种。

　　干投法是将经过破碎易于溶解的固体药剂直接投放到被处理的水中。其优点是占地面积少，但对药剂的粒度要求较高，投配量控制较难，机械设备要求较高，而且劳动条件也较差，故这种方法现在使用较少。

　　干投法的流程是：药剂输送→粉碎→提升→计量→混合池。

　　目前用得较多的是湿投法，即先把药剂溶解并配成一定浓度的溶液后，再投入被处理的水中。

湿投法的流程是：溶解池→溶液池→定量控制→投加设备→混合池（混合器）。

（二）混凝工艺流程

混凝剂投加的工艺过程包括混凝剂配制及投加、混合和絮凝三个步骤，以湿投法为例，混凝处理的工艺流程如图7-1所示。

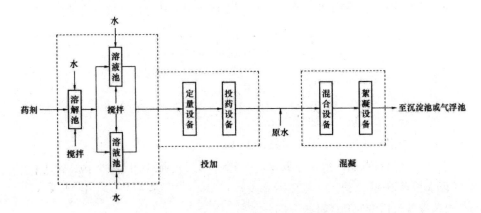

图7-1　湿投法混凝处理工艺流程示意图

（三）药液配制设备

1. 溶解池设计要点

①溶解池数量一般不少于两个，以便交替使用，容积为溶液池的20% ~ 30%。

②溶解池设有搅拌装置，目的是加速药剂溶解速度及保持均匀的浓度。搅拌可采用水力、机械或压缩空气等方式，具体由用药量大小及药剂性质决定，一般用药量大时用机械搅拌，用药量小时用水力搅拌。

③为便于投加药剂，溶解池一般为地下式，通常设置在加药间的底层，池顶高出地面0.2m，投药量少采用水力淋溶时，池顶宜高出地面1m左右，以减轻劳动强度，改善操作条件。

④溶解池的底坡不小于0.02，池底应有直径不小于100mm的排渣管，池壁必须设超高，防止搅拌溶液时溢出。

⑤溶解池一般采用钢筋混凝土池体，若其容量较小，可用耐酸陶土缸做溶解池。当投药量较小时，也可在溶液池上部设置淋溶斗以代替溶解池。

⑥凡与混凝剂溶液接触的池壁、设备、管道等，应根据药剂的腐蚀性采取相应的防腐措施或采用防腐材料，使用三氯化铁时尤需注意。

2. 溶液池设计要点

①溶液池一般为高架式或放在加药间的楼层，以便能重力投加药剂。池周围应

有宽度为 1.0 ~ 1.5m 的工作台，池底坡度不小于 0.02，底部应设置放空管。必要时设溢流装置，将多余溶液回流到溶解池。

②混凝剂溶液浓度低时易于水解，造成加药管管壁结垢和堵塞；溶液浓度高时则投加量较难准确，一般以 10% ~ 15%（按商品固体质量计）较合适。

③溶液池的数量一般不少于两个，以便交替使用，其容积可按下式计算：

$$W_1 = \frac{24 \times 100aQ}{1000 \times 1000cn} = \frac{aQ}{417cn}$$

式中　W_1 ——溶液池容积，m^3；

　　　Q ——处理的水量，m^3/h；

　　　a ——混凝剂量大投加量，mg/L；

　　　c ——溶液浓度（按固体质量计），%；

　　　n ——每日调制次数，一般为 2 ~ 6 次，手工一般不多于 3 次。

（四）投药设备

投药设备包括投加和计量两个部分。

1. 计量设备

计量设备多种多样，应根据具体情况选用。目前常用的计量设备有转子流量计、电磁流量计、苗嘴、计量泵等。采用苗嘴计量仅适用于人工控制，其他计量设备既可人工控制，也可自动控制。

2. 投加方式

根据溶液池液面高低，一般有重力投加和压力投加两种方式。

三、混合设施

原水中投加混凝剂后，应立即瞬时强烈搅动，在很短时间（10 ~ 20s）内，将药剂均匀分散到水中，这一过程称为混合。在投加高分子絮凝剂时，只要求混合均匀，不要求快速、强烈的搅拌。

混合设备应靠近絮凝池，连接管道内的流速为 0.8 ~ 1.0m/s，主要混合设备有水泵叶轮、压力水管、静态混合器或混合池等。

利用水力的混合设备，如压力水管、静态混合器等，虽然比较简单，但混合强度随着流量的增减而变化，因而不能经常达到预期的效果。利用机械进行混合，效果较好，但必须有相应设备，并增加维修工作量。

四、絮凝设施

絮凝设施主要设计参数为搅拌强度和絮凝时间。搅拌强度用絮凝池内水流的速度梯度 G 表示，絮凝时间以 T 表示。GT 值间接表示整个絮凝时间内颗粒碰撞的总次数，可用来控制絮凝效果，根据生产运行经验，其值一般应控制在 $10^4 \sim 10^5$ 为宜（T 的单位是 s）。在设计计算完成后，应校核 GT 值，若不符合要求，应调整水头损失或絮凝时间进行重新设计。

絮凝池（室）应和沉淀池连接起来建造，这样布置紧凑，可节省造价。如果采用管渠连接不仅增加造价，由于管道流速大而易使已结大的絮凝体破碎。

絮凝设备也可分为水力和机械两大类。前者简单，但不能适应流量的变化；后者能进行调节，适应流量变化，但机械维修工作量较大。絮凝池形式的选择，应根据水质、水量、处理工艺高程布置、沉淀池形式及维修条件等因素确定。

五、混凝剂

絮凝产品的分类及我国市场上常见的无机絮凝剂品种见表 7-1 和表 7-2。

表 7-1　絮凝产品序列号

类别	系列代号	化学成分
XN	XN10	天然高分子化合物
	XN21	无机铝盐
	XN22	无机铁盐
	XN31	阳离子高分子化合物
	XN32	阴离子高分子化合物
	XN33	非离子高分子化合物
	XN34	两性高分子化合物
	XN41	其他

表 7-2　常见无机絮凝剂的分类及主要品种

铝系	低分子	硫酸-铝钾（明矾）	$Al_2(SO_4)_3 \cdot K_2SO_4 \cdot 24H_2O$	KA	pH6.0～8.5
		硫酸铝	$Al_2(SO_4)_3$	AS	
		结晶氯化铝	$AlCl_3 \cdot nH_2O$	AC	
		铝酸钠	$NaAlO_4$	SA	
	高分子	聚合氯化铝	$[Al_2(OH)_nCl_{6-n}]_M$	PAC	
		聚合硫酸铝	$[Al_2(OH)_n(SO_4)_{3-n/2}]_M$	PAS	

		硫酸亚铁（绿矾）	$FeSO_4 \cdot 7H_2O$	FSS	pH8.0 ~ 11
铁系	低分子	硫酸铁	$Fe_2 (SO_4)_3 \cdot 3H_2O$	FS	
		三氯化铁	$FeCl_3 \cdot 6H_2O$	FC	
	高分子	聚合硫酸铁	$[Fe_2 (OH)_n (SO_4)_{3-n/2}]_M$	PFS	pH4.0 ~ 11
		聚合氯化铁	$[Fe_2 (OH)_n Cl_{6-n}]_M$	PFC	
其他	低分子	钙盐	$Ca (OH)_2$	CC	pH9.5 ~ 14
		镁盐	$MgO \; MgCO_3$	MC	
		硫酸铝铵	$(NH_4)_2SO_4 \cdot Al_2 (SO_4)_3 \cdot 24H_2O$	AAS	pH8.0 ~ 11
	高分子	聚硅氯化铝	—	PASC	
		聚硅硫酸铝	$Al_A (OH)_B (SO_4)_c (SiO_x)_D (H_2O)_E$	PASS	pH4.0 ~ 11
		聚硅硫酸铁	—	PAFS	

六、沉淀池

用于沉淀的构筑物称为沉淀池。按照水在池中的流动方向和线路，常用的沉淀池类型有4种，即平流式（卧式）、竖流式（立式）、辐流式（辐射式或择流式）、斜流式（如斜板、斜管沉淀池）。大型沉淀池附带机械刮泥、排泥设备。

沉淀池池体由进口区、沉淀区、出口区及泥渣区4个部分组成。沉淀池的设计计算，主要应确定沉淀区和泥渣区的容积及几何尺寸，计算和布置进、出口及排泥设施等。

七、平流式沉淀池

平流式沉淀池的设计应使进出水流平稳，池内水流均匀分布，提高容积利用率，改善沉降效果和便于排泥。

在二级处理出水再混凝沉淀时，平流式沉淀池的主要设计要点如下：

①混凝沉淀时，出水悬浮物含量一般不超过10mg/L。

②池数或分格数一般不少于2个。

③沉淀时间应根据原水水质和沉淀后的水质要求，通过试验确定，在污水深度处理中宜为2.0 ~ 4.0h。

④池内平均水平流速宜为4 ~ 10mm/s。

⑤表面水力负荷在采用铁盐或铝盐混凝时，按平均日流量计不大于1.25m³/(m³·h)，按最大时流量计不大于1.6m³/（ m³·h ）。

⑥有效水深一般为3.0 ~ 4.0m，超高一般为0.3 ~ 0.5m。

⑦池的长宽比应不小于4∶1，每格宽度或导流墙间距一般采用3 ~ 8m，最大为15m，采用机械排泥时，宽度根据排泥设备确定。

⑧池子的长深比一般采用8 ~ 12。

⑨入口的整流措施（图6-2），可采用溢流式入流装置，并设置有孔整流墙（穿孔墙）[图7-2（a）]；底孔式入流装置，底部设有挡流板[图7-2（b）]；淹没孔与挡流板的组合[图7-2（c）]；淹没孔与有孔整流墙的组合[图7-2（d）]。有孔整流墙的开孔面积为过水断面的6% ~ 20%。

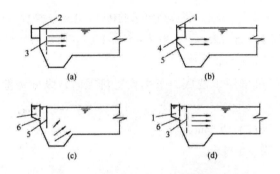

图7-2　平流沉淀池入口的整流措施
1—进水槽；2—溢流堰；3—有孔整流墙；4—底孔；5—挡流板；6—潜孔

⑩出口的整流措施可采用溢流式集水槽，集水槽的形式如图7-3所示，溢流式出水堰的形式如图7-4所示，其中锯齿形三角堰应用最普遍，水面宜位于齿高的1/2处。为适应水流的变化或构筑物的不同沉降，在堰口处设置使堰板能上下移动的调整装置。

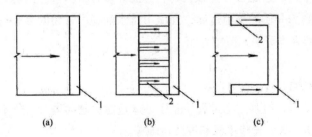

图7-3　平流式沉淀池的集水槽形式
（a）沿沉淀池宽度设置的集水槽；（b）设置有平行集水支槽的集水槽；
（c）沿沉淀池长度设置的集水槽
1—集水槽；2—集水支渠

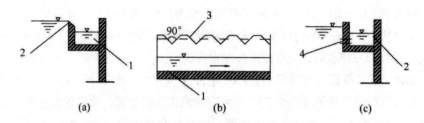

图7-4　平流沉淀池的出水堰形式

（a）溢流堰式；（b）三角堰式；（c）淹没孔口式

1—集水槽；2—自由堰；3—锅齿三角堰；4—淹没堰口

⑪进、出口处应设置挡板，挡板高出水面0.1～0.5m。挡板淹没深度为进口处视沉淀池深度而定，不小于0.25m，一般为0.5～1.0m，挡板前后位置为距进口0.5～1.0m，距出水口0.25～0.5m。

⑫机械排泥时可采用平池底，采用人工排泥时，纵坡一般为a_{02}，横坡一般为0.05。

⑬排泥管直径应大于150mm。

⑭泄空时间一般不超过6h。

第二节　过滤

过滤是使污水通过颗粒滤料或其他多孔介质（如布、网、纤维束等），利用机械筛滤作用、沉淀作用和接触絮凝作用截留水中的悬浮杂质，从而改善水质的方法。根据过滤材料不同，过滤可分为颗粒材料过滤和多孔材料过滤两类。本节主要简单介绍以颗粒材料为介质的滤池过滤，在城市排水处理中常用的多孔材料过滤主要以膜过滤为主，将在本章第六节中介绍。

一、常用滤池

滤池种类很多，但其过滤过程均基于砂床过滤原理而进行，所不同的仅是滤料设置方法、进水方式、操作手段和冲洗设施等。

滤池的池型，可根据具体条件，通过比较确定。几种常用滤池的特点及适用条件，列于表7-3中。

表7-3　常用滤池的特点及适用条件

名称		性能特点	使用条件	
			进水浑浊度（度）	规模
普通快滤池	单层滤料	优点： 1. 运行管理可靠，有成熟的运行经验 2. 池深较浅 缺点： 1. 阀件较多 2. 一般为大阻力冲洗，必须设冲洗设备	一般不超过10	1. 大、中、小型水厂均可适用 2. 单池面积一般不大于100m²
	双层滤料	优点： 1. 滤速比其他滤池高 2. 除污能力较大（为单层滤料的1.5～2.0倍），工作周期较长 3. 无烟煤做滤料易取得 缺点： 1. 滤料粒径选择较严格 2. 冲洗时操作要求较高，常因煤粒不符合规格，发生跑煤现象 3. 煤砂之间易积泥	一般不超过20，个别时间不超过50	1. 大、中、小型水厂均适用 2. 单池面积一般不大于100m² 3. 用于改建旧普通快滤池（单层滤料）以提高出水量
接触双层滤料滤池		优点： 1. 可一次净化原水，处理构筑物少，占地较少 2. 基建投资低 缺点： 1. 加药管理复杂 2. 工作周期较短 3. 其他缺点同双层滤料普通快滤池	一般不超过150	据目前运行经验，用于5000m³/d以下水厂较合适
虹吸滤池		优点： 1. 不需大型闸阀，可节省阀井 2. 不需冲洗水泵或水箱 3. 易于实现自动化控制 缺点： 1. 一般需设置抽真空的设备 2. 池深较大，结构较复杂	一般不超过20	1. 适用于大、中型水厂 2. 一般采用小阻力排水，每格池面积不宜大于25m²

名称		性能特点	使用条件	
			进水浑浊度（度）	规模
无阀滤池	重力式	优点： 1. 一般不设闸阀 2. 管理维护较简单，能自动冲洗 缺点： 清砂较为不便	一般不超过20，个别时间不超过50	1. 适用于中、小型水厂 2. 单池面积一般不大于25m²
	压力式	优点： 1. 可一次净化，单独成一小水厂 2. 可省去二级泵站 3. 可作为小型、分散、临时性供水 缺点： 清砂较为不便，其他缺点同接触双层滤料滤池	一般不超过150	1. 适用于小型水厂 2. 单池面积一般不大于5m2
乐力滤池		优点： 1. 滤池多为钢罐，可预制 2. 移动方便，可用作临时性给水 3. 用作接触过滤时，可一次净化原水，省去二级泵站 缺点： 1. 需耗用钢材 2. 清砂不够方便 3. 用作接触过滤时，缺点同接触双层滤池	一般不超过20	1. 适用于小型水厂及工业给水； 2. 可与除盐、软化交换床串联使用

二、滤池设计要求

在污水深度处理工艺中，滤池的设计宜符合9项要求。

①滤池的进水浊度宜小于10度。

②滤池应采用双层滤料滤池、单层滤料滤池、均质滤料滤池。

③双层滤池滤料可采用无烟煤和石英砂。滤料厚度为无烟煤300～400mm、石英砂400～500mm，滤速宜为5～10m/h。

④单层石英砂滤料滤池，滤料厚度可采用700～1000mm，滤速宜为4～6m/h。

⑤均质滤料滤池的厚度可采用1.0～1.2m，粒径0.9～1.2mm，滤速宜为4～5m/h。

⑥滤池宜设气水冲洗或表面冲洗辅助系统。

⑦滤池的工作周期宜采用12～24h。

⑧滤池的构造形式,可根据具体条件通过比较确定。

⑨滤池应备有冲洗水管,以备冲洗滤池表面污垢和泡沫。滤池设在室内时,应安装通风装置。

第三节 消毒

消毒方法大体上可分为物理法和化学法两大类。物理法主要有加热、冷冻、辐射、紫外线和微波消毒等方法,化学法是利用各种化学药剂进行消毒。常用消毒方法见表7-4。

表7-4 常用消毒方法

消毒方法 项目	液氯	臭氧	二氧化氯	紫外线
投加量（mg/L）	10	10	2 ~ 5	
接触时间（min）	10 ~ 30	5 ~ 10	10 ~ 20	1
杀灭细菌效果	有效	有效	有效	有效
杀灭病毒效果	部分有效	有效	部分有效	部分有效
杀灭芽孢效果	无效	有效	无效	无效
优点	便宜,工艺成熟,有后续消毒作用	除色、臭味效果好,现场发生,无毒	杀菌效果好,气味小,可现场发生	快速,无须化学药剂
缺点	对某些病毒、芽孢无效,有残毒和臭味	比氯昂贵,无后续作用	维修管理要求较高	无后续作用,对浊度要求高
用途	各种场合	小规模水厂	污水回用及小规模水厂	污水回用,快速给水设备

一、液氯消毒

液氯消毒的工艺流程如图7-5所示。液氯消毒的效果与水温、pH、接触时间、混合程度、污水浊度及所含干扰物质、有效氯含量有关。加氯量应根据试验确定,对于生活污水,可参用下列数值:一级处理水排放时,加氯量为20 ~ 30mg/L;不完全二级处理水排放时,加氯量为10 ~ 15mg/L;二级处理水排放时,加氯量为5 ~

10mg/L。混合反应时间为5～15s。当采用鼓风混合，鼓风强度为0.2mV。用隔板式混合池时，池内平均流速不应小于0.6m/s。加氯消毒的接触时间应不小于30min，处理水中游离性余氯量不低于0.5mg/L，液氯的固定储备量一般按最大用量的30d计算。

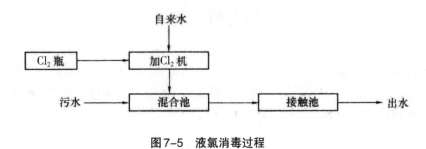

图7-5　液氯消毒过程

二、二氧化氯消毒

二氧化氯消毒也是氯消毒法中的一种，但它又与通常的氯消毒法有不同之处：二氧化氯一般只起氧化作用，不起氯化作用，因此它与水中杂质形成的三氯甲烷等要比氯消毒少得多（图7-6）。与氯不同，二氧化氯的一个重要特点是在碱性条件下仍具有很好的杀菌能力。实践证明，在pH=6～10范围内二氧化氯的杀菌效率几乎不受pH影响。二氧化氯与氨也不起作用，因此在高pH的含氨系统中可发挥极好的杀菌作用。二氧化氯的消毒能力次于臭氧而高于氯。

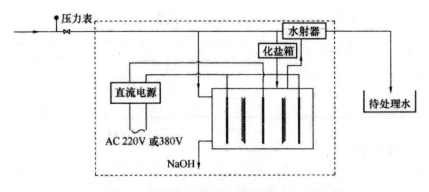

图7-6　二氧化氯消毒设备原理及投加示意图
（虚线框内为设备部分）

与臭氧相比，其优越之处在于它有剩余消毒效果，但无氯臭味。通常情况下二氧化氯也不能储存，一般只能现场制作使用。近年来二氧化氯用于水处理工程有所发展，国内也有了一些定型设备产品可供工程设计选用。

在城市污水深度处理工艺中，二氧化氯投加量与原水水质有关，为2～8mg/L，实际投加量应由试验确定，必须保证管网末端有0.05mg/L的剩余氯。

二氧化氯的制备方法主要分两大类：化学法和电解法。化学法主要以氯酸盐、亚氯酸盐、盐酸等为原料；电解法常以工业食盐和水为原料。

三、臭氧消毒

臭氧消毒的工艺流程如图7-7所示。臭氧在水中的溶解度为10mg/L左右，因此通入污水中的臭氧往往不可能全部被利用，为了提高臭氧的利用率，接触反应池最好建成水深为5～6m的深水池，或建成封闭的几格串联的接触池，设管式或板式微孔扩散器散布臭氧。扩散器用陶瓷或聚氯乙烯微孔塑料或不锈钢制成。臭氧消毒迅速，接触时间可采用15min，能够维持的剩余臭氧量为0.4mg/L。接触池排出的剩余臭氧，具有腐蚀性，因此需作消除处理。臭氧不能贮存，需现场边发生边使用。

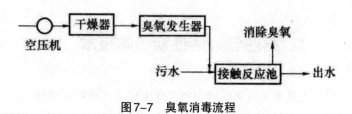

图7-7　臭氧消毒流程

四、UV消毒

紫外（UV）消毒技术是利用特殊设计制造的高强度、高效率和长寿命的C波段254nm紫外光发生装置产生的强紫外光照射水流，使水中的各种病原体细胞组织中的DNA结构受到破坏而失去活性，从而达到消毒杀菌的目的。

紫外线的最有效范围是UV-C波段，波长为200～280nm的紫外线正好与微生物失活的频谱曲线相重合，尤其是波长为254nm的紫外线，是微生物失活的频谱曲线的峰值。

紫外灯与其镇流器（功率因数能大于0.98），再加上监测控制（校验调整UV强度）系统是UV消毒的核心。紫外灯的结构与日光灯相似，灯管内装有固体汞源，目前市场上较好的低压高强紫外灯，满负荷使用寿命可以达到12000h以上，而且可以通过监测控制系统将灯光强度在50% ~ 100%之间无级调整，根据水量的变化随时调整灯光强度，以便达到既节约能源又保证消毒效果。紫外线剂量的大小是决定微生物失活的关键。紫外线剂量不够只能对致病微生物的DNA造成伤害，而不是致命的破坏，这些受伤的致病微生物在见到可见光后会逐渐自愈复活。

$$紫外线剂量=紫外线强度×曝光时间$$

在接触池形状和尺寸已定即曝光时间已定的情况下，进入水中的紫外线剂量与紫外灯的功率、紫外灯石英套管的洁净程度和污水的透光率三个因素有关。

由于紫外灯直接与水接触，当水的硬度较大时，随着时间的延长，灯管表面必然会结垢，影响紫外光进入水中的强度，导致效率降低和能耗增加。化学清洗除了要消耗药剂外，还要将消毒装置停运，因此实现自动清洗防止灯管表面结垢是UV消毒技术运行中的最实际问题。

接触水槽的水流状态必须处于紊流状态，一般要求水流速度不小于0.2m/s，如果水流处于层流状态，因为紫外灯在水中的分布不可能绝对均匀，所以水流平稳地流过紫外灯区，部分微生物就有可能在紫外线强度较弱的部位穿过，而紊流状态可以使水流充分接近紫外灯，达到较好的消毒效果。

第四节　活性炭吸附技术

活性炭吸附工艺是水和废水处理中能去除大部分有机物和某些无机物的最有效的工艺之一，因此，它被广泛地应用在污水回用深度处理工艺中。但是研究发现，在二级出水中有些有机物是活性炭吸附所去除不了的。能被活性炭吸附去除的有机物，主要有苯基醚、正硝基氯苯、萘、苯乙烯、二甲苯、酚类、DDT、醛类、烷基苯磺酸以及多种脂肪族和芳香族的烃类物质。因此，活性炭对吸附有机物来说也不是万能的，仍然需要组合其他工艺，如反渗透、超滤、电渗析、离子交换等工艺手段，才能使污水回用深度处理达到预定目的。

进行活性炭吸附工艺设计时，必须注意：应当确定采用何种吸附剂，选择何种吸附操作方式和再生模式，对进入活性炭吸附前的水进行预处理和后处理措施等。这些一般均需要通过静态吸附试验和动态吸附试验来确定吸附剂、吸附容量、吸附装置、设计参数、处理效果和技术经济指标等。

一、活性炭的种类

污水深度处理中常用的活性炭材料有两种，即粒状活性炭（GAC）和粉状活性炭（PAC）。当进行吸附剂的选择设计时，产品的型号是首先要考虑的。

有些活性炭商品尽管型号相同，由于品牌不同、生产厂家不同，甚至批号不同，其性能指标也相差较大。因此，进行工艺设计，对活性炭吸附剂进行选择设计时，非常有必要对拟选活性炭吸附剂商品做性能指标试验，对活性炭吸附剂的选择进行评价。

活性炭吸附性能的简单试验常用4种方法：碘值法，ABS法，亚甲基蓝吸附值法和比表面积BET法（具体实验操作方法请参阅相关资料）。

二、影响吸附的因素

了解影响吸附因素的目的，是选择合适的活性炭和控制合适的操作条件。影响活性炭吸附的主要因素如下。

（1）活性炭本身的性质。活性炭本身孔径的大小及排列结构会显著影响活性炭的吸附特性。活性炭的比表面积越大，其吸附量将越大。常用的活性炭比表面积一般在 $500 \sim 1000\text{m}^2/\text{g}$，可近似地以其碘值（对碘的吸附量，mg/g）来表示。

（2）废水的pH。活性炭一般在酸性溶液中比在碱性溶液中有较高的吸附率。

（3）温度。在其他条件不变的情况下，温度升高吸附量将会减少，反之吸附量增加。

（4）接触时间。在进行吸附操作时，应保证吸附质与活性炭有一定的接触时间，使吸附接近平衡，以充分利用活性炭的吸附能力。吸附平衡所需的时间取决于吸附速度。一般应通过试验确定最佳接触时间，通常采用的接触时间在0.5 ~ 1h范围内。

（5）生物协同作用。

三、类型

在废水处理中，活性炭吸附操作分为静态、动态两种。在废水不流动的条件下进行的吸附操作称为静态吸附操作。静态吸附操作的工艺过程是，把一定数量的活性炭投入要处理的废水中，不断地进行搅拌，达到吸附平衡后，再用沉淀或过滤的方法使废水和活性炭分开。如一次吸附后出水的水质达不到要求时，可以采取多次静态吸附操作。多次吸附由于操作麻烦，所以在废水处理中采用较少。静态吸附常用的处理设备有水池和反应槽等。

动态吸附是在废水流动条件下进行的吸附操作。废水处理中采用的动态吸附设备有固定床、移动床和流化床三种方式。

此外，从处理设备装置类型上考虑，活性炭吸附方式又可以分为四类，即接触吸附方式、固定床方式、移动床方式和流化床方式。

四、设备装置

（一）固定床

固定床是水处理工艺中最常用的一种方式，如图7-8所示。固定床根据水流方向又分为升流式和降流式两种形式。降流式固定床的出水水质较好，但经过吸附层的水头损失较大。特别是处理含悬浮物较高的废水时，为了防止悬浮物堵塞吸附层，需定期进行反冲洗。有时需要在吸附层上部设反冲洗设备。

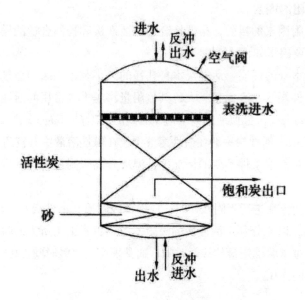

图7-8　固定床吸附塔构造示意图

在升流式固定床中，当发现水头损失增大时，可适当提高水流流速，使填充层稍有膨胀（上下层不能互相混合）就可以达到自清的目的。这种方式由于层内水头损失增加较慢，所以运行时间较长，但对废水入口处（底层）吸附层的冲洗难于降流式。另外由于流量变动或操作一时失误就会使吸附剂流失。

固定床可分为单床式、多床串联式和多床并联式三种，如图7-9所示。

废水处理采用的固定床吸附设备的大小和操作条件，根据实际设备的运行资料建议采用下列数据，见表7-5。

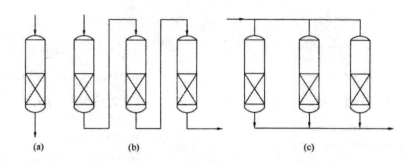

图7-9 固定床吸附操作示意图
（a）单床式；（b）多床串联式；（c）多床并联式

表7-5 固定床吸附设备建议采用的设计资料

塔径	1～3.5m	容积速度	2m³/（h·m³）以下（固定床）
填充层高度	3～10m		5m³/（h·m³）以下（移动床）
填充层与塔高比	1:1～4:1	线速度	2～10m/h（固定床）
活性炭粒径	0.5～2mm		10～30m/h（移动床）
接触时间	10～50min		

注：容积速度即单位容积吸附剂在单位时间内通过处理水的容积数；线速度即单位时间内水通过吸附层的线速度，又称空塔速度。

（二）移动床

移动床的运行操作方式如图7-10所示。原水从吸附塔底部流入和活性炭进行逆流接触，处理后的水从塔顶流出。再生后的活性炭从塔顶加入，接近吸附饱和的炭从塔底间歇地排出。

这种方式较固定床式能够充分利用吸附剂的吸附容量，水头损失小。由于采用升流式废水从塔底流入，从塔顶流出，被截留的悬浮物随饱和的吸附剂间歇地从塔底排出，所以不需要反冲洗设备。但这种操作方式要求塔内吸附剂上下层不能互相混合，操作管理要求严格。

（三）流化床

流化床不同于固定床和移动床的地方，是由下往上的水使吸附剂颗粒相互之间有相对运动，一般可以通过整个床层进行循环，起不到过滤作用，因此适用于处理悬浮物含量较高的污水。多层流化床的操作方式如图7-11所示。

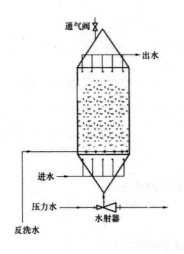

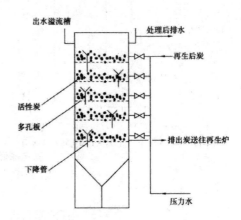

图7-10 移动床吸附塔的运行操作方式　　　　图7-11 多层流化床的运行操作方式

五、设计要点与参数

活性炭处理属于深度处理工艺，通常只在废水经过其他常规的工艺处理之后，出水的个别水质指标仍不能满足排放要求时才考虑采用。

确定选用活性炭工艺之前，应取前段处理工艺的出水或水质接近的水样进行炭柱试验，并对不同品牌规格的活性炭进行筛选，然后通过试验得出主要的设计参数，如水的滤速、出水水质、饱和周期、反冲洗最短周期等。

活性炭工艺进水一般应先经过过滤处理，以防止由于悬浮物较多造成炭层表面堵塞。同时进水有机物浓度不应过高，避免造成活性炭过快饱和，这样才能保证合理的再生周期和运行成本。当进水COD浓度超过50～80mg/L时，一般应该考虑采用生物活性炭工艺进行处理。

对于中水处理或某些超标污染物浓度经常变化的处理工艺，对活性炭处理单元应设跨越或旁通管路，当前段工艺来水在一段时间内不超标时，则可以及时停用活性炭单元，这样可以节省活性炭床的吸附容量，有效地延长再生或更换周期。

采用固定床应根据活性炭再生或更换周期情况，考虑设计备用的池子或炭塔。移动床在必要时也应考虑备用。

由于活性炭与普通钢材接触将产生严重的电化学腐蚀，所以设计活性炭处理装置及设备时应首先考虑钢筋混凝土结构或不锈钢、塑料等材料。如选用普通碳钢制作时，则装置内面必须采用环氧树脂衬里，且衬里厚度应大于1.5mm。

使用粉末炭时，必须考虑防火防爆，所配用的所有电器设备也必须符合防爆要求。

主要设计参数见表7-6。

表7-6　活性炭吸附设计参数

固定床炭层厚度	1.5 ~ 6m	反冲洗周期	8 ~ 72h
过滤线速度（升流式）	9 ~ 25m/h	反冲洗膨胀率	30% ~ 50%
过滤线速度（降流式）	1 ~ 12m/h	水在炭层停留时间	10 ~ 30min
反冲洗水线速度	28 ~ 32m/h	粉末炭处理炭水接触时间	20 ~ 30min
反冲洗时间	3 ~ 8min		

六、活性炭的再生

活性炭的再生主要有以下几种方法：

（一）高温加热再生法

水处理粒状炭的高温加热再生过程分五步进行：

①脱水使活性炭和输送液体进行分离；

②干燥加温到100 ~ 150℃，将吸附在活性炭细孔中的水分蒸发出来，同时部分低沸点的有机物也能够挥发出来；

③炭化加热到300 ~ 700℃，高沸点的有机物由于热分解，一部分成为低沸点的有机物进行挥发，另一部分被炭化留在活性炭的细孔中；

④活化将炭化阶段留在活性炭细孔中的残留炭，用活化气体（如水蒸气、二氧化碳及氧）进行气化，达到重新造孔的目的，活化温度一般为700 ~ 1000℃；

⑤冷却活化后的活性炭用水急剧冷却，防止氧化。

上述干燥、炭化和活化三步在一个直接燃烧立式多段再生炉中进行。如图7-12所示的是目前采用最广泛的一种。再生炉体为钢壳内衬耐火材料，内部分隔成4 ~ 9段炉床，中心轴转动时带动把柄使活性炭自上段向下段移动。该再生炉为六段，第一、二段用于干燥，第三、四段用于炭化，第五、六段为活化。

从再生炉排出的废气中含有甲烷、乙烷、乙烯、焦油蒸气、二氧化硫、二氧化碳、一氧化碳、氢以及过剩的氧等。为了防止废气污染大气，可将排出的废气先送入燃烧器燃烧后，再进入水洗塔除去粉尘和有臭味物质。

（二）化学氧化再生法

活性炭的化学氧化法再生法又分为下列3种方法：

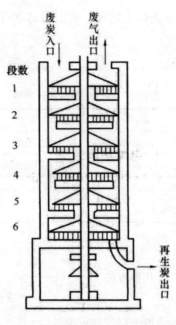

图7-12　多段立式再生炉

1. 湿式氧化法

　　在某些处理工程中，为了提高曝气池的处理能力，向曝气池内投加粉状炭，吸附饱和后的粉状炭可采用湿式氧化法进行再生，其工艺流程如图7-13所示。饱和炭用高压泵经换热器和水蒸气加热后送入氧化反应塔。在塔内被活性炭吸附的有机物与空气中的氧反应，进行氧化分解，使活性炭得到再生。再生后的炭经热交换器冷却后，送入再生炭储槽。在反应器底积集的无机物（灰分）定期排出。

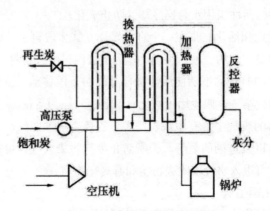

图7-13　湿式氧化再生流程

2. 电解氧化法

将碳作为阳极进行水的电解，在活性炭表面产生的氧气把吸附质氧化分解。

3. 臭氧氧化法

利用强氧化剂臭氧，将吸附在活性炭上的有机物加以分解。

（三）溶剂再生法

用溶剂将被活性炭吸附的物质解吸下来。常用的溶剂有酸、碱及苯、丙酮、甲醇等。此方法在制药等行业常有应用，有时还可以进一步由再生液中回收有用物质。

（四）生物再生活性炭法

利用微生物的作用，将被活性炭吸附的有机物加以氧化分解。在再生周期较长、处理水量不大的情况下，可以将炭粒内的活性炭一次性卸出，然后放置在固定的容器内进行生物再生，待一段时间后活性炭内吸附的有机物基本上被氧化分解，炭的吸附性能基本恢复时即可重新使用。另外也可以在活性炭吸附处理过程中，同时向炭床鼓入空气，以供炭粒上生长的微生物生长繁殖和分解有机物的需要。这样整个炭床就处在不断地由水中吸附有机物，同时又在不断氧化分解这些有机物的动态平衡中。因此炭的饱和周期将成倍地延长，甚至在有的工程实例中一批炭可以连续使用五年以上。这也就是近年来使用越来越多的生物活性炭处理新工艺的方法。

活性炭再生后，炭本身及炭的吸附量都不可避免地会有损失。对加热再生法，再生一次损耗炭5%～10%，微孔减少，过渡孔增加，比表面积和碘值均有所降低。对于主要利用微孔的吸附操作，再生次数对吸附有较重要的影响，因而做吸附试验时应采用再生后的活性炭，才能得到可靠的试验结果。对于主要利用过渡孔的吸附操作，则再生次数对吸附性能的影响不大。

（五）电加热再生法

目前可供使用的电加热再生方法主要有直流电加热再生及微波再生。

1. 直流电加热再生

将直流电直接通入饱和炭中，由于活性炭本身的电阻和炭粒之间的接触电阻，将使电能变成热能，造成活性炭温度上升。随着活性炭的温度升高，其电阻值会逐渐变小，电耗也随之降低。当达到活化温度时，通入蒸汽完成活化。

这种再生炉操作管理方便，炭的再生损耗量小，再生质量好。但当炭粒被油等不良导体包住或聚集较多无机盐时，需要先用水或酸洗净才能再生。国内某有色金属公司采用直流电加热再生炉处理再生生活饮用水处理中饱和的活性炭，多年来运转效果良好，炭再生损耗率为2%～3.6%，再生耗电0.22kW·h/kg，干燥耗电1.55kW·h/kg。

2. 微波再生炉

微波再生是利用活性炭能够很好地吸收微波，达到自身快速升温，来实现活性炭加热和再生的一种方法。这种方法具有操作使用方便、设备体积小、再生效率高、炭损耗量小等优点，特别适合于中、小型活性炭处理装置的再生使用。

第五节　化学氧化处理技术

一、废水处理中常用的氧化剂

（1）在接受电子后还原或带负电荷离子的中性原子，如气态的 O_2、Cl_2、O_3 等；

（2）带正电荷的离子，接受电子后还原成带负电荷离子，如漂白粉 $Ca(ClO)_2$ +CaCl2、NaClO；

（3）带正电荷的离子，接受电子后还原成带较低正电荷的离子，例如高锰酸盐 $KMnO_4$。

二、氧化法

向污水中投加氧化剂，氧化污水中的有害物质，使其转变为无毒无害的或毒性小的新物质的方法称为氧化法。氧化法又可分为氯氧化法、空气氧化法、臭氧氧化法、光氧化法等。

（1）氯氧化法。在污水处理中氯氧化法主要用于氰化物、硫化物、酚、醇、醛、油类的氧化去除，及脱色、脱臭、杀菌、防腐等。氯氧化法处理常用的药剂有液氯、漂白粉、次氯酸钠、二氧化氯等。

（2）空气氧化法。所谓空气氧化法，就是利用空气中的氧作为氧化剂来氧化分解污水中有毒有害物质的一种方法。

城市污水中在含有溶解性的 Fe^{2+} 时，可以通过曝气的方法，利用空气中的氧将 Fe^{2+} 氧化成 Fe^{3+}，而 Fe^{3+} 很容易与水中的 OH^- 作用形成 $Fe(OH)_3$ 沉淀，于是可以得到去除。

在采用空气氧化法除铁工艺时，除了必须供给充足的氧气外，适当提高pH对加快反应速度是非常重要的。根据经验，空气氧化法除铁中pH至少应保证高于6.5才有利。

（3）臭氧氧化法。臭氧是一种强氧化剂，它的氧化能力在天然元素中仅次于氟。臭氧在水处理中可用于除臭、脱色、杀菌、除铁、除氰化物、除有机物等。很多有机物都易于与臭氧发生反应，如蛋白质、氨基酸、有机胺、链式不饱和化合物、芳香族和杂环化合物、木质素、腐殖质等。

（4）光氧化法。光氧化法是一种化学氧化法，它是同时使用光和氧化剂产生很强的综合氧化作用来氧化分解废水的有机物和无机物。氧化剂有臭氧、氯、次氯酸盐、过氧化氢及空气加催化剂等，其中常用的为氯气；在一般情况下，光源多用紫外光，但它对不同的污染物有一定的差异，有时某些特定波长的光对某些物质最有效。光对氧化剂的分解和污染物的氧化分解起着催化剂的作用。

第六节　膜分离技术

城市污水深度处理中常用的膜分离技术有微滤（micro filtration，MF）、超滤（ultra filtration，UF）、纳滤（nano filtration，NF）、反渗透（reverse osmosis，RO）等。

一、膜的分类

膜作为两相分离和选择性传递的物质屏障，可以是固态的，也可以是液态的；膜的结构可能是均质的，也可能是非均质的；膜可以是中性的，也可以是带电的；膜传递过程可以是主动传递过程，也可以是被动传递过程。主动传递过程的推动力可以是压力差、浓度差或电位差。因此，对于膜的分类，会有不同的标准。

①按膜的结构分类，见表7-7。

表7-7　膜按结构分类

固膜	对称膜	柱状孔膜	厚度10～200μm，传质阻力由膜的总厚度决定，降低膜厚度可提高渗透速率
		多孔膜	
		均质膜	
	不对称膜	致密皮层	0.1～0.5μm，起主要分离作用
		多孔支撑	50～150μm
液膜		存在于固体多孔支撑层	
		以乳液形式存在的液膜	

②按膜的材料分类，见表7-8。

③按分离机理分类，见表7-9。

表 7-8　膜按材料分类

有机材料	纤维素类	二醋酸纤维素，三醋酸纤维素，醋酸丙酸纤维素，硝酸纤维素等
	聚酰胺类	尼龙—66，芳香聚酰胺，芳香聚酰胺酰肼等
	芳香杂环类	聚哌嗪酰胺，聚酰亚胺，聚苯并咪唑，聚苯并咪唑酮等
	聚砜类	聚砜，聚醚砜，磺化聚砜，磺化聚醚砜等
	聚烯烃类	聚乙烯，聚丙烯，聚丙烯氰，聚乙烯醇，聚丙烯酸等
	硅橡胶类	聚二甲基硅氧烷，聚三甲基硅烷丙炔，聚乙烯基三甲基硅烷
	含氟聚合物	聚全氟磺酸，聚偏氟乙烯，聚四氟乙烯
	其他	聚碳酸酯，聚电解质
无机材料	陶瓷	氧化铝，氧化硅，氧化锆
	玻璃	硼酸盐玻璃
	金属	铝，钯，银等

表 7-9　膜按分离机理分类

膜工艺	膜的驱动力	分离机理	孔尺寸	透过物	截留物	膜结构
微滤	水静压差 0.01～0.2MPa	筛分	大孔，>50nm	水，溶质	TSS，浊度，原生动物卵旗虫及包噢，细菌，病毒	对称和不对称多孔膜
超滤	水静压差 0.1～0.5MPa	筛分	中孔，2～50nm	水，离子，小分子	大分子，胶体，大多数细菌、病毒、蛋白质	具有皮层的多孔膜
纳滤	水静压差 0.5～2.5MPa	筛分+溶解/扩散+排斥	微孔，<2nm	水，极小分子		
	离子化溶质 溶质，二价盐，糖，染料，病毒，无机盐等小分子物质	致密不对称膜和复合膜				
反渗透	水静压差 1.0～10.0MPa	溶解/扩散+排斥	致密孔，<2nm	水，极小分子，离子化溶质	全部悬浮物，色度，硬度，盐	致密不对称膜和复合膜
电渗析	电位差	选择性膜的离子交换	微孔，<2nm	水，离子化溶质	离子化盐	离子交换膜

在实验室或大规模的生产应用中，膜都被制成一定形式的组件作为膜分离装置的分离单元。在工业上应用并实现商品化的膜组件主要有平板型、管型、螺旋卷型和中空纤维型等类型，如图7-14 ~图7-20所示。

图7-14　中空纤维膜（膜天公司，MF，UF型）

图7-15　中空纤维膜组件

图7-16　罗圈式膜组件

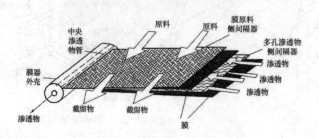

图7-17　罗圈式膜组件构造示意图

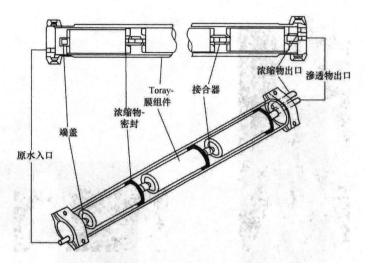

图7-18　多个罗圈式膜的串联使用

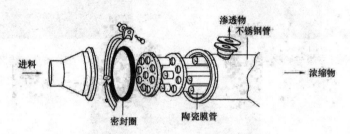

图7-19　管式膜结构示意图

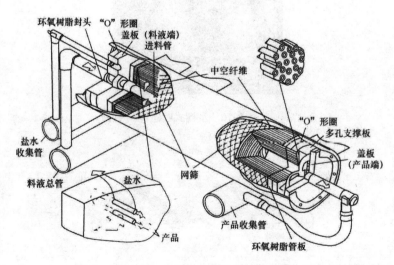

图7-20　DoPont公司中空纤维反渗透膜组件

二、相关术语

（一）膜通量

膜通量又称膜的透水量，指在正常工作条件下，通过单位膜面积的产水量，单位是 $m^3/(m^2 \cdot h)$ 或 $m^3/(m^2 \cdot d)$。

（二）回收率

膜分离法的回收率是供水通过膜分离后的转化率，即透过水量占供水量的百分率。

膜通量及回收率与膜的厚度、孔隙度等物理特性有关，还与膜的工作环境如水温、膜两侧的压力差（或电位差）、原水的浓度等有关。选定某一种膜后，膜的物理特性不变时，膜通量和回收率只与膜的工作环境有关。在一定范围内，提高水温和加大压力差可以提高膜通量和回收率，而进水浓度的升高会使膜通量和回收率下降。随着使用时间的延长，膜的孔隙就会逐渐被杂物堵塞，在同样压力及同样水质条件下的膜通量和回收率就会下降。此时需要对膜进行清洗，以恢复其原有的膜通量值和回收率，如果即使经过清洗，膜通量和回收率仍旧和理想值存在较大差距，就必须更换膜件了。

（三）死端（dead-end）过滤

死端过滤（又称全流过滤）是将进水置于膜的上游，在压力差的推动下，水和小于膜孔的颗粒透过膜、大于膜孔的颗粒则被膜截留。形成压差的方式可以是在水侧加压，也可以是在滤出液侧抽真空。死端过滤随着过滤时间的延长，被截留颗粒将在膜表面形成污染层，使过滤阻力增加，在操作压力不变的情况下，膜的过滤透过率将下降。因此，死端过滤只能间歇进行，必须周期性地清除膜表面的污染物层或更换膜。

（四）错流（cross-flow）过滤

运行时水流在膜表面产生两个分力，一个是垂直于膜面的法向力，使水分子透过膜面，另一个是平行于膜面的切向力，把膜面的截留物冲刷掉。错流过滤透过率下降时，只要设法降低膜面的法向力、提高膜面的切向力，就可以对膜进行高效清洗，使膜恢复原有性能。因此，错流过滤的滤膜表面不易产生浓差极化现象和结垢问题。错流过滤的运行方式比较灵活，既可以间歇运行，又可以实现连续运行。

（五）浓差极化

在膜法过滤工艺中，由于大分子的低扩散性和水分子的高渗透性，水中的溶质会在膜表面积聚并形成从膜面到主体溶液之间的浓度梯度，这种现象被称为膜的浓差极化。水中溶质在膜表面的积聚最终将导致形成凝胶极化层，通常把与此相对应的压力称为临界压力。在达到临界压力后，膜的水通量将不再随过滤压力的增加而增长。因此，在实际运行中，应当控制过滤压力低于临界压力，或通过提高膜表面的切向流速来提高膜过滤体系的临界压力。

三、膜过滤的影响因素

（一）过滤温度

高温可以降低水的黏度，提高传质效率，增加水的透过通量。

（二）过滤压力

过滤压力除了克服通过膜的阻力外，还要克服水流的沿程和局部水头损失。在达到临界压力之前，膜的通量与过滤压力成正比，为了实现最大的总产水量，应控制过滤压力接近临界压力。

（三）流速

加快平行于膜面的水流速度，可以减缓浓差极化提高膜通量，但会增加能耗，一般将平行流速控制在 1～3m/s。

（四）运行周期和膜的清洗

随着过滤的不断进行，膜的通量逐步下降，当通量达到某一最低数值时，必须进行清洗以恢复通量，这段时间称为一个运行周期，适当缩短运行周期，可以增加总的产水量，但会缩短膜的使用寿命，而且运行周期的长短与清洗的效果有关。

（五）进水浓度和预处理

进水浓度越大，越容易形成浓差极化。为了保证膜过滤的正常进行，必须限制进水浓度，即在必要的情况下对进水进行充分的预处理，有时在进膜过滤装置之前还要根据不同的膜设置 5～200pm 不等的保安筛网。

四、膜清洗

膜分离过程中，最常见而且最为严重的问题是由于膜被污染或堵塞而使得透水量下降的问题，因此膜的清洗及其清洗工艺是膜分离法的重要环节，清洗对延长膜的使用寿命和恢复膜的水通量等分离性能有直接关系。当膜的透水量或出水水质明显下降或膜装置进出口压力差超过 0.05MPa 时，必须对膜进行清洗。

膜的清洗方法主要有物理法和化学法两大类。具体操作应当根据组件的构型、膜材质、污染物的类型及污染的程度选择清洗方法。

（一）物理清洗法

物理清洗法是利用机械力刮除膜表面的污染物，在清洗过程中不会发生任何化学反应。具体方法主要有水力冲洗、气水混合冲洗、逆流冲洗、热水冲洗等。

（二）化学清洗法

化学清洗法是利用某种化学药剂与膜面的有害杂质产生化学反应而达到清洗膜的目的。应当根据不同的污染物采用不同的化学药剂，化学药剂的选择必须考虑到清洗剂对污染物的溶解和分解能力；清洗剂不能污染和损伤膜面；膜所允许使用的pH范围；工作温度；膜对清洗剂本身的化学稳定性。并且要根据不同的污染物确定清洗工艺，主要的化学清洗方法有：

1. 酸洗法

酸洗法对去除钙类沉积物、金属氢氧化物及无机胶质沉积物等无机杂质效果最好。具体做法是利用酸液循环清洗或浸泡0.5～1h，常用的酸有盐酸、草酸、柠檬酸等，酸溶液的pH根据膜材质而定。比如，清洗醋酸纤维素膜，酸液的pH在3～4，而清洗其他膜时，酸液的pH可以在1～2。

2. 碱洗法

碱洗法对去除油脂及其他有机杂质效果较好，具体做法是利用碱液循环清洗或浸泡0.5～2h，常用的碱有氢氧化钠和氢氧化钾，碱溶液的pH也要根据膜材质而定。比如，清洗醋酸纤维素膜，碱液的pH在8左右，而清洗其他耐腐蚀膜时，碱液的pH可以在12左右。

3. 氧化法

氧化法对去除油脂及其他有机杂质效果较好，而且可以同时起到杀灭细菌的作用。具体做法是利用氧化剂溶液循环清洗或浸泡0.5～1h，常用的氧化剂是1%～2%的过氧化氢溶液或者500～1000mg/L的次氯酸钠水溶液或二氧化氯溶液。

4. 洗涤剂法

洗涤剂法对去除油脂、蛋白质、多糖及其他有机杂质效果较好，具体做法是利用0.5%～1.5%的含蛋白酶或阴离子表面活性剂的洗涤剂循环清洗或浸泡0.5～1h。

五、膜分离组件系统的设计

膜分离系统按其基本操作方式可分为两类：①单程系统；②循环系统。在单程系统中污水仅通过单一或多种膜组件一次；而在循环系统中，污水通过泵加压多次流过每一级。

膜组件的连接方式分为并联连接法和串联连接法，在串联的情况下所有的污水依次流经全部膜组件，而在并联的情况下，膜组件则要对进水进行分配。进行串联和并联的膜组件的数目决定于进水的流入通量。如果进水流入通量超过了膜组件的上限，会导致推动力损失和组件的损坏，如果进水流入通量低于膜组件的下限，即膜组件在过流通量很少的情况下操作，会引起分离效果的恶化。在实际连接中根据进水通量将一定数目的膜组件并联成一个组块。在一般的多级组块串联操作中，前一级的出水是后一级的进水，所以后继组块的进水量总是依次递减的（减去渗透物的通量）。因此在大多数情况下为了使流过组件的通量保持稳定，后继组块中要并联连接的组件数目相应减少。

处理后，活性污泥混合液由增压泵送入膜组件（也有将膜组件直接浸没在曝气池中，依靠真空泵的抽吸使混合液进入膜组件的），一部分水透过膜面成为处理出水进入后一级处理工序，剩余的污泥浓缩液则由回流泵（或直接）返回曝气池。曝气池中的活性污泥在膜组件的分离作用下，去除了有机污染物而增殖，当超过一定的浓度时，需定期将池内的污泥排出一部分。

根据膜分离的形式可分为微滤膜生物反应器、超滤膜生物反应器、纳滤膜生物反应器和反渗透膜生物反应器，它们在膜的孔径上存在很大的差别。目前使用最多的是超滤膜，主要是因为超滤膜具有较高的液体通量和抗污染能力。

（一）膜生物反应器的分类

虽然膜生物反应器根据分类方法不同，会有很多种不同的形式，但总体上可以根据生物反应器与膜组件的结合方式分为一体式和分置式两大类。

1. 一体式MBR

一体式污水膜生物反应器，是将无外壳的膜组件浸没在生物反应器中，微生物在曝气池中好氧降解有机污染物，水通过负压抽吸由膜表面进入中空纤维，在泵的抽吸作用下流出反应器。

2. 分置式MBR

分置式污水膜生物反应器，如图7-21所示，是由相对独立的生物反应器与膜组件通过外加的输送泵及相应管线相连而构成。

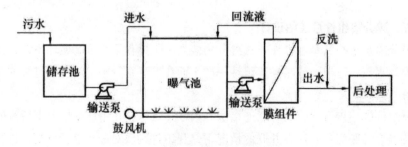

图7-21 分置式膜生物反应器流程

（二）MBR的设计运行参数

1. 负荷率

好氧MBR用于城市污水处理时，体积负荷率一般为1.2 ～ 3.2 Kg COD/（$m^3 \cdot d$）和0.05 ～ 0.66kg BOD_5/（$m^3 \cdot d$），相应脱除率为大于90%和大于97%，当进水COD变化较大（100 ～ 250mg/L），出水浓度通常小于10mg/L，因此对城市污水来说，进水COD含量对出水COD影响不大。

2. 停留时间（HRT）

MBR与传统活性污泥法相比，最大的改进是使HRT与SRT的分离，即由于以膜分离替代了过去的重力分离，使大量活性污泥被膜阻挡在反应器中，而不会因水力停留时间的长短影响反应器中的活性污泥数量。同时通过定期排泥控制反应器内污泥浓度，使反应器内保持高的污泥浓度和较长的污泥龄，加强了降解效率和降解范围。在城市污水处理中，HRT在2 ～ 24h之间都可以得到高脱除率，HRT对脱除率影响不大。SRT在5 ～ 35d范围内，污泥龄对排水水质的影响不大。

3. 污泥浓度和产泥率

MBR中的污泥浓度一般在10 ～ 20g/L，在相对较长的污泥龄和较低的污泥负荷下操作，污泥产率较低，在0 ～ 0.34kgMLSS/（$m^3 \cdot d$）之间变化。

4. 通量及流体力学条件

膜通量与许多操作参数有关，如透膜压力、膜面错流速度、膜孔大小、活性污泥的特性等。MBR的通量范围可达5 ～ 300L/（$m^2 \cdot h$）、比通量为20 ～ 200L/（$m^2 \cdot h \cdot bar$），对膜孔径为0.4μm的平板一体式MBR提出的设计通量为0.5m^3/（$m^2 \cdot d$）[20.8L/（$m^2 \cdot h$）]，根据透膜压力，相应比通量为70 ～ 100 L/（$m^2 \cdot h \cdot bar$）。分置式MBR的通量常比一体式大，但其通量衰减也比较大，如使用UF膜的体系，在过膜压力TMP为1 ～ 2bar，错流速度为1.5m/s下经80d，比通量从原来的90L/（$m^2 \cdot h \cdot bar$）下降到15 L/（$m^2 \cdot h \cdot bar$）。分体式的操作压力较高，常为1 ～ 5bar，膜面错流速度为1 ～ 3m/s；一体式MBR操作压力为0.03 ～ 0.3bar，操作通量较低。

5. 能耗

MBR能耗主要用于进水泵或透过液吸出泵、曝气等设备，一般分置式能耗为2 ～ 10kW·h/m^3，一体式能耗为0.2 ～ 0.4 kW·h/m^3。其中曝气能耗占总能耗，分置式为20% ～ 50%，而一体式为90%以上。

第八章　污泥的处理技术

第一节　污泥的类型与特性

一、污泥的类型

污泥是城市污水和工业废水处理过程中产生的，有的是从废水中直接分离出来的，如初次沉淀池中产生的污泥；有的是处理过程中产生的，如废水混凝处理产生的沉淀物。通常，污泥的分类方法如下：

（1）按照污泥中所含有的主要成分不同可将其分为有机污泥和无机污泥两种。

有机污泥以有机物为主要成分，如活性污泥、脱落的生物膜等。有机污泥的有机物含量较高，易于腐化发臭，颗粒较细，密度小，含水率高而不易脱水。但是有机污泥的流动性好，便于管道运输。

无机污泥以无机物为主要成分，又称沉渣。无机污泥颗粒粗，密度大（2左右），含水率低脱水容易，但流动性差。

（2）按照污泥产生的来源不同将其分为以下几种：

①初次沉淀污泥：来自初次沉淀池。

②剩余活性污泥：来自活性污泥法之后的二沉池。

③腐质污泥：来自生物膜法的二沉池。

①、②、③可统称为生物泥或新鲜污泥。

④消化污泥：生物泥经过厌氧消化或好氧消化处理后的污泥。

⑤化学污泥：应用化学方法处理污水后产生的沉淀物。

二、污泥的性质指标

（1）污泥含水率

污泥中所含水分的重量与污泥总重量之比的百分数称为污泥含水率。由于一般情况下污泥的含水率较高，污泥的密度接近1。污泥的体积、重量及所含固体物质浓度之间的关系可表示为：

$$V_1 / V_2 = W_1 / W_2 = (100 - P_1) / (100 - P_2) = C_2 / C_1$$

式中：P_1、V_1、W_1、C_1——污泥含水率，污泥含水率为 P_1 时污泥的体积、重量和固体物质浓度；

P_2、V_2、W_2、C_2——污泥含水率，污泥含水率为 P_2 时污泥的体积、重量和固体物质浓度。

（2）挥发性固体和灰分

挥发性固体近似地等于有机物的含量；灰分表示无机物含量。

（3）可消化程度

污泥中的有机物，是消化处理的对象。一部分是可被消化降解的（可被气化、无机化）；另一部分是不易或不能被消化降解的，如脂肪、合成有机物等。用消化程度表示可被消化降解的有机物数量。可消化程度用下式表示：

$$Rd = \left(1 - P_{V_2} P_{S_1} / P_{V_1} P_{S_2}\right) \times 100$$

式中 Rd ——可消化程度，%；

P_{S_1}，P_{S_2} ——分别表示生污泥及消化污泥的无机物含量；

P_{V_1}，P_{V_2} ——分别表示生污泥及消化污泥的有机物含量，%。

（4）湿污泥比重与干污泥比重

湿污泥重量等于污泥所含水分重量与干固体重量之和。湿污泥比重等于湿污泥重量与同体积水重量的比值。由于水的比重为1，所以湿污泥比重 γ 可用下式表示：

$$\gamma = 100\gamma_S / \left[p\gamma_S + (100 - p) \right]$$

式中 γ —湿污泥比重；

P ——湿污泥含水率；

γ_S ——污泥中干固体物质平均比重，即干污泥比重。

亦可用下式计算

$$\gamma = 25000 / \left[250p + (100 - p)(100 + 1.5p_v) \right]$$

式中 p_v ——有机物（挥发性固体）所占百分比。

（5）污泥肥分

污泥中含有大量植物生长所必需的肥分（氮、磷、钾），微量元素及土壤改良剂（有机腐殖质）。

（6）污泥重金属离子含量

污泥中重金属离子含量，决定于城市污水中工业废水所占比例及工业性质。污水经二次处理后，污水中重金属离子约有50%以上转移到污泥中。因此，污泥中的重金属离子含量一般都较高。当污泥作为肥料使用时，要注意重金属离子含量是否超过我国农林部规定的《中华人民共和国农业行业标准》（NY525—2012）。

三、污泥水分存在形式和脱去方法

初次沉淀污泥含水率介于95% ~ 97%，剩余活性污泥达99%以上。因此污泥的体积非常大，对污泥的后续处理造成困难。污泥浓缩的目的在于减容。

污泥中所含水分大致分为4类：颗粒间的空隙水，约占总水分的70%；毛细水，即颗粒间毛细管内的水，约占20%；污泥颗粒吸附水和颗粒内部水，约占10%。污泥中的水分如图8-1所示。

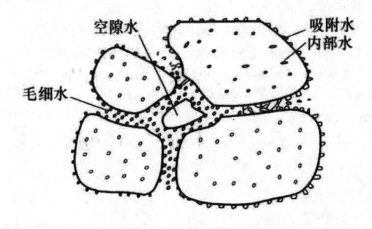

图8-1　污泥中水分示意图

降低含水率的方法有：①浓缩法，用于降低污泥中的空隙水，因空隙水占含水量的比重较大，因此浓缩是减容的主要方法；②自然干化法和机械脱水法，主要脱去毛细水；③干燥法和焚烧法，主要脱去吸附水和内部水。不同的脱水方法的脱水效果见表8-1。

表8-1　不同脱水方法的效果

脱水方法		脱水装置	脱水后含水率（%）	脱水后的状态
浓缩法		重力浓缩、气浮浓缩、离心浓缩	95～97	近似糊状
机械脱水	真空吸滤法	真空转鼓、真空转盘等	60～80	泥饼状
	压滤法	板框压滤机	45～80	泥饼状
	滚压带法	滚压带式压滤机	78～86	泥饼状
	离心法	离心机	80～85	泥饼状
自然干化法		自然干化场，晒砂场	70～80	泥饼状
干燥法		各种干燥设备	10～40	粉状，粒状
焚烧法		各种焚烧设备	0～10	灰状

第二节　污泥的预处理

一、污泥的浓缩

由于剩余污泥的含水率一般较高，因此在处理前要进行浓缩来减小其体积，从而减小后续处理的压力，减小后续处理设备的容积。污泥浓缩的方法有重力浓缩法、气浮浓缩法和离心浓缩法等。各种浓缩方法的优缺点见表8-2。

表8-2　各种浓缩方法优缺点

浓缩方法	优点	缺点
重力浓缩	贮存污泥能力强、操作要求不高、运行费用低	浓缩效果差，浓缩后的污泥非常稀薄；所用土地面积大，且会产生臭气问题；对于某些污泥工作不稳定
气浮浓缩	比重力浓缩的泥水分离效果好，浓缩后的污泥含水率较低；比重力浓缩所需土地面积小，臭气问题小；可使泥砾不混于污泥浓缩池中，能去除油脂	运行费用比重力浓缩大；土地需要量比离心法多；污泥贮存能力小
离心浓缩	只需少量土地，即可取得很高的处理能力；没有或几乎没有臭气问题	要求专用的离心机，耗电大，必须进行隔声处理，对工作人员要求高

1. 重力浓缩法

重力浓缩法是应用最多的污泥浓缩法，是利用污泥中的固体颗粒与水之间的密度差来实现泥水分离。用于重力浓缩的构筑物称为重力浓缩池。重力浓缩池的特征是区域沉降，在浓缩池中形成四个区域，分别为澄清区、阻滞沉淀区、过渡区和压缩区。

重力浓缩池的主要设计参数为浓缩池固体通量［单位时间内单位表面积所通过的固体质量，$kg/(m^2 \cdot h)$］、水力负荷［单位时间内单位表面积的上清液流量，$m^3/(m^2 \cdot h)$］和浓缩时间。对重力浓缩池，固体通量是主要的控制因素，浓缩池的面积依据固体通量进行计算。设计参数一般通过实验来获得，在无实验数据时，也可以根据浓缩池的运行经验参数来选取。浓缩池的运行经验参数见表8-3。

表8-3 重力浓缩池运行经验参数

污泥种类	进泥浓度（%）	出泥浓度（%）	水力负荷［$m^3/(m^2 \cdot h)$］	固体通S［$kg/(m^2 \cdot h)$］	固体回收率（%）	溢流TSS（mg/L）
初次沉淀污泥	1.0 ~ 7.0	5.0 ~ 10.0	24 ~ 33	90 ~ 144	85 ~ 98	300 ~ 1000
腐殖污泥	1.0 ~ 4.0	2.0 ~ 6.0	2.0 ~ 6.0	35 ~ 50	80 ~ 92	200 ~ 1000
活性污泥	0.2 ~ 1.5	2.0 ~ 4.0	2.0 ~ 6.0	10 ~ 35	60 ~ 85	200 ~ 1000
初沉污泥和活性污泥混合	0.5 ~ 2.0	4.0 ~ 6.0	4.0 ~ 10.0	25 ~ 80	85 ~ 96	300 ~ 800

重力浓缩池的设计：

（1）重力浓缩池所需面积计算

①迪克（Dick）理论

$$A \geqslant Q_0 C_0 / G_L$$

式中　A ——浓缩池的设计表面积，m^2；

　　　Q_0 ——入流污泥流量，m^3/h；

　　　C_0 ——入流污泥固体浓度，kg/m^3；

　　　G_L ——极限固体通量，$kg/(m^2 \cdot h)$，其物理意义为在浓缩池深度方向上存在的最小固体通量。

②柯伊－克里维什（Coe-Clevenger）理论

其表述为：浓缩时间为t_i，污泥浓度为C_i，界面沉速为v_1时的固体通量G，与所需的断面面积A_i为：

$$G_i = v_i / \left(1/C_i - 1/C_u \right)$$

$$A_i = Q_0 C_0 / G_i$$

式中　G_i——自重压密固体通量，kg/（$m^2 \cdot h$）；

　　　C_u——排泥的固体浓度，kg/m^3；

　Q_0、C_0——已知数；

　　　v_i——可根据实验得到。

故根据上式可计算得出 $v_i - A_i$ 关系曲线。在直角坐标上，以 A_i 为纵坐标，v_i 为横坐标，作 $v_i - A_i$ 关系图，查找出图中最大 A 值就是设计表面积。

（2）重力式连续流浓缩池深度设计

重力式连续流浓缩池总深度由压缩区高度 H_s、阻滞区与上清液区高度 H_w、池坡度和超高 4 部分组成。

压缩区高度的计算可以采用柯伊–克里维什法

$$H_s = Q_0 C_0 t_u \left(\rho_s - \rho_w \right) / \left[\rho_s \left(\rho_m - \rho_w \right) A \right]$$

式中　H_s——压缩区高度，m；

　　　t_u——浓缩时间，d；

　　　ρ_s——污泥中固体物密度，kg/m^3；

　　　ρ_w——清液的密度，kg/m^3；

　　　ρ_m——污泥的平均密度，kg/m^3。

（3）连续流重力浓缩池的基本构造和形式

带刮泥机和搅动栅的连续流重力浓缩池的基本构造如图8-2所示。

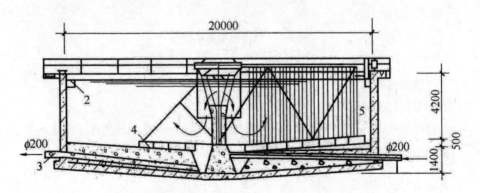

图8-2　带刮泥机和搅动栅的连续流重力浓缩池（单位：mm）

1—中心进泥管；2—上清液溢流堰；3—排泥管；4—刮泥机；5—搅动机

此池为圆锥形浓缩池，水深约3m，池底坡度很小，一般为1/100 ~ 1/12，污泥在水下的自然坡度为1/12。为了提高污泥的浓缩效果和缩短浓缩时间，可在刮泥机上安装搅动栅，刮泥机与搅动栅的转速很慢，不致使污泥受到搅动，其旋转周速度一般为2 ~ 20cm/s。搅动作用可使浓缩时间缩短4 ~ 5h。

2. 气浮浓缩法

气浮浓缩法就是使大量的微小气泡附着在污泥颗粒的表面，从而使污泥颗粒的密度降低而上浮，实现泥水分离。因而气浮法适用于活性污泥和生物滤池污泥等颗粒污泥密度较小的污泥。气浮法所得到的出流污泥含水率低于采用重力法所达到的含水率，可达到较高的固体通量，但运行费用比重力浓缩高，适用于人口密集的缺乏土地的城市应用。

气浮浓缩池有圆形和矩形两种结构，如图8-3所示。圆形池的刮浮泥板和刮沉泥板都安装在中心转轴上一起旋转。矩形池的刮浮泥板和刮沉泥板由电动机及链带连动刮泥。

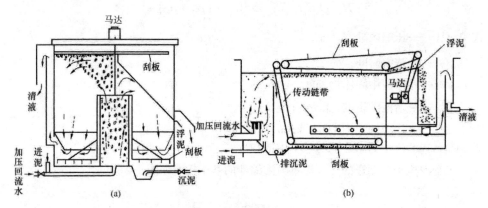

图8-3　气浮池的基本结构
（a）圆形气浮池；（b）矩形气浮池

气浮浓缩池的设计：

（1）溶气比的确定

气浮时有效空气重量与污泥中固体重量之比称为溶气比或气固比，用A_a/S表示。

无回流时，用全部污泥加压：$A_a/S = S_a(fp-1)/C_0$。

有回流时，用回流水加压：$A_a/S = S_aR(fp-1)/C_0$。

上面两式中等号右侧分子是空气的重量mg/L，分母是固体物重量mg/L，"-1"是由于气浮在大气压下工作。

式中 A_a

式中 A_a ——气浮时有效空气总重量与入流污泥中固体总重量之比，即溶气比。一般在 0.005～0.006 之间，常用 0.03～0.04，或通过气浮浓缩试验来确定；

S_a ——在 0.1MPa 下，空气在水中的饱和溶解度（mg/L），其值等于 0.1MPa 下空气在水中的溶解度（以容积计，单位 L/L）与空气容重（mg/L）的乘积。0.1MPa 下在不同温度下的溶解度和容重见表 8-4；

P ——容气罐的压力，一般用 0.2～0.4MPa，应用上式时以 2～4kg/cm^2 代入；

R ——回流比，等于加压溶气水的流量与入流污泥流量之比，一般用 1.0～3.0；

f ——回流加压水的空气饱和度，%，一般为 50%～80%；

C_0 ——入流污泥的固体浓度，mg/L。

表 8-4　空气溶解度及容重表

气温（℃）	溶解度（L/L）	空气容重（mg/L）	气温（℃）	溶解度（L/L）	空气容重（mg/L）
0	0.0292	1252	30	0.0157	1127
10	0.0228	1206	40	0.0142	1092
20	0.0187	1164			

（2）气浮浓缩池表面水力负荷、固体负荷（表 8-5）

表 8-5　气浮浓缩池水力负荷、固体负荷

污泥种类	入流污泥固体浓度（%）	表面水力负荷［kg/（m^2·h）］		表面水力负荷［kg/（m^2·h）］	气浮污泥固体浓度（%）
		有回流	无回流		
活性污泥混合液	＜0.5			1.04～3.12	
剩余活性污泥	＜0.5			2.08～4.17	
纯氧曝气剩余活性污泥	＜0.5	1.0～3.6	0.5～1.8	2.50～6.25	3～6
初沉污泥与剩余活性污泥混合污泥	1～3			4.17～8.34	
初次沉淀污泥	2～4			＜10.8	

（3）回流比 R 的确定

溶气比确定后，由上式计算出 R。

（4）气浮浓缩池的表面积

无回流时：$A = Q_0 / g$

有回流时：$A = Q_0(R+1) / q$

式中　A——气浮浓缩池表面积，m^2；

　　　q——气浮浓缩池的表面水力负荷，m^3/h。

表面积A求出后，需用固体负荷校核，如不满足，则应采用固体符合求得的面积。

3. 离心浓缩法

离心浓缩法是利用污泥中的固体颗粒与液体所存在的密度差，在离心力的作用下实现泥水分离的。离心浓缩法可以连续工作，占地面积小，工作场所卫生条件好，造价低，但运行费用与机械维修费用较高，且存在超声问题。

用于离心浓缩的离心机主要有三种：无孔转鼓式离心机、倒锥分离板型离心机和螺旋卸料离心机。下文中有关于离心机的详细介绍。

二、调理

为了改善污泥的脱水性能，提高脱水效果，需要采用不同的方法改变污泥的理化性质，进行调理处理减小胶体颗粒与水之间的亲和力。污泥调理的方法有：淘洗调理、温差调理、化学调理及生物絮凝调理、超声波调理等。

（一）淘洗调理

淘洗调理主要用于消化污泥的调质，目的是降低污泥的碱度，节省药剂用量，降低机械脱水的费用。淘洗调理为：用洗涤水稀释污泥、搅拌、沉淀分离、撇除上清液。淘洗水可使用初沉池和二沉池的出水或自来水、河水，用量为污泥量的2～3倍。洗涤后的上清液BOD与悬浮物浓度可高达2000mg/L以上，必须回流到污水处理厂处理。经验认为，由于洗涤而节省的混凝剂费用与洗涤水的处理费几乎相等。

一般初沉污泥的碱度（以$CaCO_3$计）约为600mg/L，二沉污泥为580～1100mg/L，而消化污泥达到2000～3000mg/L，因此，在污泥加药处理前必须除去重碳酸盐，否则会消耗大量的药剂$FeCl_3$或$Al_2(SO_4)_3$，对消化污泥直接投加混凝剂处理是很不经济的。通过淘洗，将碱度降低到400～500mg/L。

淘洗可以采用单级、多级串联或逆流洗涤等多种形式。通过吹入空气或机械搅拌，使污泥处于悬浮状态，与水充分接触。在注意使污泥与水均匀混合的同时，还必须注意保护污泥絮体，搅拌不能过于剧烈，污泥与水接触次数不宜过多。两级串联逆流洗涤效果最好，淘洗池容积以最大表面负荷40 ~ 50kg SS/（$m^2 \cdot d$）为宜，水力负荷不超过28m^3/（$m^2 \cdot d$）。

污泥淘洗时可利用固体颗粒大小、相对密度和沉降速度不同的性质，将细颗粒和部分有机微粒除去，降低污泥的黏度，提高污泥的浓缩和脱水效果。

当污泥用作土壤改良剂或肥料时，不宜淘洗处理。经浓缩的生污泥淘洗效果较差，此时可采用直接加药的方式进行调质。

（二）温差调理

温差调理是利用热力学方法改变污泥的温度，进行污泥处理的一种方法，有热调理和冷冻融化调理。

1. 热调理

污泥热调理是钝化微生物最有效的方法之一。热调理分高温高压调质法和低温调质法两种工艺。污泥经热调理后，可溶性COD显著增加，有利于消化过程的进行，脱水性能和沉降性能大为改善，污泥中的致病微生物与寄生虫卵可以完全被杀灭。热调理后的污泥经机械脱水后，泥饼含水率可降到30% ~ 45%，热调理工艺比药调理更为适合。该法适用于初沉池污泥、消化污泥、活性污泥、腐殖污泥及它们的混合污泥。

污泥热调理时污泥分离液COD、BOD浓度很高，回流处理将大大增加污水处理构筑物的负荷，有臭气，设备易腐蚀，需要增加高温高压设备、热交换设备及气味控制设备等，费用很高，应引起注意。

（1）高温高压热调理

高温高压热调理是把污泥加温至170 ~ 200℃，压力为9.81×10^4 ~ 1.47×10^6Pa，反应时间为1 ~ 2h。在升高压力下污泥热调理可以裂解生物固体内微生物的细胞壁，释放结合水。高压热调理改变了污泥的物理性质，与化学调理相比，生产的泥饼更加干燥。调理后的污泥经重力浓缩即可使含水率降低到80% ~ 90%，比阻降到$1.0 \times 10^8 s^2/kg$，再经机械脱水，泥饼含水率可降低到25% ~ 65%。经高温高压调理后的污泥一般适于采用真空过滤脱水方式。

（2）低温热处理

低温热处理是把污泥加温并控制在135 ~ 165℃之间，通常控制在150℃以下。当利用污泥焚烧和其他资源的余热时，这个工艺是经济有效的。该方法分离得到的BOD浓度比高温热调理法低40% ~ 50%，锅炉容量可减少30% ~ 40%，色度和臭味也大为降低。研究表明，低温调理产生的臭气浓度低，分离液中BOD浓度也低，符合改善污泥浓缩脱水性能的根本要求，分离液的脱色和脱臭有待进一步完善。

2. 冷冻融化调理

污泥的冷冻融化调理是将污泥冷冻到凝固点以下，使污泥冻结，然后再行融解以提高污泥沉淀性和脱水性能的一种处理方式。其原理是随着冷冻层的发展，颗粒被向上压缩浓集，水分被挤向冷冻界面，浓集污泥颗粒中的水分被挤出。该法能不可逆地改变污泥结构，即使再用机械或水泵搅拌也不会重新成为胶体。

冷冻融化调理使污泥颗粒的絮状结构被充分破坏，脱水性能大大提高，颗粒沉降与过滤速度可提高几十倍，可直接进行重力脱水。此外，冷冻融化调理还可杀灭污泥中的寄生虫卵、致病菌与病毒等。冷冻融化调理后的污泥再经真空过滤脱水，可得含水率为50%～70%的泥饼，而用化学调理—真空过滤脱水，泥饼含水率为70%～85%。

冷冻融化调理法目前主要用于给水污泥的调理。对于污水污泥，冷冻融化调理的有效性还存在不少问题，如仍需加少量的凝聚剂后再脱水。

（三）化学调理

化学调理又称化学调节，是指加入一定量调节剂，它在污泥胶体颗粒表面起化学反应，中和污泥颗粒电荷，增大凝聚力、粒径，从而促使水从污泥颗粒表面分离出来的一种方法。调节效果的好坏与调节剂种类、投加量以及环境因素有关。化学调节效果可靠，设备简单，操作方便，被长期广泛采用。化学调节通常通过投加化学絮凝剂实现，然而传统的化学絮凝剂存在投加量多、产泥量大，并且产生的化学污泥不易被生物降解，排放至水体中对人体健康和水环境生态都具有潜在的危害作用等不足，应开发适合污泥处理的有效药剂。

常用的调节剂分为无机和有机调节剂两大类。一般认为，絮凝剂对胶体粒子的作用包括静电中和、吸附架桥和卷扫凝聚三种，化学调节是这三种作用综合的结果，只是不同絮凝剂起不同作用。无机絮凝剂是以电中和及卷扫作用为主，非离子和阴离子有机高分子絮凝剂以架桥作用为主，阳离子有机絮凝剂中低分子絮凝剂以静电中和为主，高分子絮凝剂同时有中和和吸附架桥作用。由于污泥胶体颗粒带有负电荷，而阳离子型絮凝剂的絮凝作用是由吸附架桥作用和电荷中和作用两种机理产生的，可以中和污泥中更多的胶体，使得出水上清液的浊度更低。

无机调理剂主要是起电性中和的作用，所以这类调理剂被称为混凝剂，常用的有石灰、铝盐、铁盐、聚铁、聚铝等无机高分子化合物；有机高分子调理剂是起吸附架桥作用，故此类调理剂被称为絮凝剂，其形成的污泥絮体抗剪切性能强，不宜被打碎，故适合于后续脱水采用带式压滤脱水和离心方法时使用，有机高分子调理剂有聚合电解质、有机高分子和阳离子型有机高分子，目前应用较多的是聚丙烯酰胺类阳离子絮凝剂。

在化学调理过程中还需要投加起助凝作用的助凝剂，像珠光体、酸性白土、硅藻土、电厂粉煤灰、贝壳粉和石灰等。它们的主要作用是调节污泥中的pH；改变污泥颗粒的结构，破坏胶体的稳定性；供给污泥多孔网状的骨架；提高混凝剂的混凝效果；增加絮体强度等。

影响化学调节絮凝效果的因素主要有：污泥组成、絮凝剂的种类、投加量、pH及温度、投加顺序等。

①污泥组成。污泥组成主要指有机物和无机物的比例。随着污泥中有机物含量的增加，高分子絮凝剂投加量按比例增加。另外，温度变化对无机絮凝剂的絮凝效果影响较大，对有机絮凝剂的絮凝效果影响较小。

②絮凝剂种类。不同的絮凝剂性能不同。无机絮凝剂所形成的絮体密度较大，需要药剂量少，适合活性污泥的调质，但是会增加污泥脱水的设备容量和污泥数量；有机高分子絮凝剂投加量少，形成絮体大，强度高，不易破碎，不会增加泥饼量，但价格昂贵，有些单体有毒性。

③投加量。无机絮凝剂和有机絮凝剂都存在最佳投加量，小于或大于最佳投加量絮凝效果都不好。

④pH。悬浮液的pH对无机絮凝剂和阳离子高分子絮凝剂的水解动力学和水解组分形态有很大的影响，因此，投加絮凝剂的时候要考虑调节时pH的影响。

⑤投加顺序。投加几种絮凝剂时，不同的投加顺序对絮凝效果也有影响。

（四）微生物絮凝调理

微生物絮凝剂具有易于分解、可生物降解、无毒、无二次污染、对环境和人类无害、适用范围广、用量少、污泥絮体密实、高效、价格较低等优点。20世纪70年代人们开始研制微生物絮凝剂，根据微生物絮凝剂物质组成的不同，微生物絮凝剂可分为三类：直接利用微生物细胞的絮凝剂，如某些细菌、霉菌、放线菌和酵母，它们大量存在于土壤活性污泥和沉积物中；利用微生物细胞提取物的絮凝剂，如酵母细胞壁的葡萄糖、甘露聚糖、蛋白质和N-乙酰葡萄糖胺等成分均可作为絮凝剂；利用微生物细胞代谢产物的絮凝剂，微生物细胞少量的多肽、蛋白质、脂类及其复合物，其中多糖在某种程度上可作为絮凝剂。

微生物絮凝的机理主要有三种：桥连作用、中和作用和卷扫作用。微生物絮凝剂是带有电荷的生物大分子，这三种机理都可能存在，但主要是前两种，这只是与无机盐絮凝剂相比较而言所得的结论。对于微生物絮凝剂絮凝机理方面的研究，提出了不少假说：如Butter field的黏质假说，Grab tree的酯合学说，Fried man的菌体外纤维素纤丝学说等。但这些假说使用范围窄，只能解释部分菌引起的絮凝，因此不为人们所接受。目前，比较流行的学说是离子键、氢键的结合学说。该学说可解释大多数微生物絮凝剂引起的絮凝现象以及一些因素对絮凝的影响，并为一些试验所证实。该学说认为，尽管微生物絮凝剂性质不同，但对固体悬浮颗粒的絮凝有相似之处，它们通过离子键、氢键的作用与悬浮物结合，由于絮凝剂的分子量大，一个絮凝剂分子可同时与几个悬浮颗粒结合。在适宜条件下，迅速形成网状结构而沉积，从而表现出很强的絮凝能力。

（五）超声波调理

超声波调理是物理调理技术之一，是近年开发的新技术。国外研究表明，大功率超声波可以降解污泥，降低其含水率。超声波对污泥能够产生一种海绵效应，使水分更易从波面传播产生的通道通过，从而使污泥颗粒团聚、粒径增大，当其粒径大到一定程度，就会做热运动相互碰撞、黏结，最终沉淀。超声波可使污泥局部发热、界面破稳、扰动和空化，能够使污泥中的生物细胞破壁，并且加速固液分离过程，改善污泥的脱水性能。另外，超声波对混凝有促进作用。当超声波通过有微小絮体颗粒的流体介质时，其中的颗粒开始与介质一起振动，但由于大小不同的粒子具有不同的振动速度，颗粒将相互碰撞、结合，体积和质量均增大。当粒子变大到不能随超声振动时，只能做无规则运动，继续碰撞、结合、变大，最终沉淀。

污泥菌胶团内部包含水约占污泥总水量的27%，而菌胶团结构稳定，难以为机械作用（压滤、离心等）破坏，造成污泥脱水困难。采用$0.11 \sim 0.22W/cm^3$的超声波处理可以破坏菌胶团的结构，使其中的内部水排出，同时保持污泥较大的颗粒，从而提高污泥的沉降性能。超声波和其他方法结合也可使污泥凝聚，改善生物质活性，降低超过10%的污泥水含量。此外，超声波还使细胞壁破裂，细胞内含物溶出，可以加速污泥的水解过程，从而达到缩短消化时间、减少消化池容积、提高甲烷产量的目的。超声波能有效地破坏菌胶团结构，将其内部包含水被释放成为可以比较容易去除的自由水，还能加快微生物生长，提高其对有机物的分解吸收能力，而且促进效应在超声波停止后数小时内依然存在。超声波法处理污泥是一种高效干净的方法。

三、污泥的脱水

污水污泥是污水处理厂产生的液态或泥浆状副产物，初沉污泥的固体浓度一般介于3% ~ 5%，剩余活性污泥的固体浓度小于1%。通过浓缩和脱水，污泥浓度将会进一步增加。多数污泥浓缩装置能达到5% ～ 10%的固体浓度，脱水装置能达到20% ～ 50%的固体浓度。影响脱水污泥固体浓度的因素有：污泥性质；调质类型；脱水装置类型。

污泥脱水工艺主要包括机械脱水和自然脱水。对于机械脱水而言，主要有加压过滤、离心脱水、真空过滤、旋转挤压和电渗透脱水等。

（一）机械脱水

1. 污泥机械脱水的原理和指标

污泥机械脱水以过滤介质两面的压力差为推动力，使污泥水分被强制地通过过滤介质，形成滤液，而固体颗粒被截留在介质上，形成滤饼，从而达到脱水的目的。根据造成压力差推动力不同，可将污泥机械脱水分为三类：①在过滤介质的一面形成负压进行脱水，即真空吸滤脱水；②在过滤介质的一面加压进行脱水，即压滤脱水；③造成离心力实现泥水分离，即离心脱水。

用于衡量污泥脱水性能的指标包括污泥比阻和毛细吸水时间。污泥比阻是指在过滤开始时，过滤仅需克服过滤介质的阻力，当滤饼逐渐形成以后，还必须克服滤饼所形成的阻力。活性污泥的比阻为（2.8 ～ 2.9）×10^{13}m/kg；消化污泥的比阻为（1.3 ～ 1.4）×10^{13}m/kg；初沉污泥的比阻为（3.9 ～ 5.8）×10^{13}m/kg，皆属于难处理污泥。毛细吸水时间（CST）也可以用于表征污泥脱水的难易程度。污泥的毛细吸水时间是指污泥中的毛细水在滤纸上渗透1cm距离所需要的时间。由于比阻的测定过程较复杂，而CST测定简便快速，因此实际上普遍应用CST表示污泥的脱水性能。

衡量污泥机械脱水效果和效率的主要指标为脱水泥饼的含水率、脱水过程的固体回收率（滤饼中的固体量与原污泥中的固体量之比）；衡量污泥机械脱水效率的指标为脱水泥饼产率［单位时间内在单位过滤面积上产生滤饼的干重量,kg/（m^2·s）］。脱水泥饼的含水率、脱水过程的固体回收率和脱水泥饼产率越高，机械脱水的效果和效率就越好。

2. 机械脱水设备

（1）真空过滤脱水机

真空过滤脱水机是以用抽真空的方法造成过滤介质两侧的压力差，从而造成脱水推动力进行脱水，可用于初次沉淀污泥和消化污泥的脱水（表8-6）。经厌氧消化处理的污泥，在真空过滤之前，应进行预处理，一般先对污泥进行淘洗。真空过滤所使用的机械称为真空过滤机，俗称真空转鼓。真空过滤机脱水的特点是能够连续生产，运行平稳，可自动控制。主要缺点是附属设备较多，工序较复杂，运行费用较高。真空过滤脱水目前应用较少。

表8-6　真空过滤脱水不同污泥的泥饼产率

污泥种类	泥饼产率 [kg/（m²·h）]	
原污泥	初沉污泥	30 ～ 40
	初沉污泥和生物滤池污泥的混合污泥	30 ～ 40
	初沉污泥和活性污泥的混合污泥	15 ～ 25
	活性污泥	7 ～ 12
消化污泥（中温消化）	初沉污泥	25 ～ 35
	初沉污泥和生物滤池污泥的混合污泥	20 ～ 35
	初沉污泥和活性污泥的混合污泥	15 ～ 25

（2）压滤机

压滤是在外加一定压力的条件下，使含水污泥过滤脱水的操作，可分为间歇型和连续型两种。间歇型的典型压滤机为板框压滤机，连续型的为带式压滤机。

带式压滤机种类很多，但基本结构相同，都由滚压轴和滤布组成。主要区别在于挤压方式与装置不同。该类设备的主要特点是把压力加在滤布上，用滤布的压力和张力使污泥脱水，而不需要真空加压设备，动力消耗少，可连续生产。目前，这种脱水方式已得到广泛应用。

1）滚压带式脱水机

滚压带式脱水机主要由滚压轴和滤布组成。先将污泥用混凝剂调理后，给入浓缩段，依靠重力作用浓缩脱水，使污泥失去流动性，以免在压榨时被挤出滤布带。浓缩段的停留时间一般为10 ～ 20s，然后进入压榨段，依靠滚压轴的压力与滤布的张力榨取污泥中的水分，压榨段的压榨时间为1 ～ 5min。

带式压滤机的脱水性能见表8-7。

2）板框压滤机

板框压滤机的构造简单，过滤推动力大，脱水效果较好，一般用于城市污水厂混合污泥时泥饼含水率可达65%以下。适用于各种污泥，但操作不能连续进行，脱水泥饼产率低。板与框之间相间排列，在滤板两侧覆有滤布，用压紧装置把板与框压紧，即板与框之间构成压滤室。在板与框上端中间相同的部位开有小孔，压紧后成为一条通道。加压到0.39 ～ 499MPa以上的污泥，由该通道进入压滤室。滤板的表面刻有沟槽，下端钻有供滤液排出的孔道，滤液在压力下，通过滤布、沿沟槽与孔道排出滤机，使污泥脱水。板框压滤机的工作性能见表8-8。

表8-7　带式压滤机的脱水性能

污泥种类	污泥种类	进泥含水率（%）	聚合混凝剂用量比污泥干重（%）	泥饼产率[kg/（m²·h）]	泥饼含水率（%）
生污泥	初沉污泥	90～95	0.09～0.2	250～400	65～75
	初沉污泥+活性污泥	92～96	0.15～0.5	150～300	70～80
消化污泥	初沉污泥	91～96	0.1～0.3	250～500	65～75
	初沉污泥+活性污泥	93～97	0.2～0.5	120～350	70～80

表8-8　板框压滤机的工作性能

污泥种类	入流污泥含固率（%）	压滤时间（h）	调节剂用量（s）（g/kg）		包含调节剂的泥饼含固率（%）	不含调节剂的泥饼含固率（%）
			FeCl₃	CaO		
初沉污泥	5～10	2.0	50	100	45	39
初沉污泥+少于50%的活性污泥	3～6	2.5	50	100	45	39
初沉污泥+多于50%的活性污泥	1～4	2.5	60	120	45	38
活性污泥	1～5	2.5	75	150	45	37

（2）离心机

污泥离心脱水的原理是利用转动使污泥中的固体和液体分离。颗粒在离心机内的离心分离速度可以达到在沉淀池中沉速的10倍以上，可在很短的时间内，使污泥中很细小的颗粒与水分离。此外，离心脱水技术与其他脱水技术相比，还具有固体回收率高、分离液浊度低、处理量大、基建费用少、占地少、工作环境卫生、操作简单、自动化程度高等优点，特别重要的是可以不投加或少投加化学调理剂。其动力费用虽然较高，但总运行费用较低，是目前世界各国在污泥处理中较多采用的方法。

离心机的分类：按离心的分离因数不同可分为高速离心机、中速离心机和低速离心机；按几何形状的不同可将离心机分为转筒式离心机（包括圆锥形、圆筒形、锥筒形）、盘式离心机和板式离心机。

污泥处理中主要使用卧式螺旋卸料转筒式离心机，其处理效率见表8-9。适用于密度有一定差别的固液相分离，尤其适用于含油污泥、剩余活性污泥等难脱水污泥的脱水。

表8-9　卧式螺旋卸料转筒式离心机处理效率

污泥种类		泥饼含水率（%）	固体回收率（%）	
			未化学调理	化学调理
生活泥	初沉污泥	65 ~ 75	75 ~ 90	>90
	初沉污泥与腐殖污泥混合	75 ~ 80	80 ~ 90	>90
	初沉污泥与活性污泥混合	80 ~ 88	55 ~ 65	>90
	腐殖污泥	80 ~ 90	60 ~ 80	>90
	活性污泥	85 ~ 95	60 ~ 80	>90
	纯氧曝气活性污泥	80 ~ 90	60 ~ 80	>90
消化污泥	初沉污泥	65 ~ 75	75 ~ 90	>90
	初沉污泥与腐殖污泥混合	75 ~ 82	60 ~ 75	>90
	初沉污泥与活性污泥混合	80 ~ 85	50 ~ 60	>90

（二）离心脱水

污泥的离心脱水是利用污泥颗粒与水的密度不同，在相同的离心力作用下产生不同的离心加速度，从而导致污泥固液分离，实现脱水的目的。污泥离心脱水设备一般采用转筒机械装置。离心脱水设备的优点是结构紧凑、附属设备少、臭味少、可长期自动连续运行等。缺点是噪声大、脱水后污泥含水率较高、污泥中沙砾易磨损设备。

（三）真空过滤脱水

真空过滤是利用抽真空的方法造成过滤介质两侧的压力差，从而造成脱水推动力进行污泥脱水。其特点是运行平稳、可自动连续生产。主要缺点是附属设备较多、工序较复杂、运行费用高。20世纪20年代美国就将其应用于市政污泥的脱水。近年来，由于更加有效的脱水设备的出现，真空过滤脱水技术的应用日趋减少。真空过滤也可用于处理来自石灰软化水过程的石灰污泥。

最常用的真空过滤装置是由一个较大的转鼓组成，转鼓由一个多孔滤布或金属卷覆盖，转鼓的底部浸没在污泥池中。当转鼓旋转时，污泥在真空吸力作用下，被带到滤布上。转鼓分成几个部分，通过旋轮阀产生真空吸力。过滤操作在下面三个区内进行，即泥饼形成区、泥饼脱水区和泥饼排出区。

进入真空过滤机的污泥，含水率应小于95%，最大不应大于98%。真空过滤可以与有机化学调理、无机化学调理及热调理一起使用。

根据原污泥量、每天转鼓的工作时间及场地的大小来决定所需的过滤面积，然后根据真空转鼓的产品系列选择一个或几个真空转鼓，使总过滤面积满足要求。真空过滤滤布多采用合成纤维，如腈纶、涤纶、尼龙等不易堵塞而又耐久的材料，在选择滤布时必须对污泥的性质和调质药剂充分考虑，一般可采用滤布试验，但滤布应先洗涤3～5次，以便于发现问题。

（四）电渗透脱水

污泥是由亲水性胶体和大颗粒凝聚体组成的非均相体系，具有胶体性质，机械方法只能把表面吸附水和毛细水除去，很难将结合水和间隙水除去。电渗透脱水是利用外加直流电场增强物料脱水性能的方法，它可脱除毛细管水，因此脱水性能优于机械方法，逐渐得到应用。

1. 脱水原理

带电颗粒在电场中运动，或由带电颗粒运动产生电场统称为动电现象。在电场作用下，带电颗粒在分散介质中做定向运动，即液相不动而颗粒运动称为电泳（Electrophoresis）。在电场作用下，带电颗粒固定，分散介质做定向移动称为电渗透（Electro-osmosis）。污泥中细菌的主要成分是蛋白质，而蛋白质是由两性分子氨基酸组成。在环境pH小于氨基酸等电点时，氨基酸发生电离，使细菌带正电荷；当pH大于等电点时，氨基酸发生电离，但使细菌带负电荷。细菌的等电点等于pH3.0，因此，污泥通常在接近中性的条件下带负电荷，其带电量通常在-20～10mv。根据能量最低原则，颗粒表面上的电荷不会聚集，而势必分布在颗粒的整个表面上。但颗粒和介质作为一个整体是电中性的，故颗粒周围的介质必有与其表面电荷数量相等而符号相反的离子存在，从而构成所谓双电层。在电场作用下，带电的颗粒向某一电极运动，而符号相反的离子带着液体介质一起向另一电极运动，发生电渗透而脱水。图8-4是电渗透脱水模型示意。由图可知水的流动方向和污泥絮体流动方向相反，水分可不经过泥饼的空隙通道而与污泥分离。因此电渗透脱水不受污泥压密引起的通道堵塞或阻力增大的影响，脱水效率高。根据研究，电渗透脱水可以达到热处理脱水的范围，是目前污泥脱水效果最好的方法之一，脱水效率比一般方法提高10%～20%。

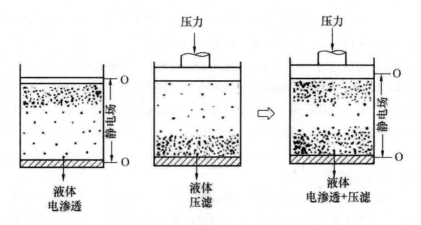

图8-4　电渗透脱水模型示意图

2. 脱水工艺

实际应用中，电渗透脱水大多是在传统的机械脱水工艺中引入直流电场，利用机械压榨力和电场作用力来进行脱水。电渗透脱水采用两种方式结合进行，较为成熟的方法有串联式和叠加式。串联式是先将污泥经机械脱水后，再将脱水絮体加直流电进行电渗透脱水；叠加式是将机械压力与电场作用力同时作用于污泥上进行脱水。

四、污泥的自然干化

自然干化可分为晒沙场和干化场两种。晒沙场用于沉砂池沉渣的脱水，干化场用于初次沉淀污泥、腐殖污泥、消化污泥、化学污泥及混合污泥的脱水，干化后的污泥饼含水率一般为75% ～ 80%，污泥体积可缩小到1/10 ～ 1/2。

（一）晒沙场

晒沙场一般做成矩形，混凝土底板，四周有围堤或围墙。底板上设有排水管及一层厚800mm粒径50 ～ 60mm的砾石滤水层。沉沙经重力或提升排到晒沙场后，很容易晒干。深处的水由排水管集中回流到沉沙池前与原污水合并处理。

（二）干化场

污泥干化场是污泥进行自然干化的主要构筑物。干化场可分为自然滤层干化场和人工滤层干化场两种。前者适用于自然土质渗透性能好，地下水位低的地区。人工滤层干化场的滤层是人工铺设的，又可分为敞开式干化场与有盖式干化场两种。人工滤层干化场的构造如图8-5所示。它是由不透水底层、排水系统、滤水层、输泥管、隔墙及围堤等部分组成。如果是盖式的，还有支柱和顶盖。

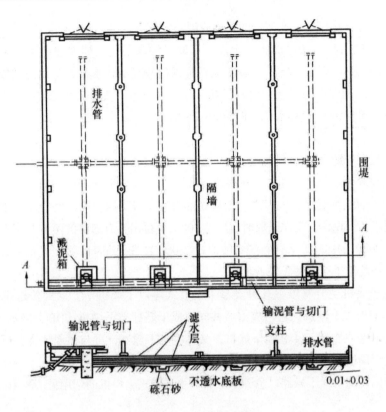

图8-5　人工滤层干化场

不透水的底板由200 ~ 400mm厚的黏土或150 ~ 300mm厚三七灰土夯实而成，也可用100 ~ 150mm厚的素混凝土铺成。底板具有0.01 ~ 0.03的坡度坡向排水系统。

排水管道系统用100 ~ 150mm陶土管或盲沟做成，管头接头处不密封，以便进水。管中心距4 ~ 8m，坡度0.002 ~ 0.003，排水管起点覆土深为0.6m左右。

滤水层下层用粗矿渣或砾石，厚为200 ~ 300mm，上层用细矿渣或砂，厚200 ~ 300mm。

隔墙与围堤把整个干化场分隔为若干块，轮流使用，以便提高干化场的利用率。

影响干化场的因素有：

①气候条件：包括当地的降雨、蒸发量、相对湿度、风速和年冰冻期。

②污泥性质。

（三）强化自然干化

在传统的污泥干化床中，污泥在干化过程中基本处于静止堆积状态，当表面的污泥干化后，其所形成的干化层在下层污泥上形成一个"壳盖"，严重影响了下层污泥的脱水，是干化床蒸发速率低的主要原因。

针对上述问题，强化自然干化技术采取对污泥干化层周期性地翻倒（机械搅动），不断地破坏表层"壳盖"，使表层污泥保持较高的含水率，从而得到较好的脱水效果。实际操作在污泥层平均厚度40cm、污泥含水率为76%的条件下，以45d为平均周期，可使污泥干化后的含水率降至35%左右。

五、污泥干燥

污泥经脱水后含水率通常为60%～80%。为了使污泥便于用作肥料，必须对脱水污泥中所含毛细管水、吸附水与颗粒内部水进一步干燥脱除，使最终含水率降至10%或更小（到6%）。污泥干燥时温度达300℃，排出含有恶臭的蒸汽与废气，可送至600～900℃的加热装置进行脱臭或湿式净化装置进行洗涤。污泥干化后其中所含孢子及细菌均能杀灭，便于农业使用。

污泥干燥机主要有以下几种类型：①立式多段干燥机；②立式传送带式干燥机；③水平带式干燥机，它与成型器共同组成干基标准干燥机（DB干燥机），用于活性污泥制造农肥用；④急骤干燥机，又称喷气干燥器，可与污泥焚烧共用；⑤回转圆筒式干燥器，应用较广泛。

对于回转圆筒式干燥器、急骤干燥器和水平带式干燥机的选用见表8-10。

表8-10　干燥器选用

指标	回转圆筒式干燥器	急骤干燥器	水平带式干燥机
设备定型	有定型设备	无定型设备	无定型设备
灼热气体温度（℃）	120～150	530	160～180
卫生条件	可杀灭病原菌、寄生虫卵	同左	同左
蒸发强度［kg/（m³·h）］	55～80		
干燥效果，以含水率计（%）	15～20	约10	10～15
运行方式	连续	连续	连续
干燥时间（min）	30～32	不到1	25～40
热效率	较低	高	较低
传热系数kJ/（m²·h·℃）			2500～5860
臭味	低	低	低
排烟中灰分	低	高	低

六、石灰稳定化

各种化学药剂在污泥处置中应用可提高污泥脱水性能，并可用于臭味控制、pH调节、杀菌、消毒、稳定和作为氧化剂使用，石灰和氯是最为广泛应用的主要药剂。石灰在污泥处置中主要用于稳定污泥，杀灭和抑制污泥中的微生物；调质污泥，提高其脱水性能并抑制臭味。

（一）石灰稳定的基本原理

1. 化学反应

在石灰稳定工艺中有大量化学反应发生，主要是CaO和H_2O反应生成$Ca(OH)_2$，同时产生热量。主要的反应过程如下：

$$CaO+H_2O \longrightarrow Ca(OH)_2+热量$$

pH表示的是H^+的强度，即溶液的酸、碱强度。在石灰稳定法中必须将pH保持在较高的水平足够长的时间，阻止或大幅度延迟了臭素和细菌污染源产生的微生物反应，使污泥中微生物群体失活。

石灰稳定过程中发生的化学反应还没有完全弄清，在污泥中，石灰与有机、无机离子可能发生的反应主要为：

$$Ca^{2+}+2HCO_3^-+CaO \longrightarrow 2CaCO_3+H_2O$$

$$2PO_4^{3-}T+6H^++3CaO \longrightarrow Ca_3(PO_4)_2+3H_2O$$

$$CO_2+CaO \longrightarrow CaCO_3$$

$$有机酸（RCOOH）+CaO \longrightarrow RCOOHCaOH$$

$$脂肪+CaO \longrightarrow 脂肪酸$$

污泥通过上述反应降低了终产物中有机物和磷的含量。如果投加的碱不充足，可能导致pH下降。理论上，能够计算出为升高pH到目标值的需碱量，但是，这些计算结果通常是不可靠的。

同时，石灰还发生以下其他反应：

（1）污泥中臭味物质的分解

臭味物质通常是含氮、含硫的有机化合物、无机化合物和某些挥发性碳氢化合物，污泥中含氮的化合物包括溶解性的氨（NH_4^+）、有机氮、亚硝态氮和硝态氮，在碱性条件下，NH_4^+被转化为氨气，pH越高，碱稳定处理污泥中释放出的NH_4^+就越多。

（2）中和酸性土壤

经碱稳定化处理的污泥可用作农用石灰的替代品，来调节土壤的pH使之接近中性，从而提高土壤的生产能力。

（3）同化重金属

污泥碱稳定的高pH可导致水溶性的金属离子转化为不溶性的金属氢氧化物。

2. 产热

石灰加入污泥中，石灰与水发生水和作用，放出1142J/g热量；有硅土、铝和铁的氧化物存在时，这些物质也会和石灰发生放热反应；污泥分解产生的CO_2和空气中的CO_2与石灰反应，放出43300cal/（g·mol），但由于CaO在污泥和空气中的浓度较低，其反应速度要比CaO和H_2O慢得多。

（二）石灰稳定工艺

石灰稳定化过程中应重点必须考虑的三个因素是：pH、接触时间和石灰用量，具体数值则应根据不同的污泥进行实验后确定。

根据石灰的材料成分，石灰稳定工艺分为生石灰工艺、熟石灰工艺、其他碱性材料工艺三类；根据石灰投加位置，石灰稳定工艺有两种基本类型：（脱水前进行石灰稳定）预石灰稳定工艺、（脱水后进行石灰稳定）后石灰稳定工艺；根据投加石灰的形态，将石灰稳定工艺分为液体石灰稳定工艺和干石灰稳定工艺。

目前常用的工艺有：BIO*FIX工艺、N–ViroSoil工艺、RDPEn–Vessel巴氏杀菌工艺、Chenfix工艺。

BIO*FIX工艺是由Wheelabrator净水公司推向市场的专利碱稳定工艺，如图8-6所示。该工艺将生石灰（以及其他物料）以合适的比率与污泥混合在一起，生产符

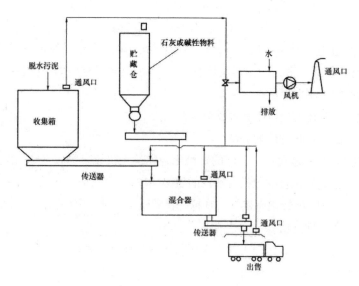

图8-6　BIO*FIX工艺

合美国EPAA类（PFAP）或B类（PSAP）标准的污泥产品。工艺优点：同一装置中可生产多用途产品；能有效控制空气挥发物和臭味；固定重金属并降低其浓度；可自动控制；占地面积小；成本低。

缺点：增加了质量/体积比（相对于进入的脱水污泥，质量提高了15%～30%）。当满足美国EPAA类标准时，费用相对较高。

BIO*FIX工艺设施一般每天可处理40t干污泥（20%～24%TS），能保证每天235t的A类产品资源化使用，可大部分用于垃圾填埋场的覆盖物。

第三节　污泥的热化学处理

污泥热化学处理是一种历史悠久的污泥调质工艺，它通过加热引起分子运动、脱水收缩和发生液化，将污泥固相中的有机污染物大量溶解转移到上清液中，以减小污泥的黏性，进而改善污泥的脱水性能的过程。

污泥通过热化学处理可达到以下目的：①稳定化和无害化，通过加热使污泥中的有机物质发生化学反应，氧化如PAHs、PCBs等有毒有害污染物，杀灭致病菌等微生物；②减量化，通过加热破坏细胞结构，使污泥中的内部水释放出来而被脱除，实现最大限度的减量化；③资源化，通过热化学处理后的城市污泥，通过稳定化处理后可以进行相关的资源化利用，另外可以将污泥中的大量有机物转化为可燃的油、气等燃料。

一、污泥的焚烧

污泥焚烧可分为完全燃烧和湿式燃烧（不完全燃烧）。完全燃烧指污泥所含水分被完全蒸发，有机物质被完全燃烧，焚烧的最终产物为二氧化碳、水和氮气等气体和焚烧后的灰分。湿式焚烧是指污泥在液态下加压加温并压入压缩空气，是氧化物被氧化去除从而改变污泥的脱水性能。

脱水污泥滤饼经完全焚烧处理后，水分蒸发成为蒸汽，有机物转化为可燃气体，无机物变成灰渣。可燃气温度高达1000℃，细菌、孢子、寄生虫卵全部被杀灭。焚烧所需热量，依靠污泥本身含有的有机物的燃烧发热量或补充燃料。污泥中有机物含量与单位重量污泥固体的发热量成正比。若有机物含量为70%左右，则发热量约为16750kJ/kg固体；有机物含量为50%左右，则为8800～9200kJ/kg固体。

污泥完全焚烧可以重油、油、沼气、城市有机垃圾等作为辅助燃料。

污泥完全焚烧炉主要有以下几种类型：①立式多段焚烧炉；②回转窑焚烧炉；③流化床焚烧炉；④立式焚烧炉。其中回转窑焚烧炉与回转圆筒干燥机基本相同，但其长度较大，可分为逆流式与间流式回转炉两种炉型。回转炉的前段约1/3长度为干燥带；后段2/3长度为燃烧带。在干燥带内，污泥进行预热干燥，达到临界含水率10% ~ 30%，温度约为160℃，进行蒸发并升温，达着火点；在燃烧带内干馏污泥着火燃烧，温度可达700 ~ 900℃。

二、污泥的湿式氧化

湿式氧化（Wet Oxidation）是一种物理化学方法，是利用水相的有机质热化学氧化反应进行污泥处理的工艺方法，处理在高温（下临界温度为150 ~ 370℃）和一定压力下的高浓度有机废水十分相似，因此湿式氧化法也可用于处理污泥。

湿式氧化处理污泥是将污泥置于密闭反应器中，在高温、高压条件下通入空气或氧气当氧化剂，按浸没燃烧原理使污泥中有机物氧化分解，将有机物转化为无机物的过程。湿式氧化过程包括水解、裂解和氧化等过程。

污泥湿式氧化的过程实际上非常复杂，主要包括传质和化学反应两个过程，通常认为：湿式氧化反应属于自由基反应，包含了链的引发、链的发展、链的终止三个阶段。

在污泥湿式氧化过程中污泥一部分有机物被氧化转化到污泥上清液，经湿式氧化后，污泥脱水性能极佳，灭菌率高。

在污泥湿式氧化过程中污水厂污泥结构与成分被改变，脱水性能大大提高。城市污水厂剩余污泥通过湿式氧化处理，COD去除率可达70% ~ 80%，有机物的80% ~ 90%被氧化。湿式氧化与焚烧在技术机制上具有相似性，故又称为部分或湿式焚烧。

三、污泥热解

传统的热化学处理（如焚烧法）通常需加入辅助燃料。污泥热解是指在无氧或低于理论氧气量的条件下，将污泥加热到一定温度（高温：600 ~ 1000℃，低温：< 600℃），利用温度驱使污泥有机质热裂解和热化学转化反应，使固体物质分解为油、不凝性气体和炭三种可燃物的过程。污泥的最大转化率取决于污泥组成和催化剂的种类，正常产率为200 ~ 300L油/t干泥，其性质与柴油相似。部分产物作为前置干燥与热解的能源，其余当能源回收。

由于高温热解耗能大，目前研究重点放在低温热解（热化学转化）上。污泥在低温下转化为水、不凝性气体、油和炭。其中最为引人关注的是污泥低温热解制油技术，它是在催化剂条件下，在较低的温度下使污水污泥中含有的有机成分，如粗蛋白、粗纤维、脂肪及碳水化合物，经过一系列分解、缩合、脱氢、环化等反应转变为一些物质的混合物。热解产物的组成及分布主要由污泥性质决定，但也与热解温度有关。由于现今进行的污泥热解试验多限于试验室规模，因此提出了不同的作用机理。较普遍的看法为：在300℃以下发生的热化学转化反应，主要是污泥中脂肪族化合物的转化，此类化合物沸点较低，其转化形式主要为蒸汽；300℃以上蛋白质转化与390℃以上开始的糖类化合物转化，主要转化反应是肽键的断裂，基因转移变性及支链断裂等；含碳物质在200～450℃发生转化，至450℃基本完毕。

与目前常用的污泥焚烧工艺相比，污泥热解的主要优点是操作系统封闭，污泥减容率高，无污染气体排放，几乎所有的重金属颗粒都残留在固体剩余物中，在热解的同时还可实现能量的自给和资源的回收，因而是一种非常有前途的污泥处理方法和资源化技术。

四、污泥熔化

污泥熔化技术是将污泥进行干燥后，经1300～1500℃的高温处理，完全分解污泥中的有机物质，燃尽其中的有机成分，并使灰分在熔化状态输出炉外，经自然冷却，固化成火山岩状的炉渣。这种炉渣可以作为建筑材料。

污水厂污泥在干燥状态具有11～19MJ/kg的发热量。所谓污泥的熔化方法是使脱水滤饼的水分蒸发，变成干燥污泥，再通过特殊结构的熔化炉，使干燥污泥处在高于其熔点温度的炉内燃烧，剩下的不燃物始终保持着熔液状态流出炉外，冷却后生成炉渣。

干燥污泥所需的燃烧热，大部分来自炉内的高温燃烧排气，回收其中的一部分用于脱水滤饼的干燥。

污泥灰分的主要成分是Si、Al、Fe、P、Ca和Mg等。决定熔点高低的因素是灰分的成分比，尤其重要的指标是称为碱度的CaO和SiO_2的含量比。

第四节　污泥的生物处理

一、厌氧消化原理

厌氧消化是指污泥中的有机物质在无氧条件下被厌氧菌群最终分解为甲烷和二氧化碳的过程。它是目前国际上最常用的污泥处理方法，同时也是大型污水处理厂最为经济的污泥生物处理方法。

厌氧消化过程分为三个阶段：

第一阶段，有机物在水解和发酵细菌的作用下，使碳水化合物、蛋白质与脂肪，经水解与发酵转化为单糖、氨基酸、脂肪酸、甘油及二氧化碳、氢等物质。参加此阶段的微生物有：细菌、原生动物和真菌，统称为水解和发酵细菌。

第二阶段，在产氢产乙酸菌的作用下，把第一阶段的产物转化为氢、二氧化碳和乙酸。参加此阶段的微生物有：产氢产乙酸菌和同型乙酸菌。

第三阶段，通过两组生理上不同的产甲烷菌的作用，将氢和二氧化碳或对乙酸脱羧产生甲烷。参加此阶段的微生物有：产甲烷菌。

其过程如图8-7所示：

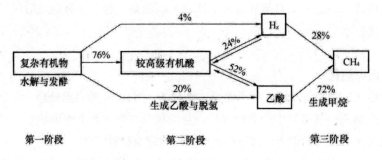

图8-7　有机物厌氧消化模式图

二、污泥厌氧消化的影响因素

甲烷发酵阶段为厌氧消化过程的控制步骤，由此可见影响厌氧消化的因素为：

1. 温度

按甲烷菌对温度的适应性，可将其分为中温甲烷菌（适应温度为30～36℃）和高温甲烷菌（适应温度为50～53℃）。随两区间的温度上升，消化速度却下降。温度还影响着消化的有机负荷、产气量和消化时间。

2. 生物固体停留时间（污泥龄）与负荷

有机物降解程度是污泥泥龄的函数，而不是进水有机物的函数。消化池的容积设计应按有机负荷、污泥泥龄和消化时间来设计。

3. 搅拌和混合

厌氧消化是由细菌体的内酶和外酶与底物的接触反应，因此必须使两者充分混合。搅拌方法一般有：泵加水射器搅拌法、消化气循环搅拌法和混合搅拌法。

4. 营养和C/N

微生物的生长所需要的营养物质由污泥提供。相关研究表明C/N在10～20：可保证正常的消化，如果C/N过高，氮源不足，pH容易下降；如果C/N过低，铵盐积累，抑制消化。

5. 氮的守恒和转化

在厌氧消化池中，氮平衡是非常重要的因素，尽管消化系统中的硝酸盐都将被还原成氮气存在于消化气中，但仍存在于系统中，由于细胞的增殖很少，只有很少的氮转化到细胞中去，大部分可生物降解的氮都转化为消化液中的NH_3，因此消化液中氮的浓度都高于进入消化池的原污泥。

6. 有毒物质

表8-11列举了有毒物质对消化菌的影响的毒阈浓度。超过此浓度会强烈抑制消化菌，有的还可杀死微生物。

表8-11 一些有毒物质的毒阈浓度

物质名称	毒阈浓度（mmol/L）	物质名称	毒阈浓度（mmol/L）
碱金属和碱土金属Ca^{2+}、Mg^{2+}、Na^+、K^+ 重金属Cu^{2+}、Ni^+、Hg^+、Fe^{2+} H^+和OH^-	10^{-1}～10^4 10^{-5}～10^{-3} 10^{-6}～10^{-4}	胺类有机物	10^{-5}～10^0 10^{-6}～10^0

三、厌氧消化的运行方式

消化池的运行方式主要有一级消化、多级消化（常用二级消化）和厌氧接触消化三种。

（一）一级消化

一级消化是指一般消化，常常是将几个同样的消化池并联起来，每个消化池各自单独完成全部的消化过程。其工艺特点为：

①污泥加热采用新鲜污泥在投配池内预热和消化池内蒸汽直接加热相结合的方法，其中以池内预热为主；

②消化池搅拌采用沼气循环搅拌方式；

③消化池产生的沼气供锅炉燃烧，锅炉产生蒸汽除消化池加热外，并入车间热网供生活用气。

（二）二级消化

由于污泥中温消化有机物分解程度为45%～55%，消化后不够稳定，并且熟污泥的含水率较新鲜污泥高,增大了后续处理的负荷。为了解决上述问题,可将消化一分为二,污泥在第一消化池中消化到一定程度后,再转入第二消化池,以便利用余热进一步消化有机物,这种运行方式为二级消化。

二级消化过程中,污泥消化在两个池子中完成,其中第一级消化池有集气罩,加热搅拌设备,不排除上清液,消化时间为7 ~ 10d。第二级消化池不加热,不搅拌,仅利用余热继续进行消化,消化温度为20 ~ 26℃。由于第二级消化池不搅拌,还可以起到污泥浓缩的作用。二级消化池的总容积大致等于一级消化池的容积,两级各占1/2,所需加热的热量及搅拌设备、电耗都较省。

(三)厌氧接触消化

由于消化时间受甲烷细菌分解消化速度控制,故如果用回流熟污泥的方法,可以增加消化池中甲烷细菌的数量和停留时间,相对降低挥发物和细菌数的比值,从而加快分解速度,这种运行方式叫作厌氧接触消化。厌氧接触消化系统中设有污泥均衡池、真空脱气器和熟污泥的回流设备。回流量为投配污泥量的1 ~ 3倍。采用这种方式运行,由于消化池中甲烷菌的数量增加,有机物的分解速度增大,消化时间可以缩短12 ~ 24h。

四、污泥好氧消化

污泥厌氧消化运行管理要求高,消化池需密闭、池容大、池数多,因此污泥量不大时可采用好氧消化,即在不投加其他底物条件下,对污泥进行较长时间曝气,使污泥中的微生物处于内源呼吸阶段进行自身氧化。但由于好氧消化需投加曝气设备,能耗大,因此多用于小型污水处理厂。

(一)好氧消化原理

污泥好氧消化处于内源呼吸阶段,细胞质反应为:

$$C_5H_7NO_2+7O_2\longrightarrow 5CO_2+3H_2O+H^++NO_3^-$$

由方程式可以得出,氧化1kg细胞质需要约2kg氧。处理过程中由于pH降低,因此要调节碱度;池内的溶解氧不能低于2mg/L,并应使污泥保持悬浮状态,因此必须要有足够的搅拌强度,污泥含水率在95%左右,以便搅拌。

(二)好氧消化池的构造

好氧消化池的构造与完全混合式活性污泥法曝气池相似,如图8-8所示。主要构造包括好氧消化室,进行污泥消化;泥液分离室,使污泥沉淀回流并把上清液排出;消化污泥排除管;曝气系统,由压缩空气管、中心导流筒组成,提供氧气并起搅拌作用。

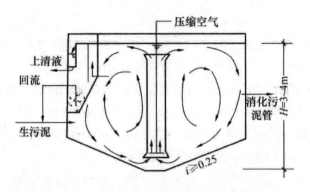

图8-8 好氧消化池的构造

消化池底坡不小于0.25，水深决定于鼓风机的风压，一般采用3～4m。

（三）好氧消化池的设计

1. 以有机负荷S为参数计算V

计算好氧消化池的容积计算式：

$$V = Q_0 X_0 / S$$

式中　Q_0——进入好氧消化池生污泥量，m^3/d；

　　　X_0——污泥中原有生物可降解挥发性固体浓度，g·VSS/L；

　　　S——有机负荷，kg·VSS/（m^3·d）。

表8-12 好氧消化池设计参数

序号	设计参数	数值
1	污泥停留时间（d）	
	活性污泥	10～15
	初沉淀池、初沉污泥与活性污泥混合	15～20
2	有机负荷［kg·VSS/（m^3·d）］	0.38～2.24
3	空气需要量［鼓风曝气m^3/（m^3·min）］	
	活性污泥	0.02～0.04
	初沉淀池、初沉污泥与活性污泥混合	＞0.06
4	机械曝气所需功率［kW/（m^3·池）］	0.02～0.04
5	最低溶解氧（mg/L）	2
6	温度（℃）	＞15
7	挥发性固体（VSS）去除率（%）	50左右

2. 好氧消化空气量的计算

好氧消化所需空气量满足两方面的需要：其一满足细胞物质自身氧化需要，当活性污泥进行好氧消化时，满足自身氧化需气量为 $0.015 \sim 0.02 m^3/$（$min \cdot m^3$），当为初次沉淀污泥与活性污泥混合时，满足自身氧化需气量为 $0.025 \sim 0.03 m^3/$（$min \cdot m^3$）；其二是满足搅拌混合需气量，当为活性污泥时，需气量为 $0.02 \sim 0.04 \ m^3/$（$min \cdot m^3$），当为混合污泥时，需气量为不少于 $0.06 \ m^3/$（$min \cdot m^3$）。可见，后者大于前者，故在工程设计中，以满足搅拌混合所需空气量计算。

五、污泥堆肥化

堆肥化是依靠自然界中广泛分布的细菌、放线菌、真菌等微生物，人为地促进可生物降解的有机物向稳定的腐殖质转化的微生物学过程，堆肥化的产物称为堆肥。通过堆肥化处理，可将有机物质转变成有机肥料和土壤调节剂，实现废弃物的资源化转化，且这些堆肥的最终产物已经稳定化，对环境不会造成危害。因此，堆肥化是有机废弃物稳定化、资源化和无害化处理的有效途径之一。

堆肥化过程是 20 世纪才发展起来的科学技术，但原始的堆肥方式很早就出现了，在几个世纪的历史过程中，人们将人粪尿、不能食用的烂菜叶子、动物粪便、废物垃圾等经堆肥化转化为肥料，为土壤提供了大量腐殖质物质和以有机状态存在的营养物质。现代的堆肥化过程是在这种原始的堆肥方式基础上发展而来的，1925年印度的农艺学家 Albert Howard 提出"印多尔法"，将落叶、垃圾、动物及人的粪尿堆成约 1.5m 高的土堆，隔数月翻堆一次至二次，经约 6 个月的厌氧发酵以后，这些有机废弃物便被转化成了肥料。后来，增加翻堆次数，改进成了好氧性发酵，发展成了将各种固体废物与人畜粪肥分层交替堆积的贝盖洛尔法。此后，堆肥方法在印度、德国、英国、美国和非洲等地被得到了广泛的推广应用。

（一）堆肥化原理

根据微生物的生长环境，堆肥可分为好氧堆肥和厌氧堆肥。目前，厌氧堆肥的研究和应用很少，主要是采用好氧方法进行堆肥处理。

好氧堆肥是在有氧的条件下，借好氧微生物（主要是好氧细菌）的作用进行。在堆肥过程中，有机废物中的可溶性有机物质透过微生物的细胞壁和细胞膜而为微生物所吸收；固体的和胶体的有机物先附着在微生物体外，由微生物所分泌的胞外酶分解为可溶性物质，再渗入细胞。微生物通过自身的生命活动——氧化还原和生物合成的过程，把一部分被吸收的有机物氧化成简单的无机物，并放出微生物生长、活动所需要的能量，把另一部分有机物转化合成新的细胞物质，使微生物生长繁殖，产生更多的生物体。

（二）堆肥过程中有机物的氧化和合成的反应过程

1. 有机物的氧化

①不含氮有机物（$C_xH_yO_z$）的氧化

$$C_xH_yO_z + (x+1/2y-1/2z) O_2 \longrightarrow xCO_2+1/2yH_2O+能量$$

②含氮有机物（$C_sH_tN_uO_v \cdot aH_2O$）的氧化

$$C_sH_tN_uO_v \cdot aH_2O+bO_2 \longrightarrow C_wH_xN_uO_v cH_2O+dH_2O（气）+H_2O（液）+fCO_2+gNH_3+能量$$

2. 细胞物质的合成（包括有机物的氧化，并以NH_3为氮源）

$$x C_xH_yO_z +NH_3+ (nx+ny/4—nz/2—5x) O_2 \longrightarrow C_5H_7NO_2（细胞质）+ (nx-5) CO_2+1/2 (ny-4) H_2O+能量$$

3. 细胞物质的氧化

$$C_5H_7NO_2（细胞质）+5O_2 \longrightarrow 5 CO_2+2H_2O+NH_3+能量$$

第九章 污水处理的综合系统设置

第一节 无动力多级厌氧复合生态处理系统

一、无动力多级厌氧系统的基本原理

厌氧生物专家G.lettinga教授断言，厌氧处理生物技术如果有适合的后处理方法相配合，可以成为分散型生活污水处理模式的核心手段，这一模式较之于传统的集中处理方法更具有可持续性和生命力，尤其适合发展中国家的情况。针对我国当前资金短缺、能源不足与污染日益严重的现状，厌氧处理技术是特别适合我国国情的一种技术。但因为单独的厌氧对氮、磷等营养元素基本上没有什么去除能力，污水中的氮、磷会使水体富营养化。同时单独的厌氧处理也不能很好地除去病菌，厌氧出水通常情况下不能达到国家的排放标准。因此，单独的厌氧处理还只能作为一种预处理，必须选择合适的后续处理单元。

基于上述背景，在农业部实施的乡村清洁工程示范过程中，针对单户或联户生活污水的处理，基本形成一套成熟的厌氧处理与复合生态床相结合的处理方法，简称无动力多级厌氧复合生态处理系统。

该系统主要由2～3格厌氧池和1格以比表面积较大的沙砾石、细土等为基质的复合生态床组成，其中各池之间靠管道连通，污水在池内停留时间为5～7天。生活污水经过厌氧处理，生活污水中悬浮物可以沉淀，难降解有机污染物被厌氧微生物转化为小分子有机物。复合生态床表面可种植水生生物，包括如美人蕉等观赏植物。复合生态床除起到过滤作用以外，有植物的床体还能够提高处理效果。主要归纳为：一是植物的生长改变生态床的流态。不同组合的植物根系发达，并且纵横交错，输氧能力强，生长的植物根系和茎秆对水流的阻碍作用有利于均匀布水，延长水力停留时间；二是植物的根系创造有利于各种微生物生长的微环境，植物根茎的延伸会在植物根系附近形成有利硝化作用的好氧微区，同时在远离根系的厌氧区里

含有大量可利用的碳源，这又提供了反硝化条件；三是植物生长对各种营养物尤其是硝酸盐氮具有吸收作用。而污水经厌氧"粗"处理后，后续"精"处理单元的负荷相对较小，这样可节省生态床的占地面积，污水中的悬浮物经厌氧反应器处理后，大部分能被有效地去除，这样也可防止生态床堵塞。因此，这种组合，不但能有效地去除有机物，而且能有效解决目前污水处理中难以做到的氮、磷皆能达标的难题。

二、无动力多级厌氧系统的技术流程

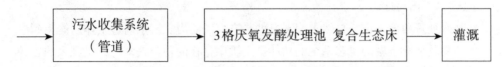

图9-1　无动力多级厌氧复合生态处理系统工艺流程图

无动力多级厌氧复合生态处理系统工艺流程说明：

（一）污水收集系统

该系统处理对象一般以厨房和洗浴房产生的污水，将下水道等与污水管道之间采用暗槽相连，并在入井口处另做格栅以隔除粗大颗粒物。

（二）处理池由厌氧发酵池和复合生态床组成，形成一体化结构

厌氧发酵池由3个格组成，预制均可，以"目"字形为主要类型，若受地形限制，"品"字形、"丁"字形摆布也可。容积达到污水停留时间为5～7天为宜。3格池有效深度应不少于1米，1～3格容积比例一般为2：1：3。厌氧发酵池的第1格主要作用是调节水量，同时在某种程度上也具有均匀水质和初沉的作用。可调节后续处理系统的用水量。第2、3格对污水中有机污染物进行有效降解，有利于复合生态床处理。

（三）处理池总容积的计算

$$V = Q \cdot T$$

式中　V——升流池设计容积（立方米）；

　　　Q——预计升流池处理水量（立方米/小时）；

　　　T——污水在升流池中滞留时间（小时）。

　　　T一般取为6～7天，目前在农村示范成功池型有3立方米和4.5立方米两种。

（四）复合生态床结构

复合生态床是处理系统中的主要构筑物，是以一个或两个滤池组合而成的矩形的砖结构物。池内填装有沙砾和人工土等基质。

（五）沙砾和人工土的组成和厚度

1. 沙砾层

由不同粒径沙砾组成，一般分为 3 ～ 4 层沙砾粒径 ϕ 10 ～ ϕ 80 不等。沙砾也可以采用其他多孔、比表面积大的无机基质如煤渣替换，可以提高处理效果，但成本要高。沙砾层厚度一般 30 ～ 40 厘米。

2. 人工土的选配

从水处理角度来说，自然土壤本身就具有自净能力。污水通过土体后能得到净化，主要是依靠土壤的生态系统的功能。土壤中存在的种类繁多，数量庞大的各种细菌、真菌、放线菌、藻类、原生动物等，是维持土生态系统和完成生态系统功能中物质和能量转化的不可缺少的组成部分，它们是土壤生态系统中物质和能量循环的分解者和转化者。因此在人工土的物质组成上选择了沙、高肥沃的耕层壤质土和草炭为原料。沙是人工土具一定通透能力的基本骨架，肥沃耕层土是生物活性接种剂，草炭是起推动和维持生物活性的能源和营养源。经用不同组成配比并考虑今后取材方便，沙料选用了通常建筑用沙，按细沙、中沙、粗沙 3 个档次分别配制成人工土。

根据美制与苏制的土壤质地分类系统和我国目前土壤质地分类系统，并按各粒级的相对含量，用"细沙"配制的人工土属砾质细沙土，用"中沙"配制者为粗沙土，而用"粗沙"配制者应属砾质粗沙土。

因此，采用一般建筑用含砾质的粗沙为原料是较理想的人工土配制材料。这样由于处理水量增大 6 倍，相应基建投资和污水处理的运转费也将大大降低。

人工土厚度一般取 10 ～ 20 厘米。

三、工艺设计和设计参数

以处理一家 3 ～ 6 口人家庭生活污水为例，建污水处理系统为 3 立方米。

该处理池具体尺寸 2340 毫米 × 1240 毫米 × 1500 毫米，处理池分为 4 格，净空尺寸：第 1 格 400 毫米 × 1000 毫米 × 1500 毫米，第 2 格 200 毫米 × 1000 毫米 × 1500 毫米，第 3 格 600 毫米 × 1000 毫米 × 1500 毫米，第 4 格 800 毫米 × 1000 毫米 × 800 毫米，系统俯视图如图 9-2 所示，系统剖视图如图 9-3 所示。

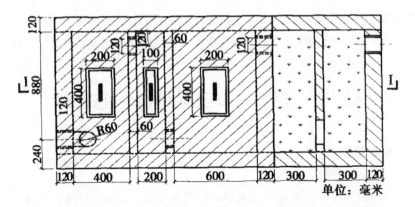

图9-2　无动力多级厌氧复合生态处理系统俯视图

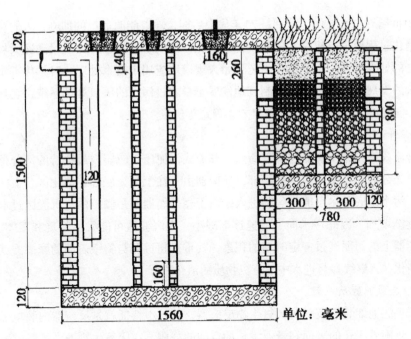

图9-3　无动力多级厌氧复合生态处理系统剖视图

四、无动力多级厌氧系统的技术特点

该处理系统工艺流程简单，出水水质好，抗冲击力强，无须采取人工曝气、污泥回流、混合搅拌等措施，也就不存在大型的处理机械和复杂的操作控制系统，所以运行管理工作极为简单，不需要有大量训练有素的操作管理人员，非常适宜目前我国农村迫切需要经济、高效、节能、技术先进可靠的污水处理工艺和技术，即所谓的"三低一高"（低基建费用、低运行费用、低维护费用和高处理效率）技术。

第二节　厌氧——人工湿地组合处理技术

一、相关观念

（一）厌氧处理技术

厌氧处理技术又称厌氧消化技术、厌氧发酵技术，实际上是指在厌氧条件下由多种（厌氧或兼性）微生物的共同作用下，使有机物分解并产生甲烷和二氧化碳的过程。

20世纪五六十年代，特别是70年代中后期，随着能源危机的加剧，人们对利用厌氧消化过程处理有机废水的研究得以强化，出现了一批被称为现代高速厌氧消化反应器的处理工艺，厌氧消化工艺开始大规模地应用于废水处理。对于热带及亚热带地区的发展中国家，可因地制宜地发展小量农村污水的厌氧处理系统，它具有投资少、能耗低、操作和维护简单且效果稳定等优点。

1. 升流式污泥床反应器

升流式污泥床反应器起源于荷兰。升流式污泥床反应器内最独特的部分是相分离器，相分离器置于反应区的顶部，反应器由下往上分为底部、消化区、上区和沉淀区。污水由底部尽可能均匀的进入，由于相分离器壁是倾斜的，沉淀区过水断面面积逐渐增加，因此污水向上流速逐渐减小，在沉淀区可能发生絮凝和絮体沉淀。相分离器上的污泥经过一定时期的积累，其重量超过泥与斜壁表面的摩擦力就会滑落入消化区，继续参与进水中的有机物质的消化过程。

2. 厌氧滤池反应器

厌氧滤池即装有填料的厌氧生物反应器，其基本特征就是反应器内装填了为微生物提供附着生长的表面和悬浮生长的空间的载体。在厌氧生物滤池填料的表面有以生物膜形态生长的微生物群体，构成了厌氧生物滤池厌氧微生物的主要部分，而被截留在填料空隙中、悬浮生长的厌氧活性污泥中的微生物群体，是厌氧滤池厌氧微生物的次要部分。和升流式污泥床反应器法相比，系统启动或停运后再启动时比较容易，所需时间较短。厌氧滤池按其中水流方向不同分为升流式和降流式两种类型，试验表明升流式厌氧滤池对化学需氧量去除率高于降流式厌氧滤池，因此在欧洲、日本多采用升流式厌氧生物滤池配以终端来处理农村污水。

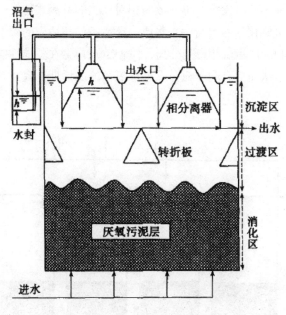

图9-4 升流式污泥床反应器示意图

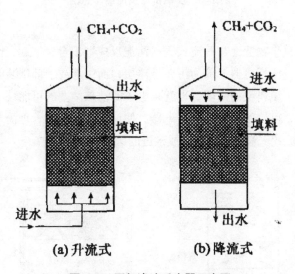

图9-5 厌氧滤池反应器示意图

3. 厌氧折流反应器

厌氧折流反应器是由美国Stanford大学的McCarty等在20世纪80年代初提出的一种高效新型厌氧反应器（图9-6）。反应器折流结构使污水上下折流穿过泥层，形成了水流的推流性质；并且使每一单元成为相对独立的升流式污泥床系统。这一特点使得每个单元中可驯化培养出与污水水质、环境条件相适应的微生物群落，从而导致厌氧反应产酸相和产甲烷相得到分离，使ABR反应器在整体性能上相当于多级多相厌氧处理系统，从而更有利于充分发挥厌氧菌群的活性，提高系统的处理效果和运行的稳定性。

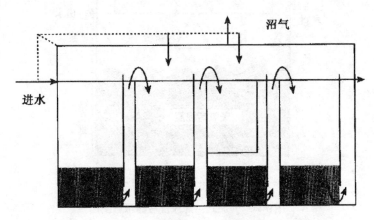

图9-6　厌氧折流反应器示意图

4. 厌氧复合床反应器

实际是将厌氧生物滤池与升流式厌氧污泥反应器组合在一起，因此又称为UBF反应器。厌氧复合床反应器下部为污泥悬浮层，而中部或上部则装有填料。与厌氧滤池相比，减少了填料层的高度，也就减少了滤池被堵塞的可能性；与升流式厌氧污泥反应器相比，可以不设置三相分离器，使反应器构造与管理简单化。因此，它实际是改进的升流式厌氧污泥反应器或改进的厌氧滤池反应器。

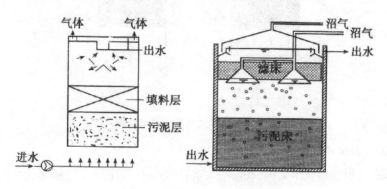

图9-7　厌氧复合床反应器示意图

5. 膨胀颗粒污泥床（EGSB）

膨胀颗粒污泥床实际上是改进的升流式厌氧污泥反应器，是Lettinga等在观察到升流式厌氧污泥反应器内可形成颗粒污泥后而实验研究出的一种新工艺。该工艺采用高达20～30米的反应器或配以出水回流以获得上升流速，使厌氧颗粒污泥在反应器内呈膨胀状态。EGSB的上升流速高达6～12米/小时，而UASB的上升流速只有1～2米/小时，高的上升流速使颗粒污泥在反应器内处于悬浮状态从而保证了进水与颗粒污泥的充分接触，使容积负荷可高达20～30公斤化学需氧量/（立方米·天）。在常温下处理农村污水时，水力停留时间达1.5～2小时，化学需氧量的去除率可高达90%，EGSB工艺在低温条件下处理农村污水时，可以得到比其他工艺更好的效果。下面是两种不同类型的EGSB反应器：

（1）厌氧升流式流化床（图9-8）：厌氧升流式流化床工艺是由美荷Biothane系统公司所开发的一种新型反应器。厌氧升流式流化床在运行过程中形成厌氧颗粒污泥，因此在实际运行中将厌氧流化床转变为EGSB运行形式。厌氧升流式流化床可以在极高的水和气体的上升流速下形成和保持颗粒污泥，所以不用采用载体物质。由于高的液体和气体的上升流速造成了进水和污泥之间的良好混合状态，因此系统可采用15～30公斤化学需氧量/（立方米·天）的高负荷。

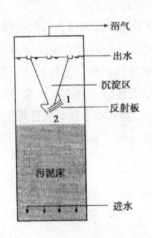
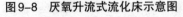

图9-8 厌氧升流式流化床示意图

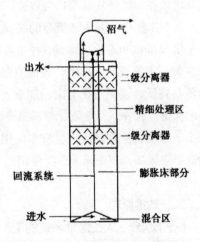

图9-9 厌氧内循环反应器示意图

（2）厌氧内循环反应器。厌氧内循环反应器工艺是基于厌氧内循环反应器颗粒化和三相分离器的概念而改进的新型反应器，它由两个升流式厌氧污泥反应器单元相互重叠而成。其特点是在一个高的反应器内将气体的分离分为两个阶段。底部处于极端的高负荷，而上部处于低负荷。厌氧内循环反应器是由4个不同的功能部分组合而成：即混合部分、膨胀部分、精处理部分和回流部分。

2. 人工湿地

人工湿地是一种由人工建造和监督控制的与沼泽地类似的地面，它利用自然生态系统中的物理、化学和生物的三重协同作用，通过过滤、吸附、共沉、离子交换、植物吸收和微生物分解来实现对污水的高效净化。实践表明，与其他处理污水的方法相比人工湿地系统具有高效率、低投资、低运行费、低维护技术、基本不耗电即"一高三低一不"的特点。

人工湿地是在一定长宽比及底面坡降的洼地中，由土壤和填料（如砾石等）混合组成填料床，废水可以在床体的填料缝隙中流动，或在床体的表面流动，并在床的表面种植具有处理性能好，成活率高，抗水性能强，生长周期长，美观及具有经济价值的水生植物（如芦苇等），形成一个独特的生态环境，对污水进行处理。

人工湿地是一个综合的生态系统，具有缓冲容量大、处理效果好、工艺简单、投资少、耗电低、运行费用低等特点，它应用生态系统中物种共生、物质循环再生原理，结构与功能协调原则，在促进废水中污染物质良性循环的前提下，充分发挥资源的生产潜力，防止环境的再次污染，获得污水处理与资源化的最佳效益。它具有环境效益、经济效益及社会效益，是一种较好的废水处理方式。

按照工程设计和水体流态的差异，人工湿地污水处理系统可以分为表面流湿地、水平潜流湿地和垂直流湿地3种主要类型。各类型在运行、控制等方面的诸多特征存在着一定的差异。其中，表面流湿地不需要沙砾等物质作填料，造价较低，但水力负荷较低。该类型在美国、加拿大、新西兰、瑞典等国有较多分布；水平潜流湿地的保湿性较好。对生物化学需氧量、化学需氧量等有机物和重金属等去除效果好，受季节影响，目前在欧洲、日本应用较多；垂直流湿地综合了前两者的特点，但其建造要求较高，至今尚未广泛使用。

二、技术原理

（一）厌氧-人工湿地系统的工作原理

关于厌氧工艺的原理目前认为对厌氧工艺原理较全面和较准确的描述是三阶段、四阶段理论，如图9-10所示。

20世纪70年代，Bryant发现原来认为是一种被称为"奥氏产甲烷菌"的细菌，实际上是由两种细菌共同组成的，一种细菌首先把乙醇氧化为乙酸和氢气，另一种细菌利用氢气和二氧化碳产生甲烷；因而，提出了"三阶段理论"。

三阶段理论：水解、发酵阶段；产氢产乙酸阶段：产氢产乙酸菌，将丙酸、丁酸等脂肪酸和乙醇等转化为乙酸、氢气/二氧化碳。产甲烷阶段：产甲烷菌利用乙酸和氢气、二氧化碳产生甲烷。一般认为，在厌氧生物处理过程中约有70%的甲烷产自乙酸的分解，其余的则产自氢气和二氧化碳。

四阶段理论（四菌群学说）：同型产乙酸菌：将氢气/二氧化碳合成为乙酸。但实际上这一部分乙酸的量较少，只占全部乙酸的5%。

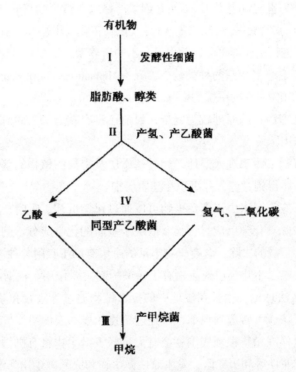

图9-10 厌氧反应的三阶段理论和四菌群理论

厌氧生物处理技术是我国水污染控制的重要手段。我国当前的水体污染物还主要是有机污染物以及营养元素氮、磷的污染；目前的形势是：能源昂贵、土地价格剧增、剩余污泥的处理费用也越来越高；厌氧工艺的突出优点是能将有机污染物转变成沼气并加以利用，运行能耗低，有机负荷高，占地面积少；污泥产量少，剩余污泥处理费用低。

厌氧消化过程中的主要微生物包括发酵细菌（产酸细菌）、产氢产乙酸菌、产甲烷菌等。

发酵细菌（产酸细菌）：主要功能：水解——在胞外酶的作用下，将不溶性有机物水解成可溶性有机物；酸化——将可溶性大分子有机物转化为脂肪酸、醇类等。主要细菌：梭菌属、拟杆菌属、丁酸弧菌属、双岐杆菌属等；水解过程较缓慢，并受多种因素影响（酸碱度、有机物种类等），有时会成为厌氧反应的限速步骤。产酸反应的速率较快；大多数是厌氧菌，也有大量是兼性厌氧菌；可以按功能来分：纤维素分解菌、半纤维素分解菌、淀粉分解菌、蛋白质分解菌、脂肪分解菌等。

产甲烷菌：20世纪60年代Himgate开创了严格厌氧微生物培养技术；主要功能：将产氢产乙酸菌的产物——乙酸和氢气/二氧化碳转化为甲烷和二氧化碳，使厌氧消化过程得以顺利进行；一般可分为两大类：乙酸营养型和氢气营养型产甲烷菌；一般来说，乙酸营养型产甲烷菌的种类较少，只有Methanosarcina和Methanothrix，但在厌氧反应器中，有70%左右的甲烷是来自乙酸的氧化分解。

人工湿地处理污水的原理较为复杂，目前还没有较为深入的研究。一般认为主要有以下几个作用：

（1）物理沉积：污水进入湿地，经过基质层及密集的植物的茎叶和根系，使污水中的悬浮物固体得到过滤，并沉积在基质层中。

（2）化学反应：污水中许多污染物可以通过化学沉淀、吸附、离子交换等化学反应过程得以去除。化学反应是否显著取决于基质的化学成分。例如，含碳酸钙较多的石灰石有助于磷的去除，含有机物丰富的土壤有助于吸附各种污染物。

（3）生化反应：生化反应对去除有机污染物起主要作用。根据1977年德国学者KickuthR.的根区法理论，生长在湿地中的挺水植物通过叶吸收和茎秆的运输作用，将空气中的氧气（O_2）转运到根部，再经过植物的根部表面组织扩散，在根须周围形成好氧区，这样在植物根须周围就会有大量好氧微生物将有机物分解。在根须较少的地方将形成兼性区和厌氧区，发生兼性微生物和厌氧微生物降解有机物的作用。由于这种基质中好氧区和厌氧区的同时存在，十分利于硝化和反硝化反应的进行，从而达到除氮效果。

应用厌氧—人工湿地组合处理技术具有以下优点：

（1）采用厌氧—人工湿地组合处理技术解决了单一处理工艺无法实现达标排放的弊端。传统人工湿地处理技术有机负荷太高，单独应用处理农村污水一般不能使污水水质达标，而应用厌氧–人工湿地组合处理技术可以大幅度降低污水中有机物含量，减小了人工湿地负荷，可以使污水达到农田灌溉水质标准；同样，单独采用厌氧处理技术一般也无法达标排放。

（2）传统人工湿地占地面积太大，而采用这种组合处理工艺由厌氧处理单元减小了人工湿地的压力，从而可以大大缩小人工湿地的占地面积。

（3）厌氧处理单元可以去除污水大量的悬浮物质，避免人工湿地由于长时间运行造成堵塞现象。

（4）单独采用厌氧处理技术，出水一般会产生恶臭气味，采用潜流式人工湿地或在人工湿地中设置部分区域为潜流式湿地可以杜绝臭味的产生。

（5）可以实现处理和回用一体化，利用污水处理过程，合理选配水生或半水生及湿生植物，建造生态景观，美化生活环境。

（二）工艺流程

厌氧—人工湿地组合处理技术处理农村污水一般工艺流程如下：

（1）一级厌氧段：产甲烷菌在厌氧条件下繁殖，降解部分有机物，小分子的氨基酸降解为甲烷，大分子的蛋白质降解为小分子有机酸和沼气。设置U形水封，使沼气逸出。

（2）悬浮填料厌氧段：厌氧反应器中放置悬浮填料，没有降解完全的有机物在产甲烷菌的作用下得到进一步的降解，悬浮污泥在上升的过程中可附着在填料表面，微生物在填料上生长繁殖，使处理效率升高，同时可以阻止悬浮污泥随水流走，即使发生污泥膨胀，也能使出水水质得到有效保证。另外设置U形水封，使沼气逸出。

（3）人工湿地：人工湿地系统是在芦苇、香蒲等耐水植物和土壤、填料的作用下通过物理沉降，植物根系阻截吸收，土壤、填料的表面吸附，微生物的代谢作用等去除厌氧段出水中的剩余有机物、悬浮物、氮、磷等污染物质，由于维管束可向根系输送光合作用产生的氧，因此在芦苇根系的周围可以保持较高的溶解氧，利于好氧及兼性微生物如硝化菌、反硝化菌、聚磷菌的繁殖，脱氮除磷，同时植物本身也能以无机盐的形式吸收氮、磷等污染物质，一系列复杂的生物物理化学作用能使水在人工湿地中得到彻底的净化。人工湿地由多段组成，多级处理。各段高程逐级下降，水流靠重力完成在各段间的分配，第一级为上流式，填料分两层，上层为黏土，下层为鹅卵石（粒径10～30毫米），鹅卵石下面是集水池，集水池内设网状格段，各格段相通，均匀布水，格段的尺寸比鹅卵石略小，为上层的鹅卵石和黏土提供支撑，上流水经过填料后经溢流堰由上部进入第二级。第二级为下流式，填料种类与第一段相同，填料以铸铁多孔板篦支撑，水流进入底部的集水池，集水池与第三级处理的集水池相通，三级处理填料上层为石英沙，下层为鹅卵石，配水方式与第一段相同。出水经过鹅卵石和石英沙的过滤作用彻底净化，由溢流堰溢出。图9-11为厌氧—人工湿地组合处理技术工艺流程图：

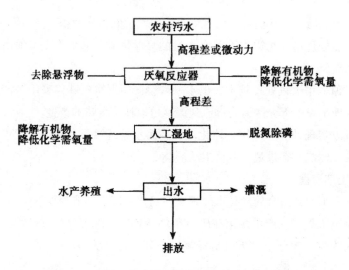

图9-11　厌氧—人工湿地组合处理技术工艺流程图

三、厌氧—人工湿地组合处理技术的应用

（一）适用范围

厌氧—人工湿地组合处理技术适用于农村生活污水处理、农村农产品深加工废水处理以及农村畜禽养殖废水的处理，也适用于中小城镇、农村城镇化试点区及大城市周边未连入市政排污管道生活小区的生活污水的分散处理，同样适用于一些宾馆、别墅区的生活污水处理。

（二）处理规模的确定

利用厌氧—人工湿地组合处理技术处理农村污水一般处理规模在每天1000立方米以内。因此要确定处理规模和工程规格，首先要明确农村污水产生量。农村生活污水的排放量一般是按80～120升/人·天计算。例如，一个村庄有居民1000人，则可根据当地的实际情况，确定该村庄每天生活污水的排放量为80～120立方米。污水排放量确定下来以后，根据厌氧停留时间和污水的实际水质状况来计算工程各部分的规格。厌氧段停留时间一般为24～48小时，这样才能保证人工湿地负荷不至于过大。人工湿地停留时间一般在48小时以上，考虑到占地面积要小，一般人工湿地停留时间设计为48～72小时。这就要求人工湿地除了要占一定面积的土地以外，还要有一定的深度，人工湿地的深度一般为1～1.5米。例如，为一个污水排放量为100立方米的乡村设计工程时，厌氧处理部分总有效容积应为100～200立方米，而人工湿地总有效容积应是200～300立方米。所谓有效容积就是能够容水的空间大小，计算有效容积时要根据人工湿地中填料间的空隙大小进行估算。

（三）工程建设

采用厌氧—人工湿地组合处理技术进行农村污水处理时，工程建设包括主体工程建设和配套工程建设。

主体工程是污水处理单元，包括厌氧处理系统和人工湿地系统。在工程设计时一般考虑尽量使处理系统无动力运行以节约投资成本和运行成本，因此应因地制宜依靠地势差来达到污水处理系统的无动力运行。如果当地确实没有有利地形，无地势差可用，可以考虑使用微动力将污水进行一次提升进入厌氧反应器，然后再依靠重力从高到低流入人工湿地。厌氧处理单元可采用地埋式或者半地埋式，人工湿地可以利用当地的一些排水沟渠改造而成。污水处理系统一般应设在村外，远离村庄，且最好在村庄的下风向，避免厌氧段产生的臭气影响村民生活。

厌氧反应器一般采用混凝土材质，整个系统严格密封，上部有U形水封，在保持反应器密闭的情况下将内部产生的各种气体排出反应器。厌氧反应器深2～4米，根据污水处理量来确定，长宽比例要适中，以4∶3或5∶3为最合适比例，一般不要超过2∶1。整个厌氧反应器一般呈推流式分布，分为3～5个反应池，每个反应池长度一般不要超过反应池深度的2倍，即如果池深4米，那么每个反应池长度一般不应超过8米。

每个反应池都是一个升流式厌氧污泥床反应器或者是厌氧复合床反应器。反应池底部为布水管，其作用是使进入反应器的污水在其上升截面上均匀分布，提高处理效率；如果使用潜水泵往厌氧反应器中进水，使用布水管可以提高污水中有机物的去除效果；如果是无动力进水，也可以不用布水管。

反应池下部是占30%～40%水深的厌氧污泥层，厌氧活性污泥取自城市生活污水处理厂，加入这些活性污泥主要是为了增加厌氧反应器中的生物量，提高厌氧处理能力，缩短厌氧反应器的启动时间和厌氧系统停留时间。反应池上部可以加入一层悬浮填料，塑质填料或陶粒填料均可，厚度一般为水深的20%～30%，目的也是增加反应器中生物量，提高处理效率，同时也起到三相分离器的作用，即可以使活性污泥、水及产生的气体分开，保存活性污泥。反应器每个反应池顶部一般要留人员出入孔，供维修时使用，人员出入孔直径一般为60～80厘米。反应器每个反应池底部还要留排泥口，由于系统长时间运行，反应池中污泥越来越多，要定期清渣，一般半年左右排一次污泥。

厌氧反应器各个反应池中水面随流向呈阶梯状分布，反应池之间用管道或者折流板连接，前一个反应池水面比后一个高约10厘米，水流依靠高程差向前流动。在各个反应池中水的流动可以是升流式也可以是降流式，或者是升流和降流相结合。

人工湿地整体结构和厌氧反应器结构基本相似，只是人工湿地整体比厌氧系统要低，深度浅一些，以填料为主，污水在填料间隙中流动，人工湿地中种有多种耐污的水生植物、半水生或湿生植物。

人工湿地污水处理系统的孔隙度系指湿地土壤中孔隙占湿地总容积的比。实践表明，人工湿地污水处理系统的孔隙度很难测定，各种文献报道的孔隙度也有很大出入。而在人工湿地的设计过程中，需要利用湿地土壤孔隙度，以确定水量、水力停留时间、湿地长宽尺寸等。实际上，孔隙度是根据实际经验加以估计的。美国国家环保局建议，表面流湿地密集植被区域设计采用的孔隙度为0.65 ~ 0.75，开阔自由水域采用的孔隙度为1.02。

系统深度是人工湿地污水处理设计、运行和维护的重要参数，水深调节是湿地运行维护、调节湿地处理性能的可用手段之一。为了在最小单位面积湿地内达到最有效地处理污水，在要求的水力停留时间条件下，湿地处理系统深度在理论上应该是越深越好。然而，在潜流湿地的植物根区传导性较高的介质中，存在着优势水流，为了减少这样的水流流动，则要求系统深度不能太深，而一般需要根据系统所栽种植物的种类及根系的生长深度确定，以保证湿地单元中必要的好氧条件。有研究建议，潜流湿地系统深度应为植物根系所能达到的最深处，不过实际上由于植物根系很少达到理论上的最深处，不同的学者建议的深度从40 ~ 60厘米不等，太深了会导致根系无法输氧到底部，同时也容易造成死区，降低工程效益。美国国家环保局根据多年工程经验，确定潜流湿地进水区域水深为40厘米，基质深度应比水深深10厘米，即系统总体深度为50厘米。Easdick推荐的潜流湿地设计参数指标中水深要求为30 ~ 90厘米。也在此深度范围内。美国水污染控制委员会（WPCF）要求，表面流湿地的水深在50厘米以内。不过，北美洲湿地水质处理数据库中推荐的表面流湿地的水深在10 ~ 200厘米，典型深度在15 ~ 60厘米，运行深度随植物种类不同而异，一般挺水植物区域水深60厘米，沉水植物区域水深120厘米左右。经验表明，对于芦苇湿地系统，处理农村污水时，湿地单元深度一般取60 ~ 70厘米；而用于较高浓度有机工业废水的处理时，深度一般在30 ~ 40厘米。

经验表明，人工湿地污水处理单元长度通常定为20 ~ 50厘米。过长，易造成湿地床中的死区，且使水位难以调节。不利于植物的栽培。潜流湿地处理单元由于绝大部分的生物耗氧量和悬浮物的去除发生在进水区几米的区域。因此也有一些学者建议，潜流湿地处理单元长度应控制在12 ~ 30米之间，以防止短路情况的发生。Kollaard和Tousignant建议，潜流湿地处理单元长度最小取15米为宜。人工湿地污水处理单元长宽比从1∶1到90∶1不等。早期的湿地研究者如Geartheart等认为，较高的长宽比有利于减少水流短路，使得湿地水流更趋近于推流。不过实际经验表明，一些表面流湿地的推流状况与长宽比无关。Bounds等研究表明，在3个长宽比分别为4∶1、10∶1和30∶1的平行潜流系统中，总悬浮物和生物耗氧量的去除率没有太大的区别。对于长宽比较高的湿地系统，必须考虑水头损失及水力坡度等的影响，以防止进水区域的水流溢出。王薇等建议，湿地处理系统长宽比应控制在3∶1以下，常采用1∶1；对于以土壤为主的系统，长宽比应小于1∶1。对于长宽比小于1∶1的潜流湿地，必须慎重考虑在湿地整个宽度上均匀布水和集水的问题。

　　进出水构筑物：进出水控制装置对于人工湿地的处理效果和运行可靠性非常重要，有两点非常关键：一是要注意进水装置在整个宽度上布水的均匀性，建议使用渐缩三通管及可旋转的直角弯头布水；二是出水装置在整个宽度方向上集水的均匀性，出水装置应该能够提供整个湿地的水位控制。减少水流短路现象，以改变湿地内部的水深及水力停留时间。对于较小的人工湿地处理系统，常用的进出水装置是穿孔的PVC管，长度与湿地宽度相当，均匀穿孔，穿孔大小及间距取决于进水流量、水质情况、水力停留时间等因素，建议最大孔间距为湿地宽度的10%。较大的人工湿地处理系统，常用多级堰（Multipleweir）或者升降水箱（dropbox）。对于水位控制有几点要求：①在系统接纳最大设计流量时，湿地进水端不出现雍水，以防发生表面流；②在系统接纳最小设计流量时，湿地出水端不出现填料床面的淹没，以防出现表面流；③为了利于植物的生长，床中水面浸没植物根系的深度应尽量均匀，并尽量使水面坡度与底坡基本一致。

　　隔板装置与防渗材料：隔板是在湿地水流垂直方向或者平行方向安置的装置。用于减少短路、增强不同水深污水的混合程度。改善絮凝沉降效果。隔板使用取决于长宽比、单元配置情况和处理目标等。总的来讲，一般不推荐使用隔板，但是在提高水力传导避免系统短路和死区等方面，隔板还是很有实用价值的。防止湿地污水污染地下水也是人工湿地污水处理系统建设中一个至关重要的问题。理想情况下，能利用低渗透性的天然土壤构成人工湿地的防渗层。但在多数情况下，现场的土壤情况达不到防渗的要求，需要某种防渗材料来提供防渗功能。资料表明，一些渗透率低于10厘米/秒的天然物质可以用于防渗材料，如班脱土、沥青等。此外，如聚氯乙稀（PVC）和高密度聚乙烯等人工合成膜材料，也可用作防渗层。尤其需要指出的，湿地处理系统必须保证单元进水管与出水管之间没有泄漏现象。图9-12为主体工程结构示意图。

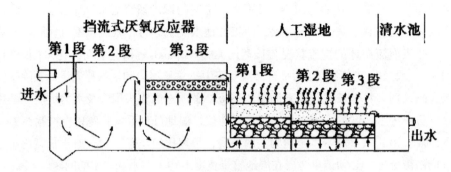

图9-12 厌氧—人工湿地处理系统示意图

配套工程主要是指污水收集系统、动力系统以及管理维护人员住宿和存放工具的房屋。应该首先设计和建设污水收集系统，污水收集系统一般是依靠重力或者说是高度差来收集污水的，一般采用地下PVC管道，将各家各户的污水收集起来，施工过程中要将管道铺设出一定的坡度，保证污水顺利流入处理系统，在进入收集管道之前一般要经过预沉淀和格栅过滤，将容易堵塞管道的杂物除掉。有些工程需要动力系统，还要提前架接电源及控制系统。因为工程需要有固定的管理人员随时对系统进行管理和维护，所以必须在适当的位置建造供住宿和存放工具的房屋。

（四）系统启动、运行、管理、维护及注意事项

1. 启动

系统启动需要1～2个月时间，要遵循"从小到大"、"从长到短"的原则，所谓"从小到大"是指系统日进水量从小到大，系统刚启动时，由于厌氧反应器中厌氧微生物量还不够大，处理能力也还不稳定，所以进水量要小，进水流速也要小，污水停留时间就会比较长，一般系统刚开始运行时日进水量保持在稳定运行时进水量的20%～30%。这样运行10～15天后，再增加进水量，可以增加到稳定运行时进水量的40%～50%。再过10～15天，系统日进水量可以增加到稳定运行时进水量的60%～70%。运行10～15天后再增加到稳定运行时进水量的80%～90%。再运行10～15天，系统日进水量可以达到满负荷。例如，系统设计时稳定运行日处理量为10立方米，则刚启动时日进水量为2～3立方米。然后依次逐渐增加到满负荷稳定运行。不使用动力的系统应该考虑启动时流量的限制问题，尤其是对人工湿地进水量的限制。

2. 运行

系统稳定运行后根据实际情况，可采用连续进水或者间歇进水。使用动力的工

程可以制订一套合用的计划方案，不同季节根据排放量不同采用不同的停留时间、进水量和进水流速，但各参数变化不宜过大；不使用动力的工程在工程设计时要根据排放量的范围设计工程的规格。

3. 管理

系统管理主要是指在运行过程中对厌氧反应器和人工湿地及管道系统的管理。厌氧反应器需要定期排放剩余污泥，定期往U形水封中加水，人工湿地需要根据情况随时清渣其中的杂物和沉水植物及腐枝烂叶。使用动力的工程还包括对动力系统的管理，指对污水提升泵的开停。保证管道系统畅通无阻，避免跑冒水现象发生。

4. 维护

系统维护是指对厌氧反应器、人工湿地和各种管道系统本身的维护。主要指对出现问题的地方进行修理或更换，对人工湿地植物的保护，防止病虫害和人、畜破坏，还要定期对植物进行修剪，维持系统旺盛的处理能力。

5. 注意事项

从系统设计的美学角度出发，湿地处理系统中野生生物与多样性需要受到相应的保护与维持。要把握引进有益生物和控制有害生物之间的平衡，而不是彻底消灭有害生物。事实上，尽管大部分动物对湿地是有益的，但也不乏一些不利于人工湿地成功运行的动物。特别是一些啮齿类动物，会破坏堤坝、消耗有益的挺水植物。一些以底泥为食的动物如鲤鱼、泥鳅等，会破坏湿地植物的根系以及扰动湿地底部沉积物，导致出水悬浮物增加。水禽也带来类似的问题。且它们的排泄物给人工湿地的运行带来了新的难题。对于水禽，可以通过控制自由水面的面积来进行调控，不过应以湿地的污水处理工艺要求为准。

蚊蝇的大量生长，是湿地处理系统面临的另一个生态学问题。蚊蝇是湿地生态食物网中的一环，是湿地生态系统的一部分，不过，通常情况下，作者认为蚊蝇是湿地，尤其是人工湿地系统中的有害因素。有研究指出，系统湿地植被生长本身有助于蚊蝇孳长，尤其是高大的挺水植物成熟后，易于弯曲在水面上形成利于蚊蝇孳生同时不利于捕食蚊卵动物活动的环境条件。由于蚊蝇会传染疾病，必须加以控制。控制蚊蝇孳长的另一个重要的方法是加强对湿地植物的管理。尤其是对植株较高的植物，如香蒲、纸草等，植株生长到一定高度后易倒伏，形成利于蚊蝇生长的小环境。因此。在水边种植低矮的植株并且每年进行收割，有利于控制蚊蝇生长。

第三节　稳定塘

一、稳定塘的概念及净化污水的原理

（一）稳定塘的概念

1. 稳定塘的含义

稳定塘是对各种类型污水处理塘的总称，是一种利用天然池塘或洼地进行一定人工修整的污水处理构筑物，也被称为氧化塘、生物塘。

2. 稳定塘在国内的发展

据说稳定塘技术的应用最早始于我国汉朝。但直到20世纪50年代我国才真正开始研究和应用稳定塘技术，并在实践中不断加以完善。比较著名的有中国科学院水生植物研究所设计的湖北省鸭儿湖氧化塘，还有超大型的齐齐哈尔氧化塘，设计处理能力25万立方米/天，面积达800公顷，净化有机物能力和效果均令人满意。

（二）稳定塘净化污水的原理

1. 稳定塘的原理

稳定塘是一种和水体自净过程相似的污水处理法，它是一个藻菌共生的净化系统，是利用有机物质的好氧菌氧化分解、有机物的厌氧消化或光合作用来实现对污染物的降解转化的。细菌所需的氧气主要由塘内繁殖的藻类供给，而藻类则利用细菌呼吸作用产生的代谢产物二氧化碳（CO_2）、氨气（NH_3）等作原料进行光合作用的，促使藻类繁殖，而向水中放出氧气。稳定塘的作用如图9-13所示。

2. 稳定塘用于农村污水处理上的优势

①投资省：由于其利用的是天然洼地或池塘构筑物简单，节省了基建费用，在广大农村经济相对落后地区均较为适用。

②运行费用低：除曝气池外，其他类型的均可利用自然供氧，相对于其他污水处理系统或装置，节省了运行费用。

③运用管理简便：农村地区操作人员专业知识有限，对复杂的污水处理系统可能存在一知半解，但是稳定塘由于相对其他污水处理系统，其污水处理原理简单，方便了广大农民朋友的使用和管理。

④能为农民朋友增收：稳定塘在处理污水的同时，也在塘中养殖具有一定经济价值的水生植物，如莲藕、菱角、芡实等，既增加了农民收入又美化了环境，还可在塘中养鱼、鸭、鹅等。

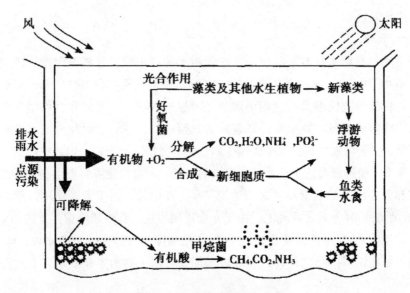

图9-13　自然稳定塘的生态模式

⑤污水处理效果稳定可靠，能够去除多种污染物，包括氮（N）、磷（P）。

⑥经过稳定塘处理后的污水可用于农田灌溉，可缓解农村地区日益出现的用水紧张状况。

当然稳定塘亦存在一定的缺点，主要是占地面积大，在使用上可能会由于当地土地紧张而受到一定的限制。但如果在当地气候条件适宜，土地利用条件许可及污水量不大的情况下，利用稳定塘进行污水修复技术是值得优先考虑的。

二、稳定塘的分类

（一）分类依据

稳定塘按不同的分类方法有不同的类型：

（1）按塘内充氧状况和微生物优势群体可主要把稳定塘分为：好氧塘、厌氧塘、兼性塘和曝气塘4个类型。

（2）按处理后达到的水质要求可主要把稳定塘分为：常规处理塘和深度处理塘。

（3）按利用水生植物和水生动物的类型可主要把稳定塘分为：水生植物塘、养鱼塘、生态塘等类型。

（二）主要类型

本书将按照塘内充氧状况和微生物优势群体的分类方法，向广大农民朋友介绍稳定塘的具体分类。

1. 好氧塘

好氧塘是指塘水在有氧状况下，净化污水的稳定塘。好氧塘深度较浅，水深一般应不小于0.5米，水深范围在0.6～1.2米，全部塘水都呈好氧状态，藻类长得很茂盛，白天藻类密度高时全塘溶解氧处于过饱和状态，夜间光合作用下降，清晨时塘中溶解氧最低。特别要注意若藻类繁殖过多，可能招致晚上塘水中溶解氧浓度过低，引起塘水中其他水生生物（如鱼类）因缺氧而死亡。因此应控制一定的有机负荷率，使得藻类的生长繁殖和提供的氧量，与有机物降解提供藻类所需的营养物质和需要消耗的氧量相互之间达到平衡。在白天，由于光合作用，藻类吸收CO_2，故塘水的pH上升，在晚上，由于光合作用停止，有机物降解产生的CO_2溶于水中，故塘水的pH降低，塘水中pH的日变化幅度不宜过大，一般来说，pH适宜范围应控制在6.0～8.5之间，过低或过高都会对水生物的生命活动有不同程度的影响。

这类池塘中主要是由好氧细菌起净化水体有机物及杀灭病菌的作用。污水在此塘内停留时间为2～6天，生化需氧量（BOD_5）负荷为10～20克/（平方米·天），BOD_5去除率可达80%～95%。

好氧塘可采用单塘或多塘串联使用，好氧塘亦可根据具体情况增设机械充氧设施，种植水生植物、养殖水产品等强化措施。

2. 兼性塘

兼性生物处理塘是一种比好氧生物塘更深的生物塘，深度一般为1～2.5米，它是在小城镇地区或农村较集中的村镇地区处理农村污水较常用的一种生物塘，一般适用范围是人口在5000人以内。兼性塘内表层为好氧层，此层位于塘的顶部，光照充足，塘水中含有大量的溶解氧；中间层为兼氧层，此层在塘的顶部与底部之间，形成缺氧环境；底层为厌氧层。污水在相应的层中进行着相应的反应。污水中的有机物主要在好氧水层中，被好气微生物氧化分解，而可沉固体污染物质在厌氧层由微生物进行发酵分解。实际上，大部分稳定塘严格讲都是兼性塘。

兼性塘内污水在塘内停留时间一般为7～30天，BOD_5负荷为2～10克/（平方米·天），BOD_5去除率可达75%～90%。兼性塘系统宜采用多级串联式（通常为2～4个塘），此类方式的处理效果最好，小型塘系统也可采用单塘。当有养鱼要求时，大多为4级（第4级作为养鱼塘使用）。当生物塘面积很大，塘数很多时，可采用并联与串联相结合的流程图式，即分成几个并联组，每组又是一个多级串联的生物塘。兼性塘内可增设生物膜载体填料、种植水生植物等强化措施。

3. 厌氧塘

厌氧塘水深3米或3米以上，塘的占地面积可小一些。由于塘水较深，塘内一般缺乏溶解氧，有机物被厌氧分解。生物处理塘呈厌氧状态的原因是有机物降解需要的氧量超过了光合作用可能提供的氧量。厌氧塘最大的特点是：表面积小，塘水深度大，有机负荷率高，一般为30～100克BOD_5/（平方米·天），能去除废水中可沉降的固体颗粒，厌氧塘进水口一般设于塘底，出水为淹没式，深入水下0.6米，不得小于冰层厚度或浮淹层厚度。如果采用溢流出水，在堰和孔口之间应设置挡板，以便在塘面形成浮渣层，底部应预留0.5米深的污泥层。厌氧塘污水净化速度低，停留时间较长，一般达30～50天，BOD_5去除率可达50%～70%。

厌氧塘由于厌氧分解而发生臭气，环境条件较差，因此一般厌氧塘大多作为预处理与好氧塘、兼性塘组合运行，一般在塘系统中为前置塘，用以去除有机负荷，并改善原农村污水的可生化降解性，以保证其后续塘有效地运行。厌氧塘用作预处理具有以下优点：

①特别适合于高温、高浓度污水的预处理；

②可减少后面的兼性、好氧生物塘的面积；

③后接生物塘的浮泥现象与沉泥量可显著减少。

4. 曝气塘

在好氧和兼性生物处理塘中，氧的供应主要依靠藻类的光合作用，塘水的混合依靠风力，完全受自然气候条件所制约，我国各地区气候条件差异较大，当阳光、风力情况不好时，必然会影响生物塘的运行与处理效果。所以，生物塘的工作在整个运行期间内（如1年）变化较大。为了克服这一缺点和改善生物塘的工作，提出了人工曝气的措施，并称这种塘为曝气稳定塘，或曝气生物处理塘、曝气湖。曝气稳定塘是采用人工曝气，其供氧及混合均可由人工控制，即在塘内安装机械或扩散充氧装置，塘内不必依靠自然的阳光和风力作用，而使塘内保持好氧状态，而保证塘的稳定运行与处理效果。它是一种人工强化度最高的稳定塘，要求营养较少，有较大的稀释能力，能适应污水水质较大变化的冲击。相对其他类型的稳定塘而言，比较稳定些，变化小些，并且适用于土地面积有限的地区，由于曝气塘改进了好氧和兼性塘存在的不足之处，同时又保留了生物塘固有的优点，因此受到世界各国的重视。

曝气塘水深一般为1～4.5米，水力停留时间为2～10天，BOD_5负荷为30～60克/（平方米·天），去除率可达55%～80%。曝气塘内有机物降解速度快，表面负荷率高，易于调节控制，但曝气装置的搅动不利于藻类生长。在曝气生物塘内，由于采用人工曝气，水流运动剧烈并充分混合，塘内各点各处的水质和物料分布比较均匀，且塘水由于曝气作用而比较浑浊，所以藻类难以生长。曝气的方式主要有两种：一种为鼓风曝气，一种为机械曝气，在目前的大部分实际工程中，一般采用机械曝气方式。

曝气塘的类型主要可分为好氧曝气塘和好氧—厌氧曝气塘两大类型。

（1）好氧曝气塘：采用完全混合的运行方式。水在塘内的停留时间常常短于3～6天，能耗大于5千瓦/1000立方米，出水中的悬浮物须借沉淀而去除，在冬季可回流污泥来改善出水水质。好氧曝气塘示意如图9-14所示。

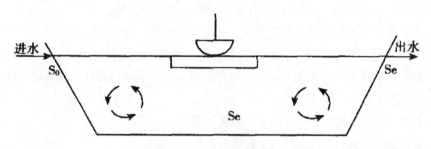

图9-14　好氧曝气塘

（2）好氧-厌氧曝气塘：在好氧-厌氧曝气塘内，搅拌程度相对较差一些，不足以使全部悬浮物较好地混合，所以常常在底部形成污泥沉积层，一般为0.3～0.5米深，水力停留时间一般大于6天，耗能1～5千瓦/1000立方米，好氧-厌氧曝气塘见图9-15。

在实际应用中采用哪种类型的曝气塘应根据占地面积和所耗能量考虑。

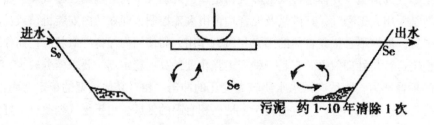

图9-15　好氧—厌氧曝气塘

（三）稳定塘系统的选择

稳定塘系统是一项复杂的生态系统工程，同环境因素有密切的关系。我国地域辽阔，各地自然条件差异极大，不可能用固定的模式稳定塘系统来处理污水，否则将达不到预期效果。因此，作者必须根据不同纬度，不同地区的气候、气象、水资源、地形特点及被处理污水的成分和性质，来选择合理的设计参数和不同的稳定塘系统。就南北方稳定塘技术经济比较，北方地区应用稳定塘，其基建费用为南方地区的1.5 ~ 1.8倍，年经营费用为南方地区的1.5倍，其占地面积为南方地区的1.6 ~ 1.7倍。

1. 处理—贮存塘系统

我国华北、西北和东北地区，由于冬季寒冷，有较长的结冰期，在此期间塘的净化效果差，一般达不到排放标准。另外，这些地区大部分干旱缺水，农村污水已成为一种重要的农田灌溉水。因此，基于以上两点，适合在冬季结冰期将污水存起来，待到春、夏、秋季连同当时的污水一起进行处理和利用，为此建议采取"严寒地区氧化—贮存塘系统"。本系统适用于我国北纬40°以北的地区，包括东北、内蒙古大部分地区和西北、华北的北部地区，如齐齐哈尔污水库，克拉玛依市稳定塘等。图9-16为严寒地区氧化—贮存塘系统工艺流程图。

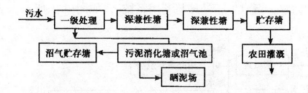

图9-16　严寒地区氧化—贮存塘系统工艺流程

在北纬40°以南至长江以北地区，特别是在严寒缺水的华北和西北地区，由于冬季冰冻期不太长，可以采取"稳定塘—终年灌溉田系统"。如图9-17所示。如河北省的唐河污水库、西安市的漕运河污水库和山东省博兴县的绿桥大队稳定塘等都是属于这种系统。

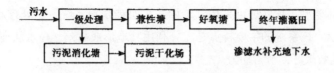

图9-17　稳定塘—终年灌溉田系统工艺流程

2. 多级生态处理与利用系统

我国长江沿岸和江南地区气候温暖，水量丰富，大都不需要利用污水灌溉，而且湖泊星罗棋布，河流纵横交错，水面很多，便于因地制宜选择适当水面修建稳定塘，加之气候适宜，适于利用稳定塘水面种植多样的水生植物，养殖鱼、虾、贝、螺、放养鸭、鹅等，建立复杂和稳定的人工生态系统，对污水进行多级利用和净化，同时实现环境、经济和社会效益的统一。为此，建设采用"南方地区多级生物塘处理和利用系统"，如图9-18所示。如长沙市的湘湖渔场，浙江绍兴县稳定塘、广州市大坦沙综合稳定塘等都是采用这种系统。

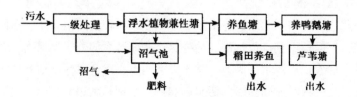

图9-18　南方地区多级生物塘处理和利用系统工艺流程

3. 污水—海水生态塘系统

沿海城镇和工厂可修建海水水产养殖塘接纳、处理和利用其污水和有机废水，共处理可采用"污水—海水生态处理与利用系统"，如图9-19所示。

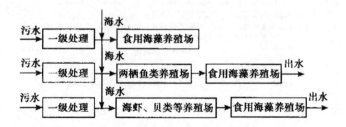

图9-19　污水—海水生态处理与利用系统工艺流程

4. 山区、丘陵地的稳定塘系统

地处山区或丘陵的城镇和工厂，可充分利用地形或高差修建稳定塘来处理利用其污水或有机废水，其处理可采用"阶梯式多级稳定塘系统"去处理利用其污水，如图9-20所示。该系统的主要特点是充分利用其地形或高差，污水从高到低形成自流，因此曝气效果好，节省动力。

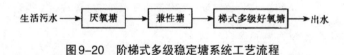

图9-20　阶梯式多级稳定塘系统工艺流程

如果地区土地紧张，其污水处理还可以采用"塔式多级稳定塘"。为节约土地，可向空间发展，在地势较低的地方修建一座塔式多级稳定塘，污水自流进入塔内，充分利用地形，既节约用地又节约能耗，而且可获得较好的处理效果。

5. 沟—塘结合系统

稳定塘系统占地面积较大，且易受各种因素的影响而导致处理效果不稳定；氧化沟则相反，它占地面积小，处理效果相对稳定，但其出水一般达不到二级标准。因此，将二者有机地结合起来，构成所谓的沟—塘系统，如图9-22所示。该系统可扬长避短，具有基建投资少、运转费用低和综合利用好等优点。

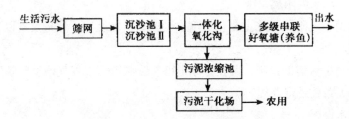

图9-22　沟—塘结合系统工程示意图

三、稳定塘的设计与施工

（一）塘体设计

1. 一般规定

①稳定塘体用料应以就地取材为主。

②稳定塘最好采用长方形，长宽比应不小于3∶1～4∶1，过短易造成短流。

③利用旧河道、池塘、洼地等建造稳定塘时，如遇水力条件不利时，可在塘内设置导流墙（堤）形成廊道加以改善。

④塘堤外侧应设排水沟，如果有可能发生管涌时，应设反滤层。

⑤塘体要针对风、雨、冰冻、浪击及掘地动物的破坏作用，采取防护措施。

2. 堤坝设计

①堤坝应采用不易透水的材料筑造，也可用不易透水的材料做心墙或斜墙。

②堤坝顶宽度应按坝体安全性、使用目的和施工的要求来确定。一般土堤的顶宽应不小于2米，石堤及混凝土堤顶宽应不小于0.8米，当堤顶上允许机动车行驶时，其宽度不得小于3.5米。

③土堤迎风坡应衬砌防浪材料，在设计水位波动范围内衬砌，最小衬砌宽度应不小于1.0米。

3. 塘底设计

塘底应尽可能平整并略有坡度，倾向出口。当塘底原土的渗透系数 K 值大于 0.2 米/天时，应采用防渗措施。

4. 进、出水口的设计

①一般进水口应采用扩散管或多点进水方式以保证水流均匀。

②进水口至出水口的水流方向应避开当地常年主导风向，最好与主导风向垂直。

5. 附属设施

（1）稳定塘系统附属设施

①稳定塘系统附属设施主要包括输水设施、充氧设施、计量设备以及生产、生活辅助设施。

②生产、生活辅助设施，其设计原则可参照城镇污水处理附属建筑和附属设备设计标准有关条款规定办理。

（2）输水设施

①稳定塘系统的输水设施，对自流系统包括输水管（渠）和过水涵闸；对非自流系统包括输水管（渠）、泵站和连通设施。

②输水管可用暗管或明渠，在入口稠密区宜采用暗管输水。输水线路的选择以不占或少占农田和经济合理为原则。

③各塘之间的连通，一般采用溢流坝、堰、涵闸和管道连接。

④出水流量较大时，出水口应设消力坎或消力池。

（3）跌水

在多塘系统中，前后两塘有 0.5 米以上水位落差时，可采用粗糙面斜坡或堰口跌水曝气方式充氧，并要设计防冲设施。

（4）计量

稳定塘系统一般在入流处或出流处安装计量装置。

（二）稳定塘的理论设计参数（表9-1）

稳定塘在结构上一般呈方形，或者因地制宜地利用自然沟塘加以改造。原污水进入塘后，在藻类和细菌的作用下得到净化。构成稳定塘系统通常由好氧塘、厌氧塘、兼性塘等的全部或部分构成，各塘都有其各自的功能。厌氧塘主要用于高浓度污水的预处理，一般处于系统的前段，兼性塘和好氧塘用于较低浓度污水的处理或者在厌氧塘之后对 BOD_5 物质进一步降解。

表9-1　稳定塘系统的理论设计参数

项目	好氧塘	兼性塘	厌氧塘	曝气塘
水深（米）	0.6 ~ 1.2	1 ~ 2.5	3 ~ 4.5	1-4.5
停留时间（天）	2 ~ 6	7 ~ 30	30 ~ 50	2 ~ 10
BOD_5 表面负荷（克BOD_5/平方米·天）	10 ~ 20	15 ~ 40	30 ~ 100	30 ~ 60
BOD_5 去除率（%）	80 ~ 95	75 ~ 95	50 ~ 70	55 ~ 80
BOD_5 去除形式	好氧	好氧	厌氧	好氧
污泥分解形式	无	厌氧	厌氧	好氧或厌氧
光合作用	有	有	无	无
藻类浓度（毫克/升）	100 ~ 200	10 ~ 100	0	0
回流比	0.2 ~ 2.0	0.2 ~ 2.0		

　　塘四周边坡一般为1：3，并保留至少0.5米的超高。边坡常用混凝土衬砌，易于清渣和维护。单塘长宽比以2：1 ~ 3：1为宜，这样有助于风的混合作用。塘底的土质应为不透水层，如达不到此层，要添加黏土夯实或铺设一层塑料薄膜作底。

　　进塘污水最好先经过格栅和沉沙池进行预处理，以去除水中的大块机械杂质和沙砾。在塘入口处加计量槽，在出口处用V形堰计量水量。进水口最好设计为淹没式，一般距岸边5 ~ 10米，布置形式如图9-23所示。

　　塘与塘之间的连接形式很多，为节约动力，常用的有沟渠联结和管式连接，图9-24给出两种造价低、运行方便的管式连接的设计方法，它们全是利用位差自流方式。稳定塘系统的维护包括日常的除草和清渣工作，尽管这种维护管理很简单，但对系统的正常运行至关重要。一般情况下，厌氧塘每3 ~ 5年需清泥一次，兼性塘和好氧塘每10 ~ 15年清泥一次。

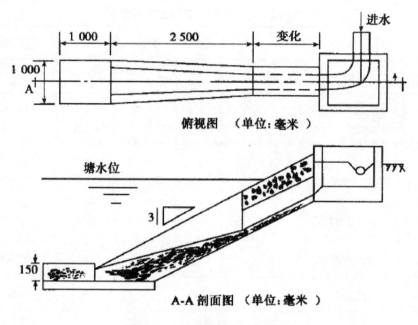

图9-23 稳定塘进水口布置图

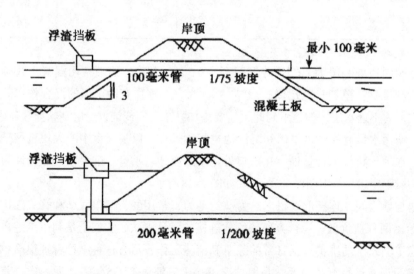

图9-24 两塘之间的连接方式

（三）好氧塘的设计

好氧生物塘的计算目前主要采用经验计算法及水力停留时间（θ）作为主要设计参数确定生物塘面积计算法。

1. 经验计算法

经验计算法以采用有机负荷率（克BOD$_5$/平方米·天）为主要设计参数的塘面积计算法应用得较普遍。这个有机负荷率是从实践经验中总结出来的，是个经验数据，它的大小和生物塘所在的地理位置、气候条件关系很大，一般，好氧生物塘的有机负荷率可取10～20克BOD$_5$/（平方米·天）。这样，根据需处理的有机物量（BOD$_5$），就可计算出所需塘的面积（指水表面积）。

$$F = \frac{QS_0}{N} （平方米）$$

式中　F ——生物塘面积，平方米；

Q ——废水设计流量，立方米/天；

S_0 ——进水的底物浓度，克BOD$_5$/立方米；

N ——有机负荷率，克BOD$_5$/（平方米·天）。

生物塘深度（水深）H 的确定，应考虑到阳光可照射透入塘的底部。这个水深（H）和阳光的光照强度有关，一般取0.5米左右。

2. 水力停留时间法

除了按有机负荷率去确定好氧生物塘面积的计算法外，还有以水力停留时间（θ）作为主要设计参数确定生物塘面积计算法。这个水力停留时间也是个经验数据，一般取2～6天。在具体计算塘面积时，水力停留时间 θ 值的选择，可根据进水底物浓度 S_0 的大小和底物去除率的具体要求，以及塘所处的地理位置和气候条件来定。当 θ 值选定后，即可根据废水设计流量（Q）及塘深（H）算出塘面积（F）。如下式所示：

$$F = \frac{Q\theta}{N} （平方米）$$

在好氧生物塘的工艺设计中，除了确定塘面积、塘深、塘数及塘的布置方式外，还应注意以下几点：

1. 塘水的混合

为了防止稳定塘中水温有分层的现象，塘水的混合是十分重要的。塘水的混合是由风力来实现的。为此，稳定塘表面应有一定的长度，以保证风力去进行塘水的混合。一般认为若塘水深0.9米时，为了达到塘水混合，塘面的长度约需200米。

2. 短流的防止

在生物塘中，一般是由塘的一端进水，对立的另一端出水。为了防止塘内水流可能发生短流现象，影响水处理的效果，故塘面积不宜过大，一般不超过4公顷。以防止由于风力作用而引起的短流现象。而且塘面尺寸亦应有一定的比例，一般是塘长与塘宽之比取 $2:1 \sim 3:1$。

3. 塘水的回流

采用生物塘出水进行回流，主要可起到这样几个作用：①给入流废水接种藻类；②提高入流废水的溶解氧浓度，回流比应不小于0.5；③可起到稀释入流废水的 BOD_5 浓度和降低负荷的作用。

4. 气候因素

在生物塘工艺设计中，气候因素的考虑亦是十分重要的，主要有：①在寒冷地区，冬季冰冻期较长时，生物塘应有足够储备容积，以接纳该时段内的污水量；②若生物塘需要全年不间断工作时，则它应按设在每年至少有90%时间的太阳辐射强度不低于100卡/（平方厘米·日）以及冰冻期短的地区考虑。

好氧生物塘除了作为生物处理构筑物净化废水外，还可利用作为养殖水生物之用。利用生物塘养鱼最好采用多级生物塘的运行方式（这亦是一般工程实际中常用的方式），如四级串联生物塘，在前面第1、2级主要培育藻类，光合作用旺盛，充分溶氧，并使 BOD_5 大幅度降低，而在第3级着重培育动物性浮游生物；在最后第4级，则用作养鱼塘。这样，在第4级生物塘（养鱼塘），流入的废水已经净化，BOD_5 浓度很低，含有充足的溶解氧和饵料（主要指动物性浮游生物）。

此外，利用生物塘养鱼还应该注意如下几点：

（1）放养的鱼种应以动物性浮游生物为食料的鱼类为主，如鳙、鲢、鲤、鲫鱼等，而且放养的密度应适当，不宜过密。

（2）生活污水或以生活污水为主的城市污水适于养鱼，但在排入鱼塘之前应加以适当处理，并注意控制好水质，使其符合养鱼的要求。

（3）鱼塘在冬季放空和干燥，清除塘泥并在塘内撒布石灰，防治鱼类寄生虫病。

（4）春季向鱼塘排放污水时，首先放入清水，将鱼种投入后，再缓缓地放入污水，秋季捕捞前14日，则停止放入污水。

（5）污水在养鱼塘内的停留时间不能小于30小时。

（6）养鱼塘的深度，一般以0.9米为宜。

（四）厌氧塘的设计

厌氧塘的特点是可以容纳和处理高有机负荷污水，这种塘的整个深度都处于厌氧状态，其功能与消化池类似。污水中的固体物质进入塘后沉于塘底发生厌氧消化，同时产生污泥积聚，所以每3～5年需要清泥一次。厌氧塘的使用可以大大减少随后的兼性塘容积，因此可消除兼性塘夏季运行时经常出现的污泥漂浮问题，使随后的处理塘中不致形成大量的污泥积聚。

在厌氧塘设计中一个重要的因素是要控制不良气味的产生，经验表明，比较合理的设计条件是将BOD_5容积负荷控制在0.4千克/（平方米·天）以下，硫酸根浓度小于100毫克/升，创造适合于甲烷发酵的有利环境，从而避免气味的产生。

此外，厌氧塘的运行和温度有密切的关系，温度高时，反应速度快，有机负荷率可取高值，温度低时，反应速度慢，有机负荷率应取低值。故厌氧塘的运行在夏季比冬季要好些。据有关观测资料，厌氧塘在冬季15.6℃时，BOD_5去除率为58%；当夏季水温升至32.2℃时，BOD_5去除率可提高到92%。

（五）兼性塘的设计

兼性塘是稳定塘处理系统中最常用的塘，其停留时间相对较长，对冲击负荷的适应性也较强。当污水浓度不是很高时，可直接进入兼性塘处理。在兼性塘的上层水中，藻类通过光合作用产生氧，有机物在好氧细菌的作用下被氧化分解。同时随污水入塘的悬浮固体沉淀于塘底，形成10～15厘米厚的泥层，此泥层处于厌氧状态并进行厌氧酸性发酵和甲烷发酵过程，该过程一般可去除污水中的30%BOD_5物质。

兼性塘应建在通风、无遮蔽的地域内，风的作用对兼性塘的运行非常重要，风可导致塘中水体的纵向混合，使得下层水体的藻类运动到塘水面下15～30厘米的透光层中进行光合作用，从而使塘中藻类、细菌、BOD_5和氧气能在纵向很好分布，达到最佳的处理效果。如果兼性塘一定要建在无风地带，则需在塘中设置循环栗使塘水搅动，避免产生分层现象，这种泵可以安装在浮筒上。其能量输入是很小的，为30～50毫瓦/立方米池容。

在兼性生物塘工艺设计中，塘面积和塘深的计算方法有如下几种：

（1）动力学计算模式计算法，在建立计算模式时，作了这样两个假定，即生物塘内的水流内属完全混合型；有机物BOD_5的去除属一级反应。事实上，塘内水流介于推流与完全混合流之间，是一种扩散式推流。但把稳定塘中的流态当作完全混合型来处理是相当粗略的，是一种相当近似的估算法，而且，动力学计算模式计算法较为复杂，加上，在该计算法中，BOD_5去除速率常数K值需要通过试验来确定，也相当麻烦和困难，因此在这里不再详细介绍。

（2）有机负荷计算法，在工程实际中，生物塘的计算常采用经验数据值，这是一种比较现实可行的方法，而且只要这个经验数据比较可靠，计算结果往往还是比较适用的。有机负荷率计算法亦就是这种经验数据计算法。兼性生物塘的有机负荷率值也是从实践中得出的经验数据，一般为15 ~ 40克BOD$_5$/（平方米·天）。塘面积F可用上述公式来计算，塘水深度一般取2.5米。

（3）水力停留时间计算法，兼性生物处理塘的经验数据计算法，除了上述的有机负荷率计算法外，还有以水力停留时间？

在兼性生物塘的工艺设计中，除了确定塘的面积、深度、级数和流程图式外，还有一些问题是应予考虑的（这些问题对其他类型生物塘来说，亦是值得参考和研究的）。主要有：

①生物塘所处的地理位置和地区气候条件：生物塘所在地区的气候条件和地理位置有密切关系，如高纬度地区和低纬度地区的气候条件，就相差较大。在我国北方，气候寒冷；南方则气候温暖。因而在工艺设计时，设计参数值的选用，就应考虑到这个因素。在北方寒冷地区，生物塘的设计负荷率应取低值，水力停留时间可取高值；在南方温暖地区，负荷率可取高值，水力停留时间可取低值。

②设计采用的塘水温度：为了保证生物塘在全年中运行正常，在设计中采用的塘水温度，应考虑年内寒冷季节的平均温度，这样处理可能稳妥些。

③生物塘的平面形状：兼性生物塘的平面形状（塘形）基本上同好氧生物塘，塘形以长方形为最好。从塘水的混合来看，它比圆形或其他不规则形的都好。并建议塘面尺寸采用长宽比为3：1较好。

④硫化物浓度的控制：在兼性生物塘中，少量硫细菌的存在对少量硫化物（来自塘底厌氧发酵过程）起到氧化作用而予以去除。如将硫化氢（H$_2$S）氧化成硫酸根（SO$_4^{2-}$）这是有利的。但是，当硫化物过多时，致使硫细菌大量繁殖，将影响到藻类的供氧，而使废水有机物的去除效果降低过多，这将是不利的。

因此，在兼性生物塘中，被处理废水中的含硫物质应少些，以免在厌氧发酵过程中有过多的硫化物（H$_2$S）还原产生。一般来说，塘水中的硫化物浓度应以不超过10毫克/升（以S^{2-}计）为宜。

⑤浮泥的清除：在兼性生物塘中，塘底有机污泥在厌氧消化过程中，常有一些污泥随气流上升飘浮于塘面上，形成浮泥。如果这些浮泥不及时清除，将散发臭味，而且亦影响藻类的光合作用。为此，在兼性生物塘中，应考虑备有清除浮泥的措施，如采用水枪冲散。

⑥出水中藻类的去除：为了获得更洁净的出水，去除处理后出水中带有的藻类，亦是兼性生物塘（同样在好氧生物塘）工艺设计中应考虑的一大问题。日前采用的藻类去除法很多，其中以混凝气浮法及过滤法（只适用于低浓度藻类）较为有效。

（六）曝气塘的设计

1. 好氧曝气稳定塘的设计

好氧曝气稳定塘的主要特征可具体归纳为以下几点：

①整个塘呈好氧状态；

②塘内固体处于悬浮状态；

③动力消耗大，一般为0.01 ~ 0.02千瓦/立方米；

④出水悬浮固体浓度较大，一般为100 ~ 250毫克SS/升；

⑤工艺流程中一般无活性污泥回流。

当确定塘面积时，首先要确定水力停留时间，而水力停留时间的确定应首先要确定动力学系数：产率系数Y、BOD_5去除速率常数K和内源呼吸系数K_d，在实际工程中，要正确确定这些系数比较困难，故常用已有的水力停留时间经验数据去计算塘容积。一般，水力停留时间为2 ~ 6天，相应的BOD_5去除率为75% ~ 85%。水力停留时间的选用和水质、水温、搅拌情况有关。

在好氧曝气生物塘的工艺设计中，除了上述的一些设计计算问题外，还应考虑的问题主要有：

①在较寒冷地区，塘深应大些，以便保温。而且，在这种情况下可采用鼓风曝气；

②生物塘的运行流程，应考虑采用多级（一般为3级）串联式生物塘的布置方式。塘数很多时，还可采用分组并联与乡级串联相结合的生物塘布置方式；

③生物塘的平面形状可为正方或矩形，而矩形一般可采用长宽比为3：1；

④塘水出流中悬浮固体浓度较大，应考虑出流的固、液分离设施。如采用沉淀生物塘（兼性），则应有足够的容量沉积污泥，塘深为2.5 ~ 3米，水力停留时间为1 ~ 5天。

2. 好氧—厌氧曝气塘的设计

在好氧—厌氧曝气生物处理塘中，塘水的曝气强度不是按好氧曝气塘那样去满足搅拌及供氧的需要，而只是按满足供氧需要去考虑。因而，这种好氧—厌氧曝气塘就具有这样两个主要特点（相对好氧曝气塘而言）：

①动力消耗少；

②出水中悬浮固体浓度小。

正由于兼性曝气生物塘具有上述两大优点，故在实际应用中要比好氧曝气塘用得广泛。好氧—厌氧曝气生物塘的水力停留时间，较之好氧曝气塘要长些。一般水力停留时间为4 ~ 8天，相应BOD_5去除率为70% ~ 80%。

当水力停留时间确定后，即可计算兼性曝气生物塘的容积，水力停留时间确定同好氧曝气生物塘。

四、稳定塘的运行管理

（一）好氧塘和兼性塘的运行

好氧塘和兼性塘处理污水效果在温暖季节较佳，这时细菌代谢活性强，藻类大量生长，塘水呈绿色。冬季塘内细菌和藻类的活性和代谢显著减慢，有机物去除率降低，这时塘水颜色转成褐色、再成灰色。北方的冬季塘表结冰，但在某种程度上还存在着藻类的光合作用。除非冰面上覆盖着厚的雪层，只有当光合作用完全停止时，冰下的进水才会呈厌氧。在严寒时期，尤其是冰下塘水厌氧时，进水中未降解的有机物会有所积累；当春季塘面化冻，水温度大于4℃时会出现翻塘，这是由于暖水上升，冷水下沉的垂直对流使冬季在塘底积累的未分解物质在整个塘内混合。由于水温的上升，细菌活跃，加上大量存在的有机物使塘水溶解氧消耗殆尽，出现厌氧的特征。因此，当春季好氧塘和兼性塘出现恶臭、出水水质恶化的时期即稳定塘运行的临界时期。

好氧塘内的污泥积累速率很低，一般不需要清塘。在冬季冰封期间，好氧塘的大气复氧间断，并且藻类的产氧量也大幅度降低，因此处理效果由此也变差。兼性塘的上层复氧情况良好，藻类光合作用释放大量的氧气，在该层的有机物是由好氧微生物进行分解的。但是，厌氧层更主要的作用在于降解沉淀的塘泥，使之不会发生过度积累。在温暖季节，兼性塘具有持续和高效地净化污水的功能，出水清澈无臭；但在冬季，随着气温和水温降低，菌、藻生长变缓，污染物的去除效果明显下降，出水还带有一定异味。在冬季结冰期以及出水达不到要求时，应予以储存。

（二）厌氧塘的运行

厌氧塘在冬季处理效率亦明显下降，在设计中应予以充分考虑，并采取必要的保温措施。厌氧塘中季节性产生的气味更为明显。厌氧塘的操作通常不随季节而改变。在厌氧塘运行过程中，被出水槽（管、孔、板）等截留的油脂和其他悬浮物以及被沼气携带而上浮的污泥会在塘表面积累，并形成连续或大块的密实浮渣层，对塘体起到隔氧与保温作用。因此要注意保护这种浮渣层。浮渣层不能自动形成时，可采取相应的措施，如投放某些漂浮物形成覆盖层等，有条件时可以覆盖塑料薄膜。

（三）曝气塘的运行

曝气塘的运行操作一年四季基本不变。在结冰季节须加强对曝气器的检查。随着温度的下降，BOD_5去除率显著下降。此外，随着温度的下降，氧从气相到液相的转移率亦下降，但饱和溶解氧浓度却随温度降低反而提高，足以补偿较低的转移系数。

负荷较高的曝气塘，塘底污泥积累较多，必须及时清除和处置，应定期将塘放空清泥。除运行要求外，还要注意曝气设备的保养与维修，并根据季节和污水浓度对曝气强度进行灵活调节。在冰封期需要将曝气机从水中拉上岸，曝气塘底泥过多时也需要定期清泥。

（四）稳定塘的投产与日常运行

1. 投产

稳定塘在投入运行前，应消除塘底的杂草，塘堤岸应至少堆高到预计最高水位以上0.5米处，检查所有出入口的控制装置。检核稳定塘渗漏情况及曝气装置，方法是抽取河水至稳定塘的最低深度，观察是否能保持一定的水位，以证明塘的抗渗漏性能。在达到最高水位时可进一步检验曝气塘的充氧系统。

开始投入运行的稳定塘并不需要进行微生物接种。因为在这一环境中广泛存在着合适的细菌和藻类。一般说，最好在春、夏季投产，这时绝大部分稳定塘中的生物区系可天然地发展。

投产后，塘中不可排水，直至稳定塘中水位已达到设计所规定的适宜深度；塘内生物区系已健康地成长；进行了有关的化学和生物指标测定，已达排放标准。此时，处理系统可开始排水并进入正常运行状态。

2. 日常管理

稳定塘中大多数问题可通过适当的操作避免。日常管理应注意以下几点：

若塘表面存在较多浮渣或藻丛，往往会发出气味或招引昆虫，应使之破碎成悬浮状态。由于风向、塘的方位、进出水设置诸因素的影响，在塘内会形成死角。若常年存在死角，可安装固定的喷水装置，用出水来喷冲死角区，以强化混合作用。

好氧塘及兼性塘正常运行时，仅有少量污泥累积。厌氧塘和曝气塘污泥沉积量大，设计时应预留这部分用于污泥沉积的池容。当该区域被污泥积满时应停止运行并清塘。具体方法可用吸泥船抽吸，亦可将塘水排空，风干后用人工或机械开挖，污泥清运作肥料。

有时扎根于塘底或坡岸上的沉水植物可引起许多副作用，应连根拔掉，这比切断植株或用除莠剂杀灭更好，否则植物遗体仍遗留在塘内，会产生大量附加的BOD_5，并招引昆虫和野生动物。

必须控制堤岸上的树木和灌木的生长，减少塘水沿树根处渗漏以及植物叶面的蒸腾作用而造成的消耗，减少植物残体（枯枝落叶）对塘内增加的有机负荷；从堤岸内侧水线 0.3 米以上至堤岸顶和整个外侧堤岸可种植多年生浅根草本植物，但深根植物如苜蓿、芦苇等不应种植；在温暖季节须定期割草；内侧堤岸从水位线至水面以上 0.3 米处保持光秃；塘内应防止滋生一切有根植物。

（五）运行过程中指标的监测

好氧塘及兼性塘运行功能正常时应呈淡绿色。褐色表明因缺乏光照、温度过低或进水含有毒物可引起藻类光合作用不足，灰色表明藻类死亡。

pH 和溶解氧在好氧塘和兼性塘中周日及季节间均有变化，应掌握其变化的规律。在寒冷季节，可因藻类活性下降，溶解氧降至零、pH 低于 7，常会使塘色从绿色转至褐色，有时还会产生臭气。

运行正常的厌氧塘，pH 应为 6.5 ~ 7.5，并保持相对稳定，温度宜高于 15℃，其中以 25 ~ 35℃较为适宜。碱度一般控制在 2000 毫克/升左右，以缓冲所产生的脂肪酸。

工作正常的曝气塘最好是检测塘内的溶解氧（DO）水平，以维持在 1.0 ~ 2.0 毫克/升较适宜。曝气塘的 pH 通常稳定在 7.0 ~ 8.0，在阳光充足、藻类密度较高的时候，pH 有时也达到 9 以上。

另一些参数，如 BOD_5、SS 和大肠菌群数的测试，对判断稳定塘运行状况意义较大。这些测定项目中，有的测定较困难且费时，还需要专门的试验仪器装备，故而以往测定的不多，但为了更好地获得控制运行的数据，建议设立之。主要微生物指标（细菌、藻类、原生动物和微型后生动物）的测定对掌握稳定塘的运行状况也有重要作用，有条件时应定期检测。

参考文献

［1］陈晓宏，江涛，陈俊合.水环境评价与规划［M］.广州：中山大学出版社，2001.

［2］彭文启，张祥伟，等.现代水环境质量评价理论与方法［M］.北京：化学工业出版社，2005.

［3］盛连喜.现代环境科学导论［M］.北京：化学工业出版社，2002.

［4］夏军，等.可持续水资源管理理论·方法·应用［M］.北京：化学工业出版社，2005.

［5］左其亭，等.城市水资源承载能力理论·方法·应用［M］.北京：化学工业出版社，2005.

［6］朱鲁生，王军，等.环境科学概论［M］.北京：中国农业出版社，2005.

［7］史晓新，朱党生，张建永.现代水资源保护规划［M］.北京：化学工业出版社，2005.

［8］吴邦灿，齐文启.环境监测管理学［M］.北京：中国环境科学出版社，2004.

［9］胡汉明，梁晓星.环境评价［M］.北京：教育科学出版社，1999.

［10］陆雍森.环境评价［M］.上海：同济大学出版社，1999.

［11］郑有飞.环境影响评价［M］.上海：气象出版社，2008.

［12］刘绮，潘伟斌.环境质量评价［M］.广州：华南理工大学出版社，2004.

［13］蔡艳荣，等.环境影响评价［M］.北京：中国环境科学出版社，2004.

［14］曾贤刚.环境影响经济评价［M］.北京：化学工业出版社，2003.

［15］田子贵，顾玲.环境影响评价［M］.北京：化学工业出版社，2004.

［16］徐新阳.环境评价教程［M］.北京：化学工业出版社，2004.

［17］高俊发.水环境工程学［M］.北京：化学工业出版社，2003.

［18］河北省环境学会.生态省建设与水资源保护［M］.石家庄：河北科学技术出版社，2007.

［19］陆书玉.环境影响评价［M］.北京：高等教育出版社，2001.

［20］张从.环境评价教程［M］.北京：中国环境科学出版社，2002.

［21］周敬宣.环境与可持续发展［M］.武汉：华中科技大学出版社，2007.

［22］梁耀开.环境评价与管理［M］.北京：中国轻工业出版社，2002.

［23］陆渝蓉.地球水环境学［M］.南京：南京大学出版社，1999.

［24］郎佩珍，袁星，丁蕴铮.水环境化学［M］.北京：中国环境科学出版社，
2008.

［25］汪松年，上海市水利学会.人与自然和谐相处的水环境治理理论与实践
［M］.北京：中国水利水电出版社，2005.

［26］张丙印，倪广恒.城市水环境工程［M］.北京：清华大学出版社，2005.

［27］陈震，等.水环境科学［M］.北京：科学出版社，2005.

［28］彭泽洲，杨天行.水环境数学模型及其应用［M］.北京：化学工业出版社，
2006.

［29］汪家权，钱家忠.水环境系统模拟［M］.合肥：合肥工业大学出版社，
2005.

［30］许有鹏，等.城市水资源与水环境［M］.贵阳：贵州人民出版社，2003.

［31］刘满平.水资源利用与水环境保护工程［M］.北京：中国建材工业出版社，
2005.

［32］高俊发.水环境工程学［M］.北京：化学工业出版社，2003.

［33］汪斌.水环境保护与管理文集［M］.郑州：黄河水利出版社，2002.

［34］雒文生，宋星原.水环境分析及预测［M］.武汉：武汉大学出版社，2000.

［35］钱家忠，汪家权.中国北方型裂隙岩溶水模拟及水环境质量评价［M］.合
肥：合肥工业大学出版社，2003.

［36］张锡辉.水环境修复工程学原理与应用［M］.北京：化学工业出版社，
2002.

［37］陈震，等.水环境科学［M］.北京：科学出版社，2005.

［38］王开章.现代水资源分析与评价［M］.北京：化学工业出版社.2006.

［39］王蜀南，王鸣周.环境水利学［M］.北京：中国水利水电出版社，1996.

［40］孙东坡，编元有.环境水利［M］.南京：河海大学出版社，1993.

［41］傅国伟.河流水质数学模型及其模拟计算［M］.北京：中国环境科学出版
社，1987.

［42］夏青，于洁，徐成.环境管理体系［M］.北京：中国环境科学出版社，
2002.